전기 공압 시뮬레이터(autoSIM)를 이용한

AB CompactLogix PLC 기초

노일수 저

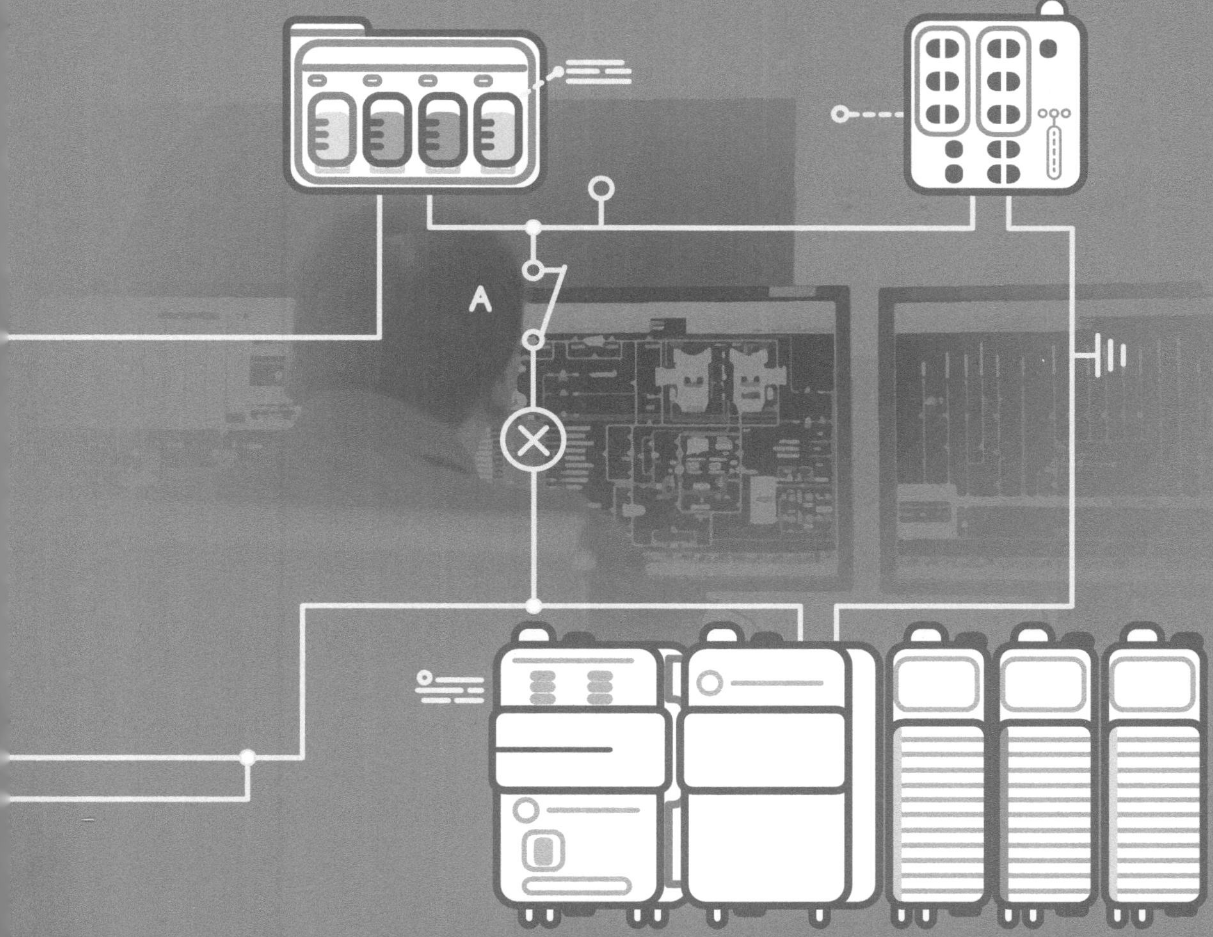

도서출판 GS인터비전

머리말

오늘날 자동화설비 고능률화의 요구에 따라 PLC의 적용범위는 점차 커지고 있으며, 이 PLC는 자동차 제조, 통신장비, 검사장비 등 다양한 제조 분야에서 적용되고 있다.

이 교재는 자동화 시스템에 많이 적용되어 있는 AB PLC 기초와 연계하는 내용을 다루고 있다. 또한 AB PLC를 이용해 시스템 제어에 필수적으로 알아야 할 여러 가지 기술에 대해 손쉽게 이해할 수 있도록 초점을 맞추고 있으며, 전기 공압 시뮬레이션(autoSIM)을 통해 2D, 3D 시뮬레이션으로 자동화 시스템을 구성하고 제어할 수 있는 환경을 제공한다.

1장 PAC 개요에서 PLC의 개요 및 시스템 구성과 전기 공압 시뮬레이션에 대해 알아보고, 2장 공압 제어에서는 앞에서 배운 내용을 기반으로 AB PLC와 autoSIM을 연동하여 공압 제어를 시뮬레이션 한다. 3장에서는 공압 제어를 3D 시뮬레이션으로 제어해본다. 4장에서는 실제 장비를 제어 해보며, 5장에서는 AB PLC의 네트워크 구성 및 입/출력 설정하는 방법에 대해 알아보고, 6장과 7장을 통해 기본회로 구성 방법과 명령어에 대해 이해한다. 마지막 8장에서는 실제 장비를 3D 시뮬레이션으로 구성 및 제어 실습을 진행하여 학생들이 직접 따라 하면서 학습할 수 있게 하였다.

마지막으로 이 교재가 자동화시스템을 이해하고 이를 통해 다양한 자동화분야에 적용하여 활용할 수 있는 능력을 키우는데 조금이라도 도움이 되기를 바란다.

저자

차례

Chap 1.

PAC 개요

1.1 PAC 개요

1.1.1 PAC 개요

1970년대에 처음 발명된 프로그래밍이 가능한 논리 컨트롤러(PLC)에서 확장성, 다목적성, 정보성을 모두 갖춘 자동화 컨트롤러(PAC)에 내장된 기술까지, 로크웰 오토메이션의 제어 솔루션은 업계의 표준을 제시한다. 안전 인증 컨트롤러는 SIL 2 및 SIL 3 어플리케이션 요건을 지원한다. 사용자의 특정한 요구에 맞는 여러 가지 유형과 크기의 컨트롤러를 제공한다.

표 1-1 여러 가지 유형의 컨트롤러

대형 컨트롤 시스템	
	대형 컨트롤 시스템은 까다로운 어플리케이션 요건에 적합하다. 이 제품에는 모듈형 아키텍처와 다양한 I/O 및 네트워크 옵션이 있다. 이 강력한 제어 솔루션은 프로세스에서 안전 및 모션에 이르기까지 세계 정상급의 성능을 발휘한다. 분산형/감독형 제어 애플리케이션용으로 설계된 로크웰 오토메이션의 대형 컨트롤러는 탁월한 신뢰성과 성능을 자랑한다.
소형 컨트롤 시스템	
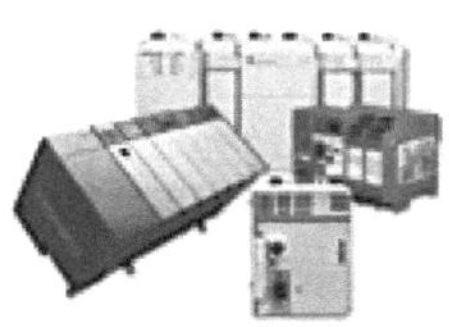	마이크로/나노 PLC은 릴레이 교체에서 타이밍/논리 단순 제어에 이르는 단순 장비용 기본적 제어 요건에 대한 경제적인 솔루션을 제공한다. 이러한 컨트롤러의 I/O 및 통신의 통합성, 편리성, 소형 패키징과 같은 특성 때문에 컨베이어 자동화, 보안 시스템, 건물 및 주차장 조명 등의 어플리케이션에 적합한 최선의 선택이 될 것이다.
마이크로/나노 컨트롤 시스템	
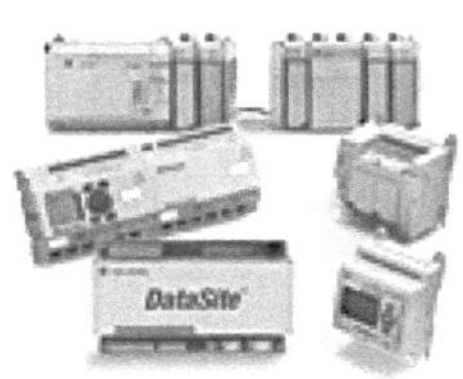	마이크로/나노 PLC은 릴레이 교체에서 타이밍/논리 단순 제어에 이르는 단순 장비용 기본적 제어 요건에 대한 경제적인 솔루션을 제공한다. 이러한 컨트롤러의 I/O 및 통신의 통합성, 편리성, 소형 패키징과 같은 특성 때문에 컨베이어 자동화, 보안 시스템, 건물 및 주차장 조명 등의 어플리케이션에 적합한 최선의 선택이 될 것이다.

1.1.2 CompactLogix 컨트롤 시스템

로크웰 오토메이션의 CompactLogix™ 및 Compact GuardLogix 컨트롤러는 일반적인 개발 환경에서 일반적인 제어 엔진을 사용하며, 중간 규모의 애플리케이션을 사용이 용이한 환경에서 제어할 수 있다. 프로그래밍 소프트웨어, 컨트롤러 및 I/O 모듈이 긴밀하게 통합되어 있으므로 개발 시간은 물론 시운전 및 정상 작동 시 비용이 줄어든다. 컨트롤러 하나에 안전, 모션, 이산 및 드라이브 기능이 통합되어 있으므로 이러한 공통성을 토대로 장비 또는 세이프티 애플리케이션을 공장 전체의 컨트롤 시스템에 경제적으로 통합할 수 있다.

표 1-2 CompactLogix 컨트롤러 ①

<table>
<tr><th colspan="2">5069 CompactLogix 5480 컨트롤러</th></tr>
<tr><td></td><td>로크웰 오토메이션의 Bulletin 5069 CompactLogix™ 5480 컨트롤러는 Logix 컨트롤 엔진과 병렬 실행되는 Windows 10 IoT Enterprise를 탑재한 실시간 컨트롤러이다. CompactLogix 5480은 ControlLogix® 5580 및 CompactLogix 5380 컨트롤러와 마찬가지로 새로운 아키텍처의 컨트롤 엔진을 사용한다. 이 Logix 컨트롤러 제품군은 분석, 데이터 수집, 예측 컴퓨팅 등 내장된 Windows 애플리케이션을 지원한다. 장비 수준에서 데이터를 수집하고 결정을 수행하는 기능은 The Connected Enterprise를 지원하는 데 도움이 되며 엔드 유저와 OEM 모두에게 이익이 된다.</td></tr>
<tr><th colspan="2">5069 CompactLogix 5380 컨트롤러</th></tr>
<tr><td></td><td>로크웰 오토메이션의 CompactLogix™ 5380 컨트롤러는 향상된 성능과 용량, 생산성 및 보안성으로 제조용 스마트 장비에 대한 수요 증가에 부응한다. 모든 CompactLogix 5380 컨트롤러는 Studio 5000®을 공통의 설계 환경으로 사용한다. 고속 모션 애플리케이션과 SIL2/PLd 안전 솔루션을 위한 이 설계 환경에서는 생산성이 극대화되고, 시운전 시간이 단축되며, EtherNet/IP를 통해 통합 모션을 관리할 수 있다. 이러한 컨트롤러는 고성능 통신, I/O 및 최대 32개의 축 모션 컨트롤이 필요한 분야에 적합하다.</td></tr>
<tr><th colspan="2">1769 CompactLogix 5370 컨트롤러</th></tr>
<tr><td></td><td>로크웰 오토메이션의 Bulletin 1761 CompactLogix™ 5370 컨트롤러는 Integrated Architecture® 시스템에 포함되어 있다. 이 컨트롤러는 통합 세이프티를 포함하며, 다른 모든 Logix 컨트롤러와 동일한 프로그래밍 소프트웨어, 네트워크 프로토콜 및 정보 기능을 사용한다. 이로써 모든 제어 기능에 알맞은 공통의 개발 환경을 만들어 준다. 사용자는 일관성 있는 도구와 기능을 이용하여 엔지니어링 투자비용을 절감하고, 진단 및 문제 해결을 간편하게 처리하고, 중소 규모 애플리케이션의 출시 속도를 높일 수 있다.</td></tr>
</table>

표 1-3 CompactLogix 컨트롤러 ②

1768 CompactLogix 컨트롤러	
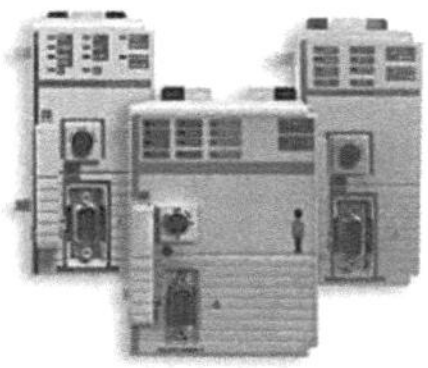	Bulletin 1768 CompactLogix™ 및 Compact GuardLogix® 컨트롤러는 안전, 모션 및/또는 복잡한 통신이 필요한 중소규모의 어플리케이션에 적합하다. 이 컨트롤러는 시리얼, EtherNet/IP™ 또는 ControlNet™ 통합 채널과 모듈형 DeviceNet™ 통신 기능을 제공한다. I/O 모듈 최대 30개, 모션 축 최대 16개를 지원한다.
1769 CompactLogix L3x 컨트롤러	
	로크웰 오토메이션의 Bulletin 1769 CompactLogix™ L3x 컨트롤러는 모션이나 안전 기능이 필요하지 않은 중소 규모의 제어 애플리케이션에 적합하다. 이 컨트롤러는 통합된 시리얼, EtherNet /IP™ 또는 ControlNet™ 채널 및 모듈형 DeviceNet™ 통신 기능을 제공한다.

1.1.3 1769 CompactLogix 5370 컨트롤러

로크웰 오토메이션의 Bulletin 1761 CompactLogix™ 5370 컨트롤러는 Integrated Architecture 시스템에 포함되어 있다. 이 컨트롤러는 통합 세이프티를 포함하며, 다른 모든 Logix 컨트롤러와 동일한 프로그래밍 소프트웨어, 네트워크 프로토콜 및 정보 기능을 사용한다. 이로써 모든 제어 기능에 알맞은 공통의 개발 환경을 만들어 준다. 사용자는 일관성 있는 도구와 기능을 이용하여 엔지니어링 투자비용을 절감하고, 진단 및 문제 해결을 간편하게 처리하고, 중소 규모 애플리케이션의 출시 속도를 높일 수 있다.

기능

- 모션 축이 낮고 I/O 접점 수가 적은 중소 규모의 애플리케이션에 적합
- EtherNet/IP™ 를 통한 통합 모션 지원으로 확장성 극대화
- DLR(Device Level Ring) 네트워크 토폴로지를 지원하여 네트워크 장애 대응력 향상
- 에너지 저장 장치가 내장되어 리튬 배터리 필요 없음
- 최대 2 GB의 보안 디지털 카드가 포함되어 신속한 프로그램 저장 및 복원
- 더 작아진 크기 덕분에 캐비닛 공간 절약 극대화
- 최대 2축의 키네메틱스 특성을 지원하여 간단한 분절형 로봇공학 가능

- 개방 소켓 기능으로 프린터, 바코드 리더 및 서버 등의 장비는 물론 Modbus TCP 지원 가능
- 조정된 HMI 옵션으로 PanelView™ Plus 포트폴리오에서 PanelView 800 그래픽 터미널에 연결하여 간단한 기능사용 가능
- 보호피막 처리 선택 가능

Compact GuardLogix 세이프티 컨트롤러

- 컨트롤러 하나로 통합 세이프티 및 통합 모션 제공
- 최대 SIL 3, PLe CAT 4에 해당하는 통합 세이프티 지원

On-Machine 컨트롤러

- On-Machine™ 애플리케이션을 위한 표준, 안전 및 모션 컨트롤 제공
- EtherNet/IP를 통해 통합 모션 축 최대 16개 제공
- 제어 캐비닛 안에 소형 하드웨어를 집적하여 장비에 직접 장착 가능
- IP67 등급의 방수 기능을 통해 먼지와 물로부터 보호
- On-Machine 버전에서 최고 SIL 3, PLe, CAT 4 등급의 통합 안전 제어 제공

1.1.4 시스템 구성 예

CompactLogix 5370 컨트롤러는 다음과 같은 네트워크를 지원한다.

- EtherNet/IP 네트워크 - 모든 CompactLogix 5370 컨트롤러
- DeviceNet 네트워크 - CompactLogix 5370 L2 및 L3 컨트롤러만

EtherNet/IP 네트워크의 DLR 네트워크 토폴로지에서 사용되는 CompactLogix 5370 컨트롤러이다. 또한, 리니어 또는 Star EtherNet/IP 네트워크 토폴로지에서 CompactLogix 5370 컨트롤러를 사용할 수도 있다.

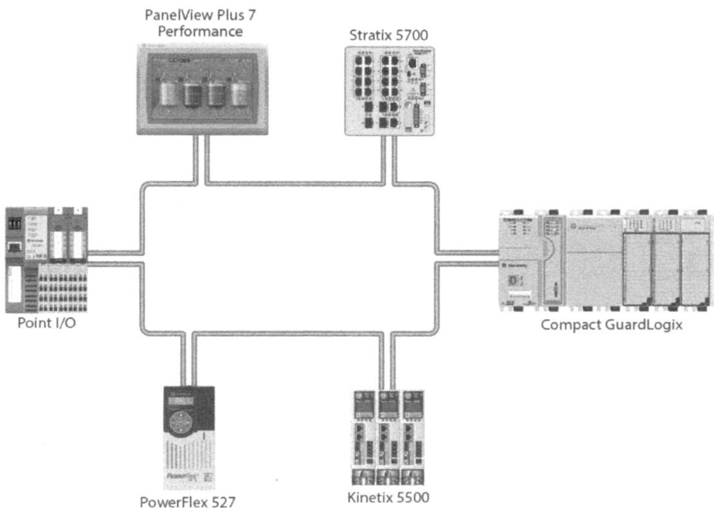

그림 1-1 네트워크 시스템 구성도

1.1.5 공장 자동화 시스템 구성도

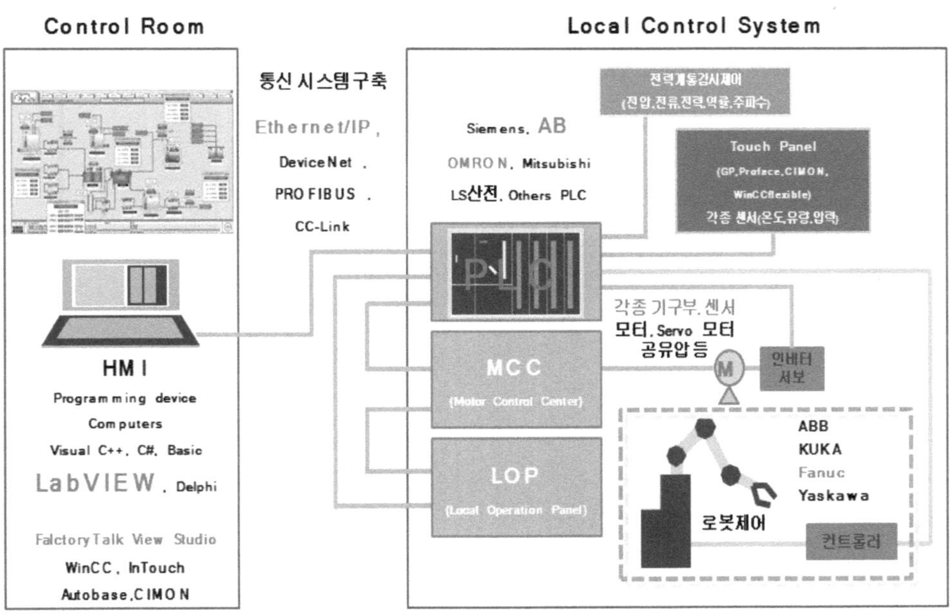

그림 1-2 공장 시스템 구성도

1.2 소프트웨어

1.2.1 Studio 5000

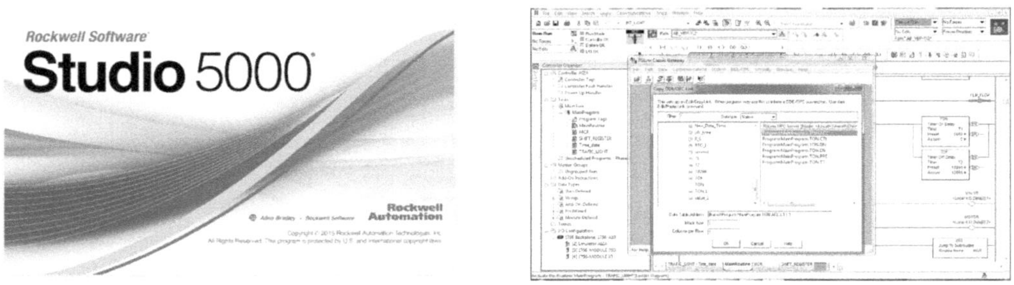

그림 1-3 Studio 5000

제품 특징

Studio 5000 자동화 엔지니어링 및 설계 환경은 엔지니어링 요소와 설계 요소를 단일 표준 프레임워크로 통합한다. Logix Designer는 친숙한 RSLogix 5000 소프트웨어가 업그레이드 된 것으로, 이산, 프로세스, 배치, 모션, Safety 및 드라이브 기반 시스템을 위해 Logix 5000 컨트롤러를 프로그래밍 하는데 필요한 소프트웨어 패키지이다.

- 이용하기 쉬운 설계 및 설정 소프트웨어 패키지
- 복잡한 제어 솔루션의 개발 간소화
- 실시간 정보 접근성 향상
- 시운전 시간 감소로 스타트 업 속도 향상

1.2.2 FactoryTalk View

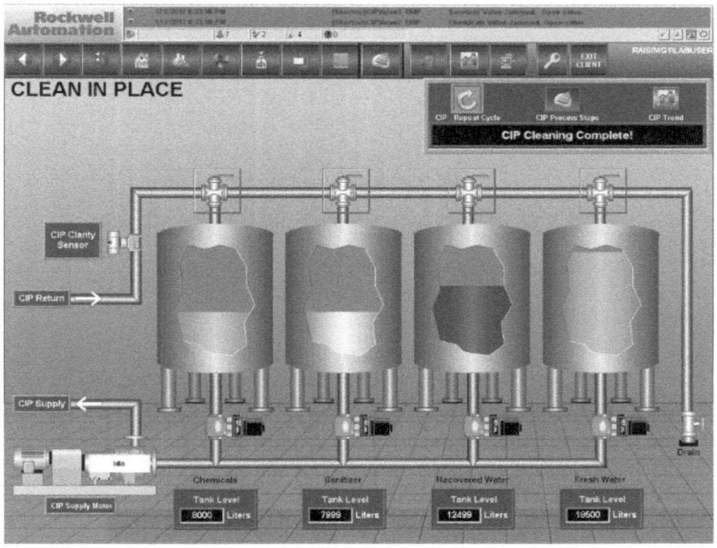

그림 1-4 FactoryTalk View

제품 특징

생산성 증대, 운영비용 감소, 품질 개선을 달성할 수 있도록 공통 개발 환경, 어플리케이션 재사용 및 아키텍처를 제공한다.

로크웰 오토메이션 통합 아키텍처를 지원하는 FactoryTalk View는 확장 가능한 통합 모니터링 및 제어 솔루션 패키지의 일부로서 독립형 장비 단위 어플리케이션에서 상위 관리자 레벨 다중 서버, 다중 클라이언트, 다중 사용자 HMI 어플리케이션에 이르는 다양한 어플리케이션에서 사용할 수 있도록 설계되었다.

FactoryTalk View SE(Site Edition)와 FactoryTalk View ME(Machine Edition)로 구성된 FactoryTalk View는 신속하게 HMI 어플리케이션을 개발하고 교육할 수 있도록 공통적인 인터페이스를 적용한 HMI소프트웨어 제품군이다. Logix 기반 컨트롤러와의 통합으로 더욱 빠르고 정확한 시스템 구현이 가능하다.

1.2.3 autoSIM 200

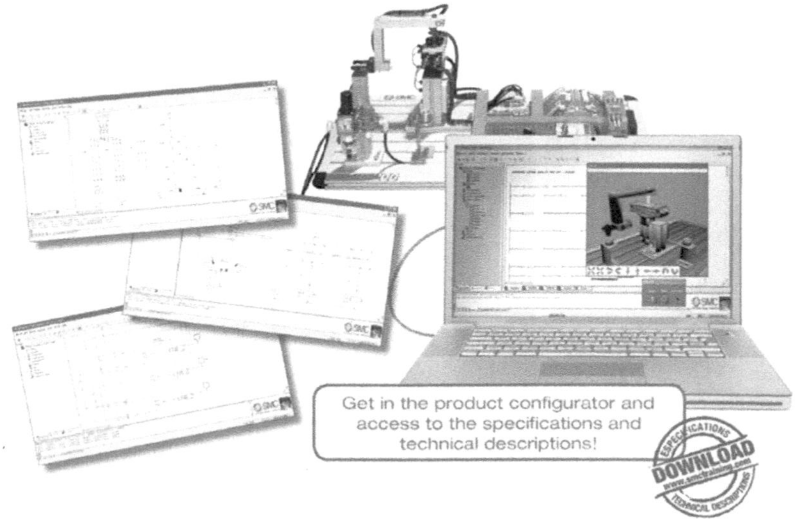

그림 1-5 autoSIM 200

제품 특징

전기 시퀀스제어란 미리 정해진 순서, 또는 일정한 논리에 의해 정해진 순서에 따라, 제어의 각 단계를 순차적으로 추진해가는 제어를 말한다.

전기 시퀀스제어는 다음 단계에서 해야 할 제어동작이 미리 정해져 있어 전 단계에서의 제어동작을 완료한 후, 또는 동작 후 일정한 시간이 경과된 후에, 다음 동작으로 이행하는 경우, 혹은 다음에 해야 할 동작을 선정해서 다음 단계로 이행하는 경우 등이 조합되어 있는 경우가 많다고 할 수 있다.

전기 시퀀스제어는 일상생활에 응용될 뿐만 공장의 자동화 및 농업설비 시스템에 폭넓게 이용되며, 조업관리, 즉 공장 스케줄 제어의 일환으로서도 매우 중요한 일면을 차지한다. 이 제어를 이용할 경우에는 인원의 삭감, 생산속도의 증대와 설비효율의 향상뿐 아니라, 품질향상과 균일성의 확보, 위험 방지 등 큰 효과를 거둘 수 있다. autoSIM-200은 전기 시퀀스제어 시스템 관련요소의 지식을 전달하는 것과 동시에 전기 시퀀스의 이론을 실습해 볼 수 있는 시뮬레이션 소프트웨어이다.

Chap 2.

공압 제어

2.1 공압의 이해

2.1.1 공압의 정의

공압(Pneumatic)이란 공기의 운동이나 현상에 대한 학문이란 뜻이며, 그리스어인 Pneuma (호흡, 바람의 의미)에서 유래되었다. 공압의 이용'이라는 것은 쉽게 말해 이 교육장 내의 공기를 작게 압축시켰을 때 이 압축된 공기가 원 상태로 복귀하려는 힘을 이용하는 것을 의미한다. 그리고 대기압(1 bar) 보다 높은 압력의 압축 공기이며, 압력 에너지를 운동(기계) 에너지로 변환된다.

일반적으로 1.5 bar 이상의 압력의 공기를 공압이라고 한다.

(1) 공압의 장·단점

1) 장점

- 양(Amount) : 사용할 수 있는 공기의 양은 무한하다.
- 이송(Transport) : 압축공기는 파이프라인을 통하여 아주 먼 거리까지 이송할 수 있으며, 이를 회수할 필요가 없다.
- 저장성(Storage) : 압축공기는 저장탱크에 저장할 수 있고 필요에 따라 사용할 수 있기 때문에 압축기를 계속 운전할 필요가 없다. 또한, 압축 공기는 탱크 또는 실린더들 사이에서도 저장될 수 있다.
- 온도(Temperature) :압축공기는 온도변동에 둔감하기 때문에 비록 극한 온도 상황 하에서도 믿을 만한 운전을 보장한다.
- 안전성(Explosion proof) : 압축공기는 화재나 폭발의 위험이 없다. 그러므로 값비싼 설비가 필요 없다.
- 청결성(Cleanness) : 압축공기는 청결하기 때문에 비록 압축공기가 파이프나 부품의 틈으로 누출되어도 오염의 원인이 되지 않는다. 이러한 높은 청결도는 식품가공업, 전자산업 등의 산업분야에서특히중요하게요구되는조건이다.
- 구조(Construction) : 작동요소가 간단한 기구이므로 가격이 저렴하다.
- 속도(Speed) : 압축공기는 매우 빠른 작업 매체여서 매우 빠른 작업속도를 얻을 수 있다. (공압실린더의 경우 1~2 m/sec)
- 조절(Adjustable) : 힘과 속도를 얼마든지 무단으로 조정할 수 있다.
- 안정성(Overload safe) : 과부하 상태에서의 압축공기를 이용하여 작동되는 부품과 공구들은 그들 성능의 제한 범위 이상에서도 작동되며 그의 능력 이상에서도 파괴 소실 등의 위험이 없다.
- 탄력성(resilience) : 압축된 공기는 충격을 받으면 완충작용을 한다.

2) 단점

- 준비(Preparation) : 압축공기를 만드는 데는 많은 주의를 필요로 한다. 먼지나 습기가 있어서는 안 된다.
- 압축성(Compressible) : 압축성 때문에 균일한 피스톤 속도를 얻는 것이 불가능하다.
- 역학적 사용 한계 : 압축공기는 어떤 기준 이상의 힘이 요구될 때는 비경제적이다.
  보통작업압력은 700 kPa(7 bar)가 한계이고, 힘은 이송 길이와 속도에 달려있지만, 일반적으로 20,000~30,000 N이 한계이다.
- 배기 (Exhaust air) : 배기의 소음이 크다. 이 문제는 현재 소음 흡수 재료의 개발로 크게 개선되었다.
- 운전비용(Cost) : 압축공기는 힘을 전달하는 것으로는 비교적 비싼 편이다. 높은 에너지 비용은 현재 값싼 요소와 높은 성능으로 많이 상쇄되었다.

(2) 공·유압 및 전기 시스템 특성 비교

표 2-1 공·유압 및 전기 시스템 특성 비교 ①

특성		공압(Pneumatic)	유압(Hydraulic)	전기(Electric)
작동원 생성		고정식 압축기 - 모터 구동, 중/대형 이동식 압축기 - 모터나 내연기관 구동, 소형, 비상용	고정식 펌프 - 모터 구동, 중/대형 이동식 펌프 - 모터나 내연기관 구동, 소형, 비상용	수력, 화력, 원자력
작동원 보관		공기의 압축성으로 탱크에 많은 양을 저장	축압기를 사용하여 오일을 소량 저장 가능	배터리로 소량 저장 가능
작동원 이송		거의 손실이 없음 보통 1000 m 정도까지 이송 가능	일부 손실이 발생 하나 보통 10 m 정도까지 이송 가능	일부 손실이 발생 하나 이송거리에 제한이 없음
누설 영향		에너지 손실	에너지 손실, 주변 환경오염, 화재의 위험, 작업자 사고의 위험	누전에 따른 위험, 화재의 위험
에너지원의 생성비용		전원에 비해 고가	고가	저렴
환경	온도	100℃ 정도 까지 사용가능	70℃ 정도까지 사용가능 (점도변화)	주의를 요함
환경	습도	Drain에 주의(동결)	보통	주의를 요함
환경	부식성	산화에 주의를 요함	보통	주의를 요함
환경	진동	큰 영향을 안 받음	보통	주의를 요함

표 2-1 공·유압 및 전기 시스템 특성 비교 ②

특성	공압(Pneumatic)	유압(Hydraulic)	전기(Electric)
직선운동	실린더 사용 - 가/감속 효과 우수 - stroke, 2000 mm까지 사용 가능	실린더 사용 저속 제어성이 우수	solenoid 또는 linear 모터로 직선운동 - 속도 제어성 우수 - stroke이 짧음 모터와 동력 전달기구 (예 : 볼 스크류...)
각도운동	실린더와 랙-피니언 사용	실린더와 랙-피니언 사용	기계적 연결 장치를 사용하여 회전 운동을 분할하여 각도 운동
회전운동	공압모터 사용 - 고속회전 - 저 토크 - 제어성 다소 불량	유압모터 사용 - 저속회전 - 큰 토크 - 저속 제어성 우수	전기모터 사용 - 중/고속회전 - 제어성 우수
조작력	작음	아주 큼	작음
직선운동속도	보통 10 m/s정도 까지 가능	보통 1 m/s정도 까지 가능	저속에서 고속까지 가능
부하변화에 따른 제어특성	특성변화가 큼	특성변화가 약간 있음	특성변화가 약간 있음
조작력	아주 큼	작음	작음
직선운동속도	보통 1m/s정도 까지 가능	보통 10 m/s정도 까지 가능	저속에서 고속까지 가능
부하변화에 따른 제어특성	특성변화가 약간 있음	특성변화가 큼	특성변화가 약간 있음
제어능력	압력제어 : 힘, 토크 제어 유량제어 : 속도제어	압력제어 : 힘, 토크 제어 유량제어 : 속도제어	제어 알고리즘으로 제어
시스템의 구조	복잡	간단	복잡
배선/배관	복잡	간단	간단
유지보수	복잡	간단	복잡
시스템 가격	고가	저렴	고가
설치	공압보다 복잡 - 고압에서의 안전에 주의 - 누유에 주의	설치가 쉬움	간단
소음발생	고압에서 펌프 소음발생	소음기 설치로 어느 정도 제거 가능	적음

2.1.2 공압 액추에이터

액추에이터란 에너지를 사용하여 기계적인 일을 하는 기구를 말한다.

(1) 공압 실린더 구조

실린더는 압축 공기의 압력 에너지를 기계적인 에너지로 변환하여 직선운동, 회전운동 등의 기계적인 일을 하는 기기이다.

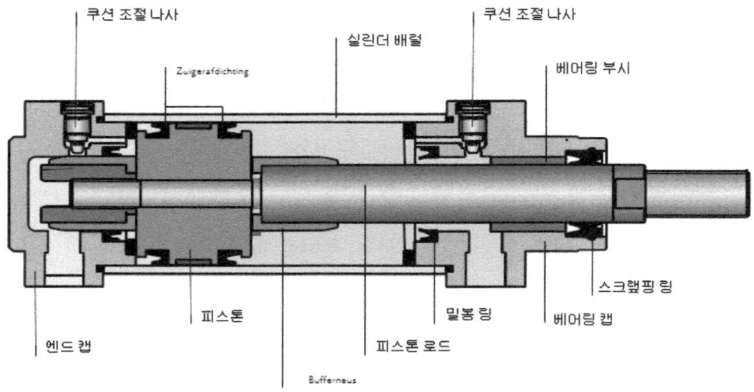

그림 2-1 공압 실린더 구조

표 2-2 공압 실린더 구조 특징

명칭	특징
실린더 튜브	• 실린더의 외곽을 이루는 부분이다. • 피스톤의 미끄럼 운동 및 내압이 걸려 내압성과 내마모성이 요구한다. • 기계적 성능을 높이기 위해 튜브에는 20[μm]정도의 경질 크롬도금 하고 그 표면을 1.6S 이하의 표면 거칠기로 다듬질 한다. • 재질 : 고력 알루미늄관, 기계구조용 압연강관, 황동관 등 (최근에는 소형 실린더에 스테인리스관 또는 플라스틱 튜브도 사용)
피스톤	• 피스톤은 공기 압력을 받는 실린더 튜브 내에서 미끄럼 운동을 한다. • 헤드 커버에 충돌하여 충분한 강도와 내마모성이 요구된다. • 피스톤 외주에는 피스톤과 튜브 사이에 누설을 방지하기 위해 패킹이 조립된다. • 재질 : 부하의 정도에 따라 강, 회주철, 알루미늄 합금 등이 사용.
피스톤 로드	• 피스톤과 연결되어 피스톤의 출력을 외부에 전하는 로드이다. • 피스톤 로드는 작용하는 부하에 따라 인장, 압축, 굽힘, 진동 등의 하중에 견딜 수 있는 충분한 강도와 내마모성이 요구된다. • 재질 : S45C 정도의 기계구조용 탄소강에 내식성, 내마모성을 향상시키기 위해 경질 크롬 도금한 것이 많음. 특수한 용도로는 스테인리스 계를 사용.
헤드 커버 / 로드 커버	• 실린더 튜브의 양 끝에 설치되어 피스톤의 행정거리를 결정한다. • 급배기 포트, 피스톤 로드 부싱, 쿠션기구 등을 내장하는 부품이다. • 재질 : 부하에 따라 아연, 주철, 알루미늄 합금, 합금강 등이 사용.

(2) 공압 실린더 종류

1) 단동 실린더

한 방향 운동에만 공기압이 사용되며 반대 방향의 운동은 스프링 또는 외력으로 복귀된다.

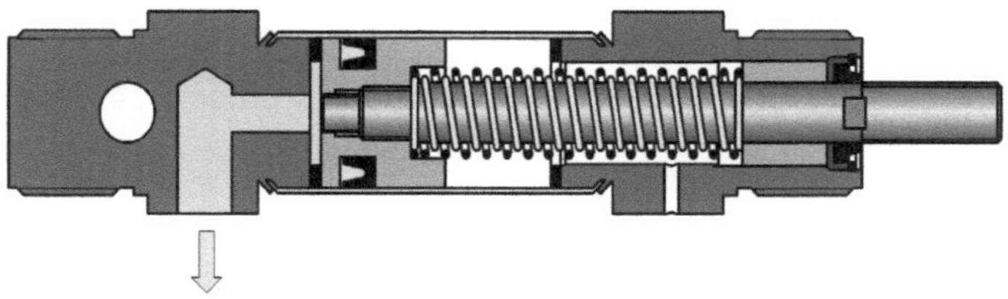

그림 2-2 단동 실린더

2) 복동 실린더

전·후진운동이 모두 압축공기에 의하여 동작한다. 단동 실린더와 달리 원칙적으로 실린더의 행정 거리에 제한을 크게 받지 않는다.

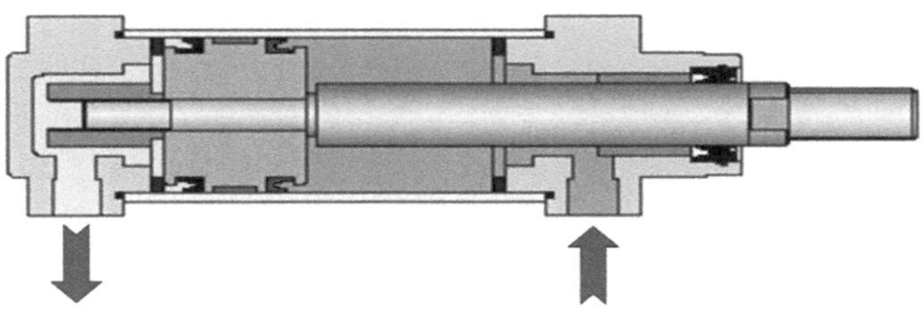

그림 2-3 복동 실린더

2.1.3 공압 밸브

공압 제어 시스템은 신호 감지 요소, 제어요소 및 액추에이터로 구성되어 있으며, 신호 감지 요소와 제어요소들은 액추에이터의 작업 순서 및 작동 상태에 영향을 끼치게 되며 이들을 밸브라 한다.

(1) 방향 제어 밸브

1) 방향 제어 밸브의 기호 및 의미

기호	설명
	밸브의 스위치 전환 위치(switching position)는 4각형으로 나타낸다.
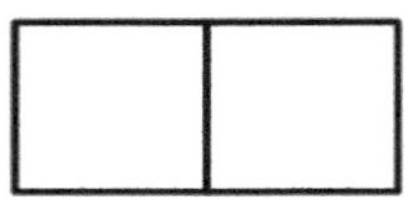	겹쳐져 있는 4각형의 개수는 밸브 전환 위치의 개수를 나타낸다. 즉, 4각형이 2개인 밸브는 2개의 제어위치를 가진 밸브를 의미한다.
	밸브의 기능과 작동 원리는 4각형 안에 표시된다. 직선은 유로를 나타내며 화살표는 흐르는 방향을 나타낸다.
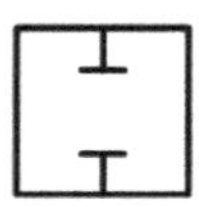	유체의 흐름이 차단되는 위치는 4각형 안에 직각으로 나타낸다.
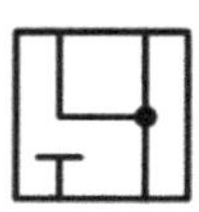	유로의 접점은 점으로 나타낸다.
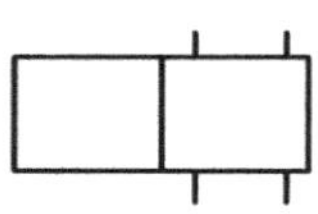	출구와 입구의 연결구는 4각형 밖에 직선으로 나타낸다.
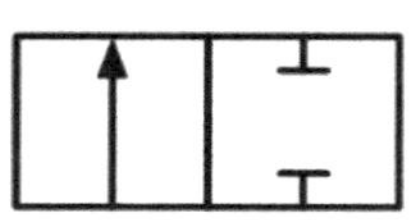	밸브의 다른 제어 위치는 4각형을 옆으로 움직이면 얻을 수 있다.
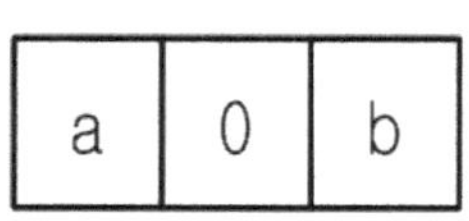	3개의 전환 위치를 가지는 밸브에서 중간 위치는 중립을 나타낸다.

2) 방향 제어 밸브의 종류별 기호

기호	명칭	설명
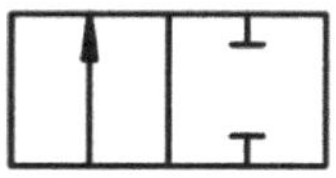	2/2 방향 제어 밸브	정상 상태에서 닫힌 상태에 있다. (N.C형)
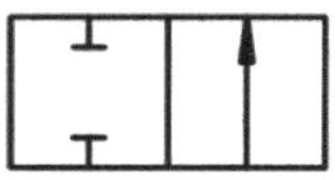		정상 상태에서 열린 상태에 있다. (N.O형)
	3/2 방향 제어 밸브	정상 상태에서는 P는 외부와 차단된 상태이다. A는 R로 배기된다. (N.C형)
		정상상태에서 P와 A가 연결된다. (N.O형)
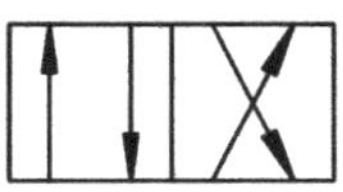	4/2 방향 제어 밸브	2개의 작업라인이 있어 복동 실린더 제어에 사용된다.
	5/2 방향 제어 밸브	2개의 작업라인이 있다. 각각의 배기 공을 가지고 있다. 복동 실린더 제어에 사용된다.
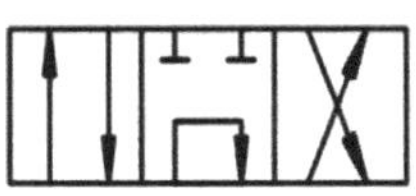	4/3 방향 제어 밸브	중립 위치에서 P가 배출된다. (주로 유압에서 사용된다.)
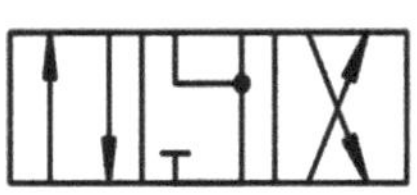		작업 라인 A, B가 모두 배기되는 중립 위치를 가지고 있다.
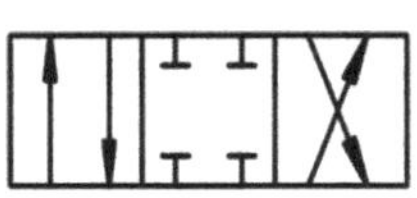		모든 연결구가 차단되어 있다. 실린더를 임의 위치에서 정지시킬 수 있다.
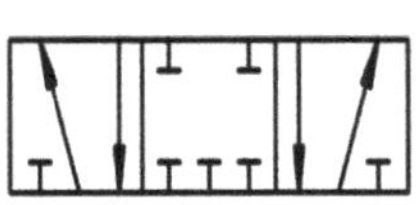	5/3 방향 제어 밸브	중립 위치에서 모든 라인이 닫혀 있다.

3) 방향 제어 밸브의 작동 방법

작동방법	기호	의미
수동	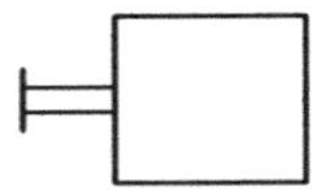	일반 수동 작동
	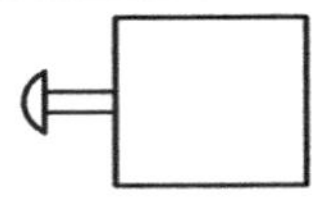	누름 버튼 작동
	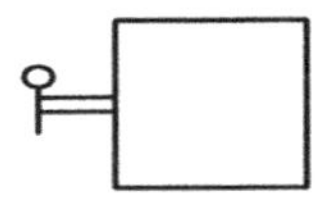	레버 작동
	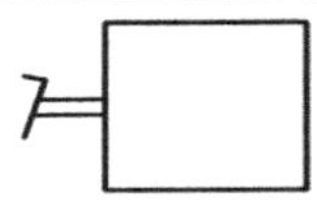	페달 작동
기계적	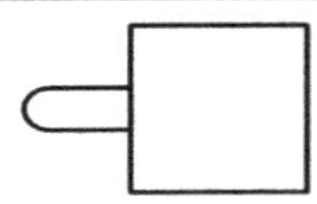	플런저 작동
	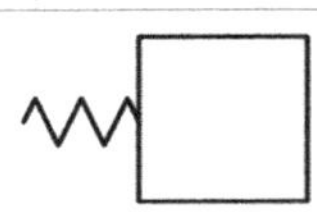	스프링 작동
	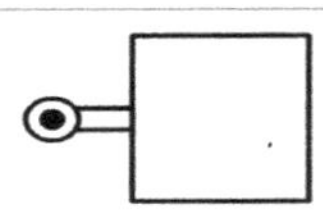	롤러레버 작동
	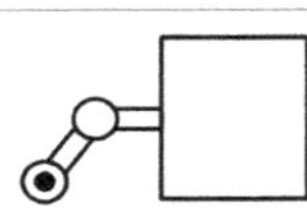	방향성 롤러-레버 작동
공기압	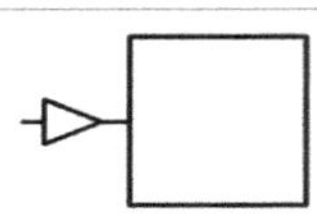	압력을 가하는 작동
	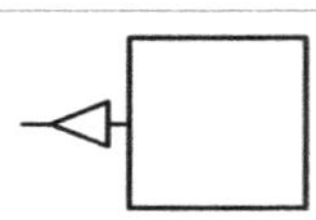	압력을 제거하는 작동
전기적	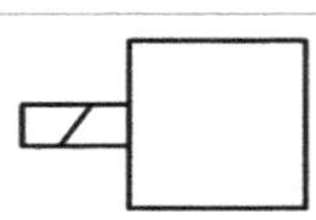	직동성 솔레노이드
	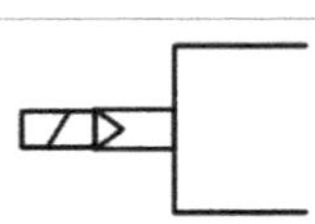	간접 작동형 솔레노이드

4) 방향 제어 밸브 연결구 표시 규정

표 2-3 연결구 표시 규정

구분	ISO-5599 규정	ISO-1219 규정
작업 라인	2, 4, 6, …	A, B, C, …
에너지 공급 구	1	P
배출 구	3, 5, 7	R, S, T
누출 라인	9	L
제어 라인	10, 12, 14, …	Z, X, Y, …

5) 방향 제어 밸브 표시 방법

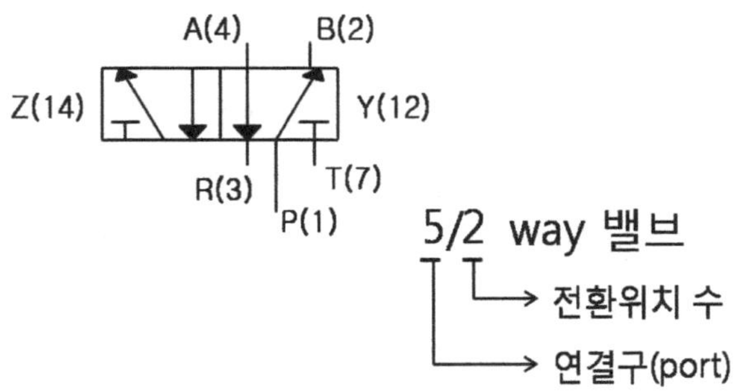

그림 2-4 방향제어 밸브 표시 방법 설명

6) 5/2 way 편솔레노이드 밸브와 양솔레노이드를 이용한 복동실린더 공압회로도

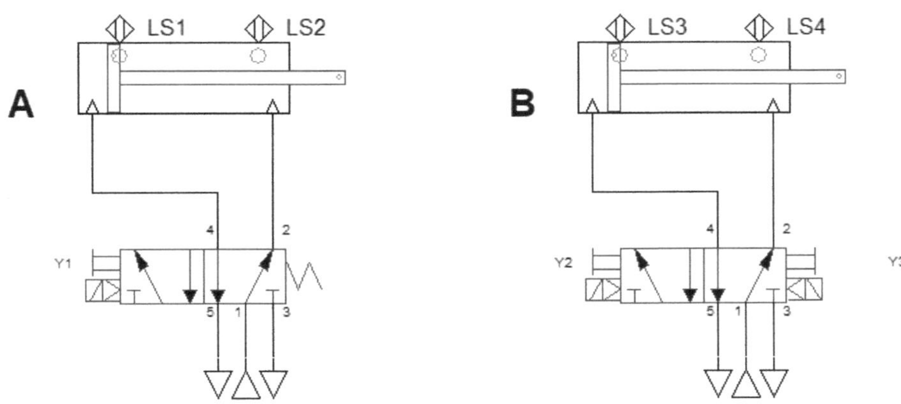

그림 2-5 공압회로도

2.2 시뮬레이션 구성

2.2.1 구성도

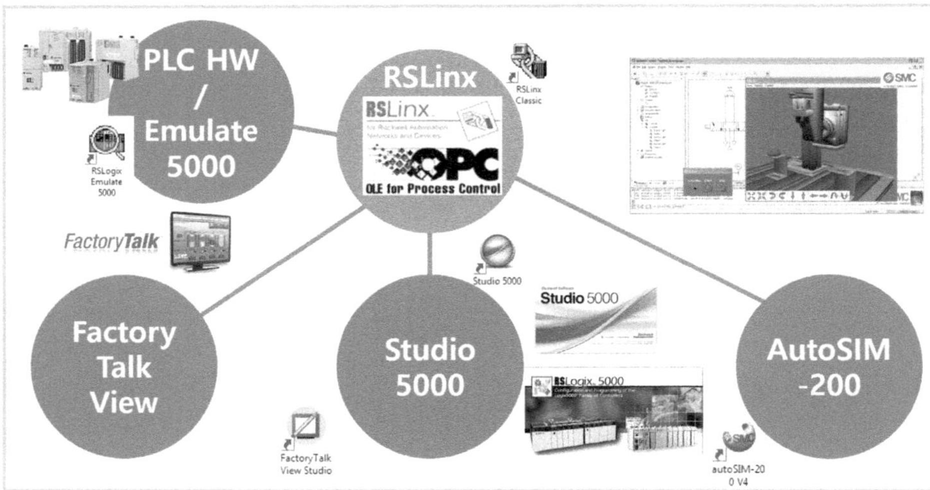

그림 2-6 시스템 구성도

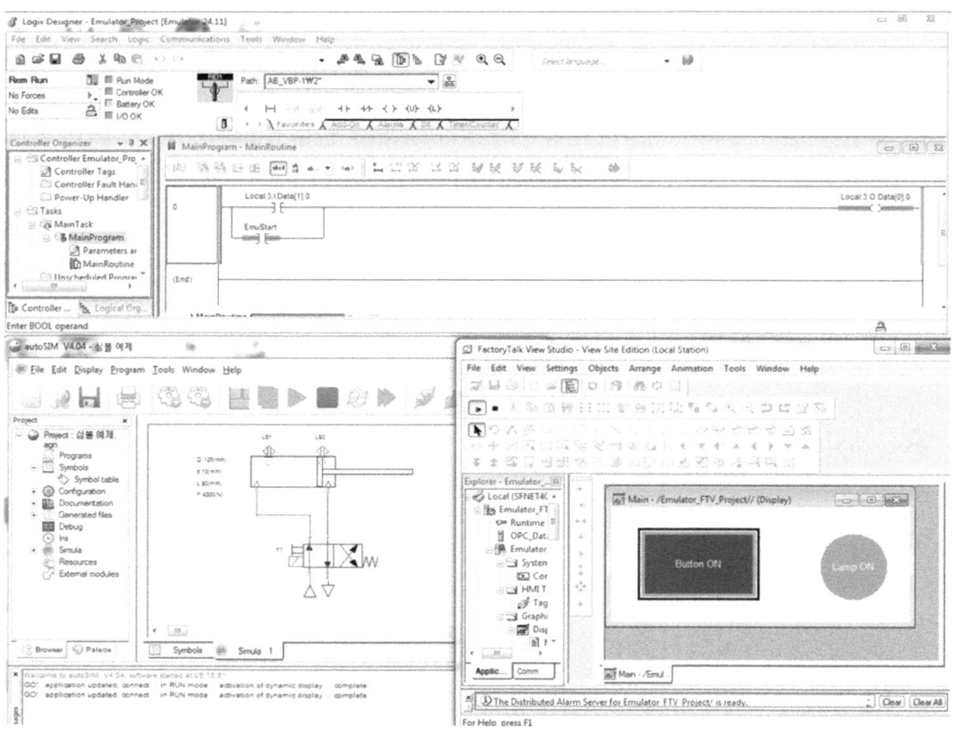

그림 2-7 시뮬레이션을 이용한 완성된 제어화면

2.2.2 Logix 구성도

(1) 시스템 구성도

그림 2-8 Logix 시스템 구성도

(2) 시스템 구성하기

1) 컨트롤러 추가

- 아래와 같이 바탕화면의 RSLogix Emulate 5000 아이콘을 실행하여 에뮬레이터를 활성화한다.

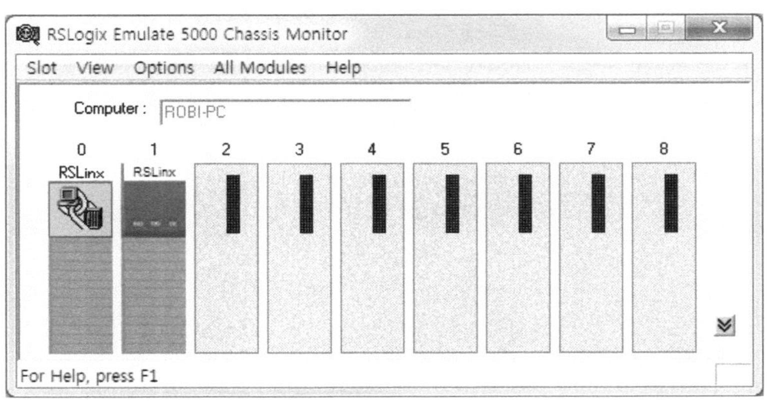

- Controller 생성 및 설정을 아래와 같이 한다.
- [슬롯2]를 선택하여 오른쪽 마우스 클릭하여 [Create]를 선택 클릭한다.

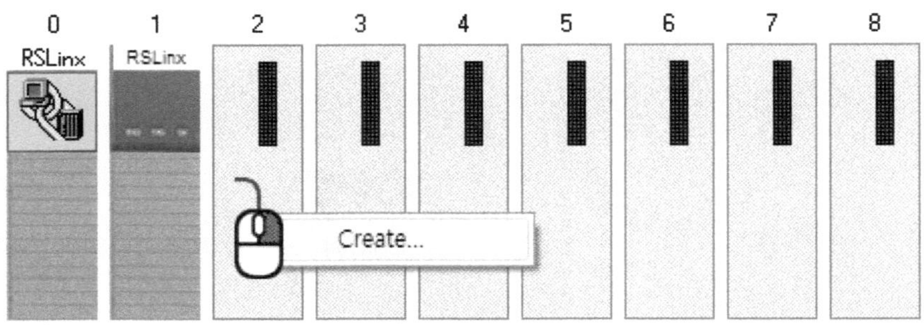

- [Select Module] 창이 나타나면 첫 번째 [Emulator RSLogix Emulate 5000 Controller]를 선택한다.

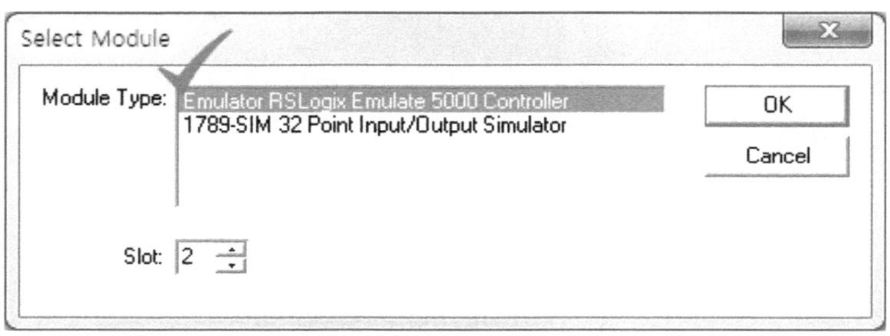

- 기타 설정은 다음과 같이 기본 설정한 후 [Next]를 클릭한다.

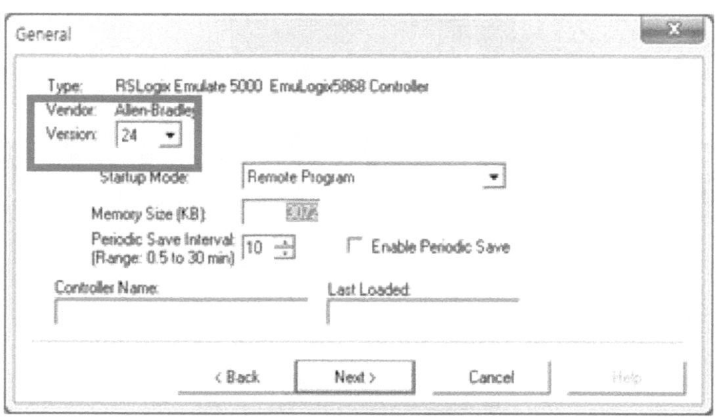

※ 사용자가 가지고 있는 에뮬레이터 Version을 확인한 후 맞는 Version을 선택한다. 여기서는 24 Version 사용한다.

- 이후 설정도 마찬가지로 기본 설정한 후 [Finish]를 클릭한다.

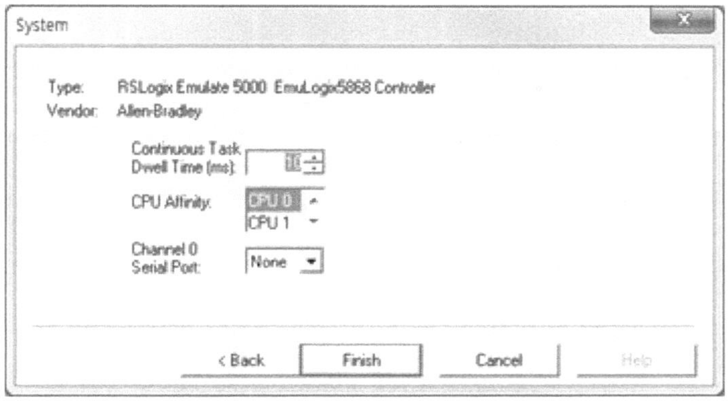

- 설정을 완료하면 다음과 같이 [슬롯 2]에 에뮬레이터 컨트롤러가 추가된 항목이 생성된다.

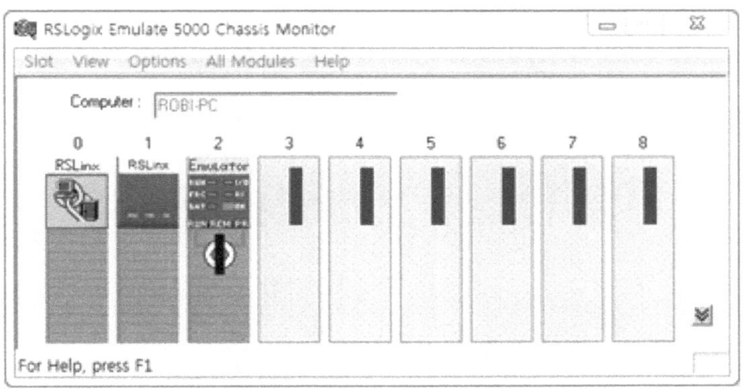

2) I/O Module 생성 및 설정

- [슬롯3]을 선택하여 오른쪽 마우스 클릭하여 [Create]를 선택 클릭한다.

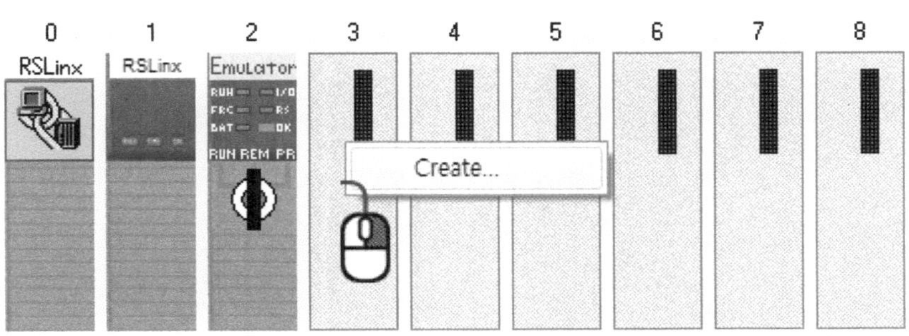

- [Select Module] 창이 나타나면 두 번째 [1789_SIM 32 Point Input/Output Simulator]를 선택한다.

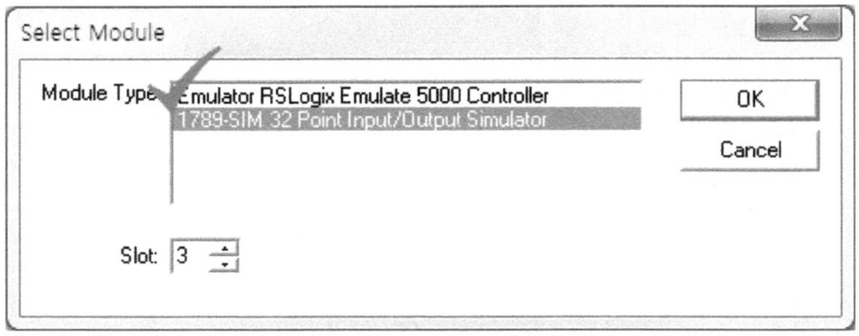

- [Select Device] 창에서 [슬롯 번호]를 설정한 후 [Next]를 클릭한다.

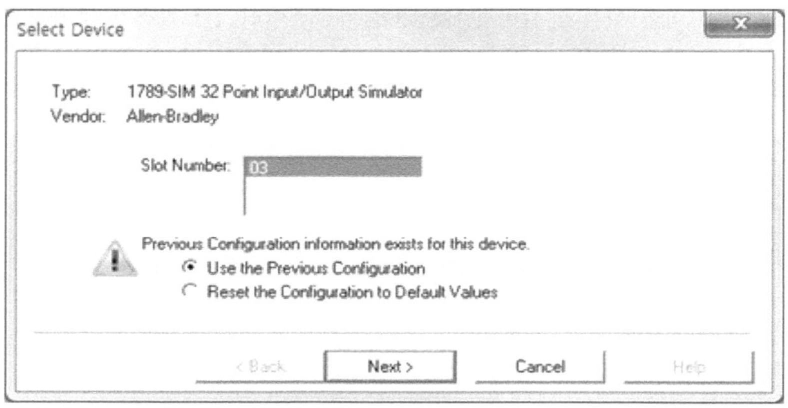

- 마지막 설정이 완료되면 [Finish]를 클릭하여 완료한다.

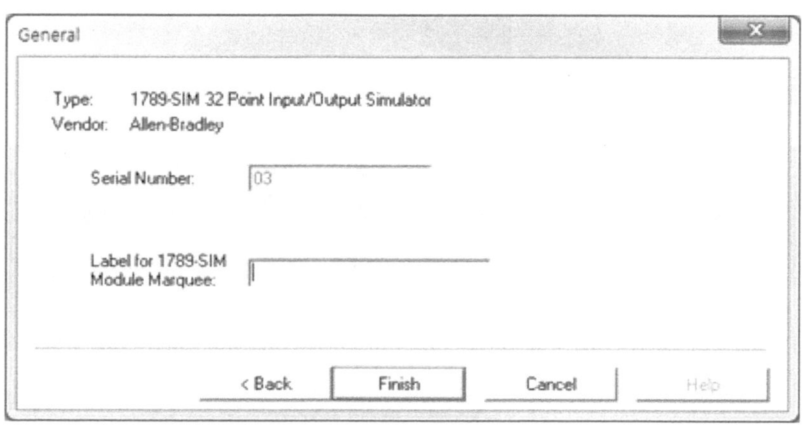

- [슬롯 3]에 추가된 입/출력 모듈이 생성된다.

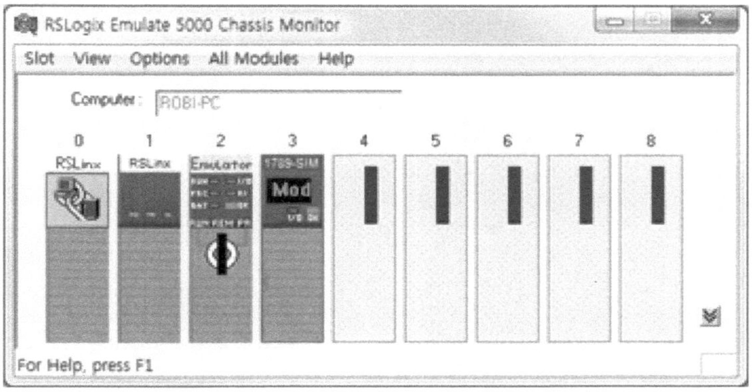

3) Emulator 통신상태 확인

- 통신 상태는 RSLinx를 통해서 확인이 가능하며, Emulator를 닫게 되면 통신이 끊어지는 것을 알 수가 있다.

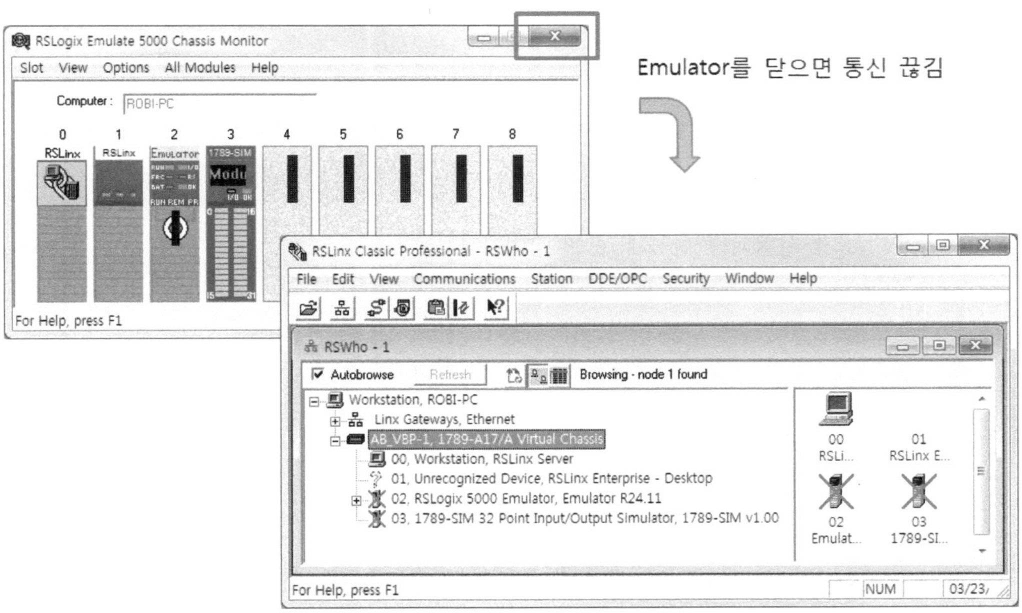

4) Emulator 통신상태 확인을 위한 RSLinx 실행

- 바탕화면의 RSLinx Classic 아이콘을 클릭하여 RSLinx를 실행한다.

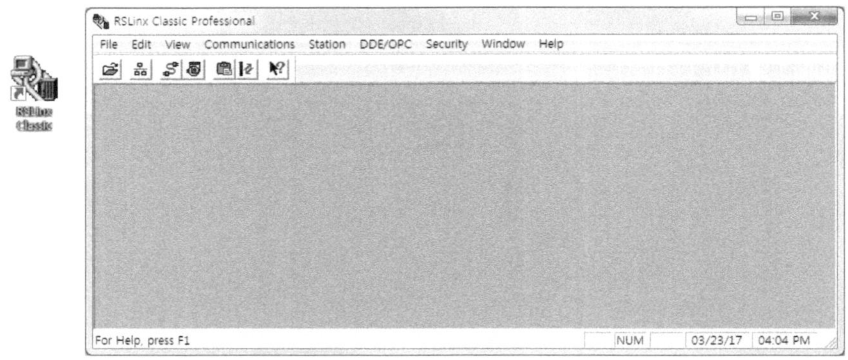

- 툴바에서 [RSWho] 아이콘을 클릭한다.

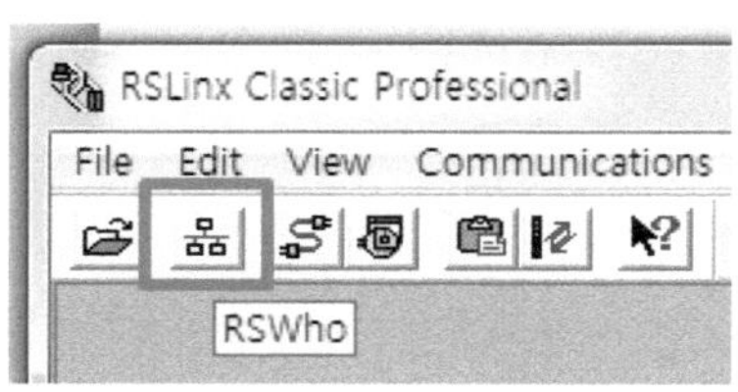

- [RSWho]가 실행되면 다음과 같은 창이 나타난다.

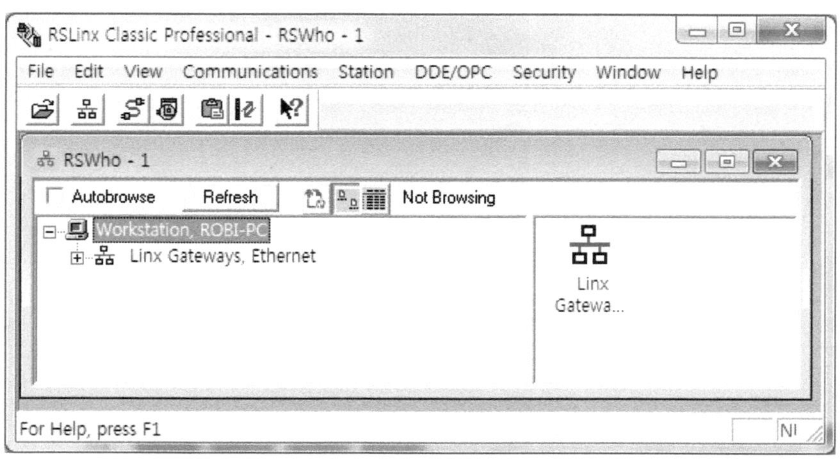

- 툴바의 [Configure Drivers] 아이콘을 클릭한다.

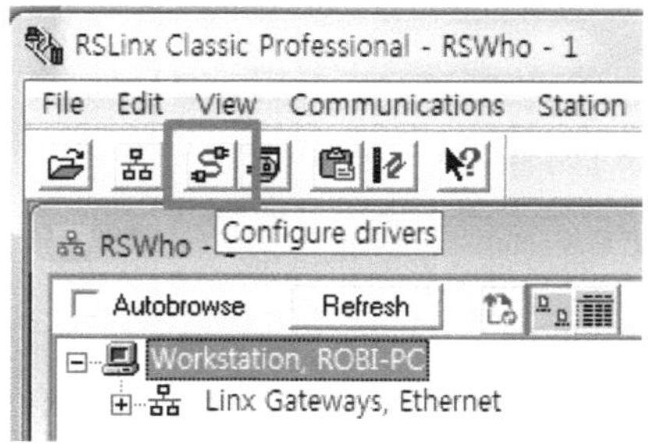

- 또는 [Communication] 메뉴에서 - [Configure Drivers]를 선택 클릭한다.

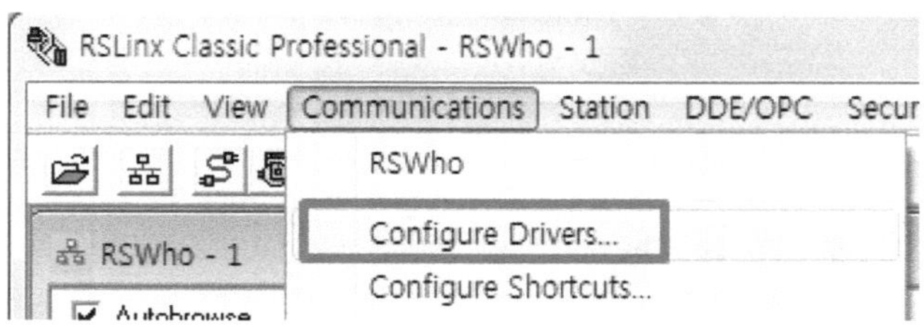

- [Configure Drivers] 창이 나타나면 먼저 [Available Driver Type]의 여러 항목 중 Emulator 드라이버에 해당하는 [Virtual Backplane[SoftLogix58xx,USB]] 항목을 선택한다.
- 그런 다음 [Add New...] 버튼을 클릭하여 드라이버를 추가한다.

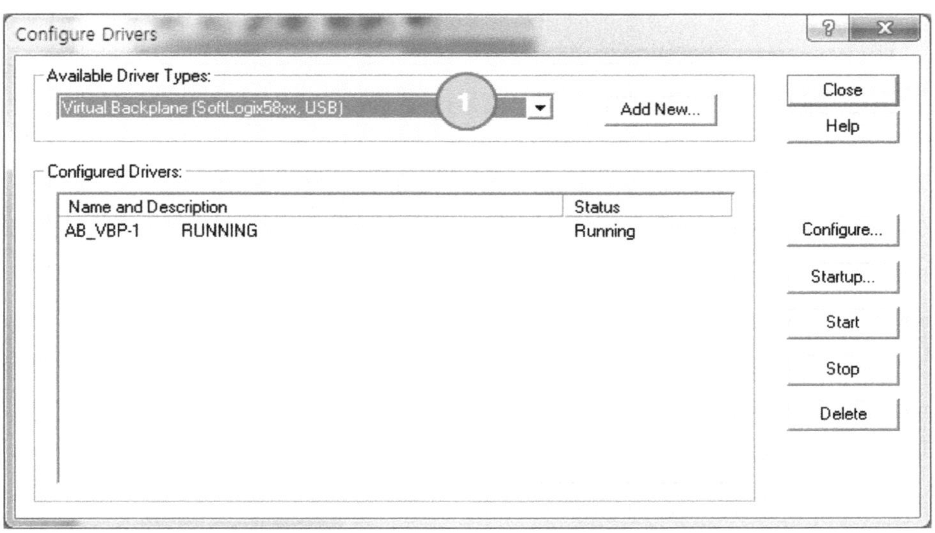

- 이후 [Add New RSLinx Classic Driver] 창이 나타나고, "AB_VBP-1"이 자동적으로 입력되어 있으므로 기본 명칭으로 사용하기로 하고 [OK] 버튼을 클릭한다.

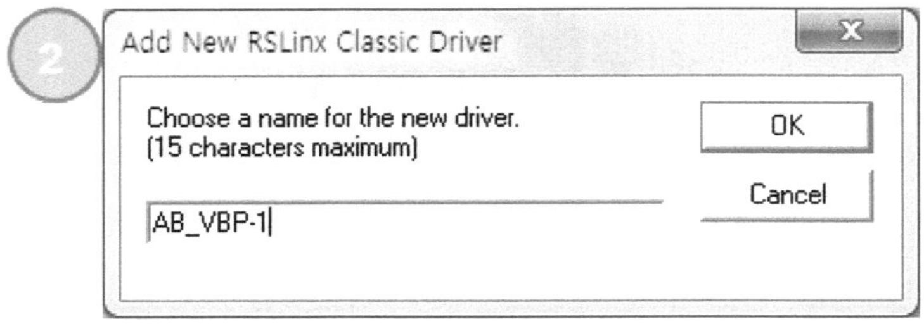

5) Emulator 생성 모니터링

- [RSLinx]와 [RSLogix Emulate 5000]을 분할하여 창을 띄운다.

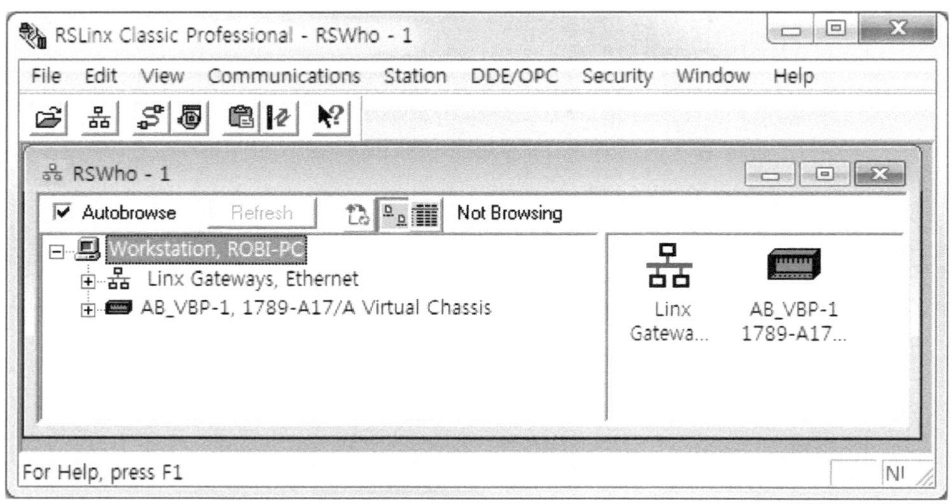

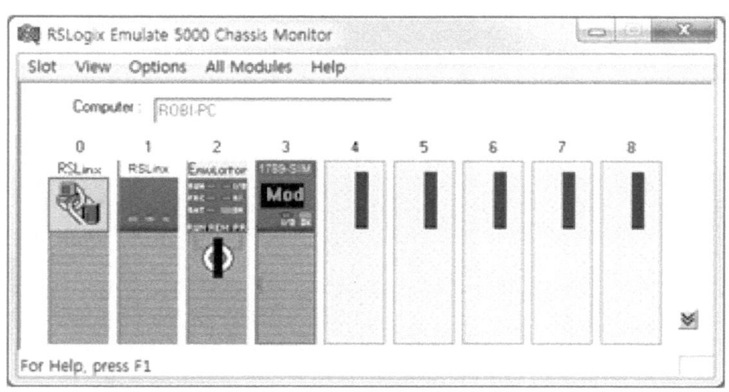

- 추가한 드라이버 항목의 [AB_VBP-1, 1789-A17/A Virtual Chassis]를 클릭한다.

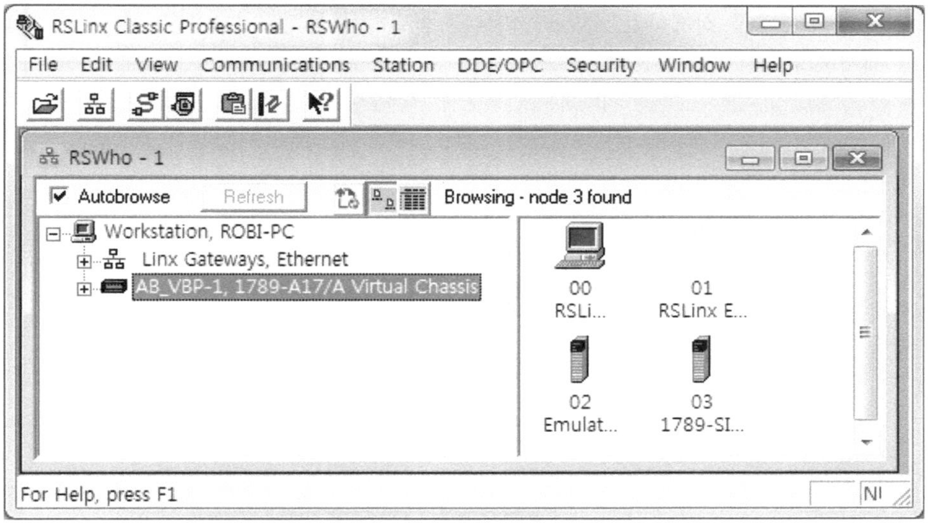

- 세부 항목 중 [02, RSLogix 5000 Emulator, Emulator R24.11]을 마우스 오른쪽으로 클릭 후[Configure New DDE/OPC Topic]을 클릭한다.

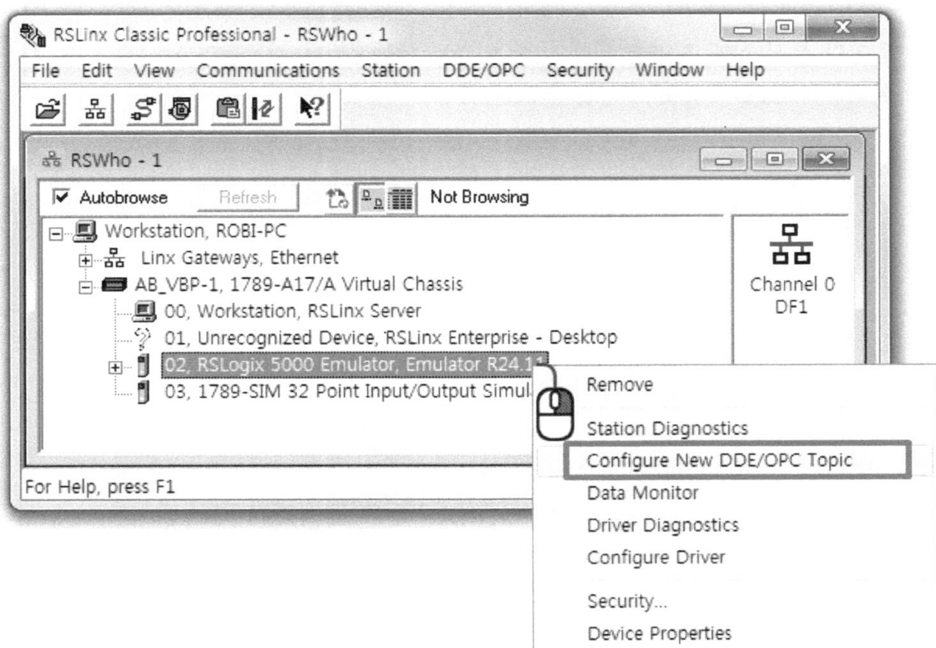

6) DDE/OPC Topic 구성

- [DDE/OPC Topic Configuration] 창이 나타나면 생성되어 있는 [Emulator_RS24.11_Topic] 기존 리스트를 삭제하고, [New] 버튼을 클릭하여 “NEW_TOPIC” 이름으로 업데이트 추가 생성한다.

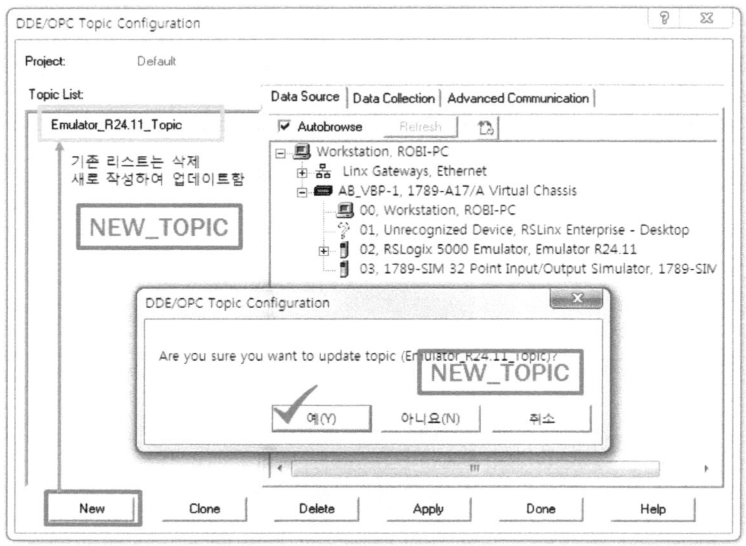

- 원활한 통신 상태 확인을 위해 먼저 연결된 에뮬레이터 컨트롤러를 선택한 후 [Done] 버튼을 클릭하여 OPC Topic 구성을 완료한다.

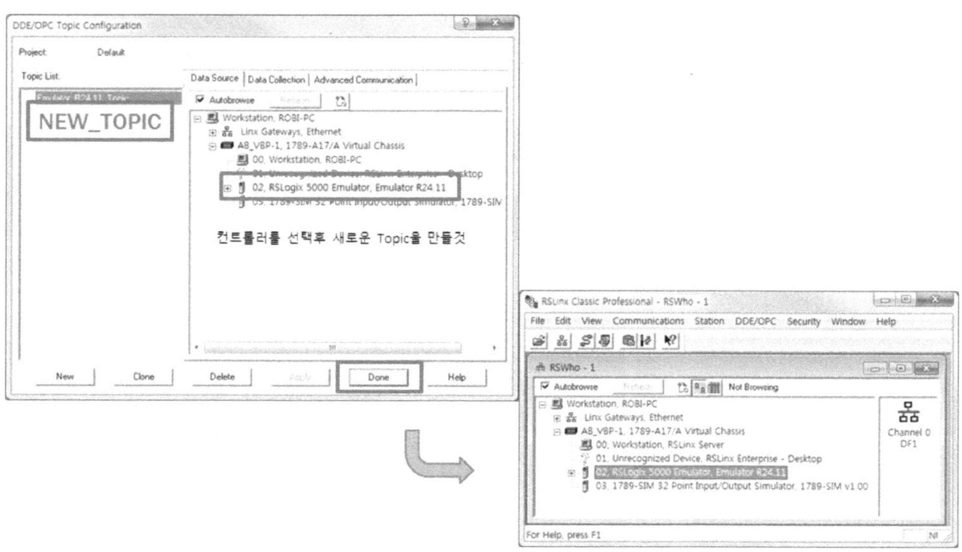

7) New Project 실행

- 바탕화면에서 Studio 5000 아이콘을 더블 클릭하여 Studio 5000 소프트웨어를 실행한다.
- 아래의 화면이 나타나면 [New Project]를 클릭하여 새 프로젝트를 생성한다.

- [Project Types]에서 [Logix]를 선택 후 [Emulate 5000 Logix Emulate Controller]를 클릭한 뒤 하위 목록인 [Emulate 5570 Studio 5000 Logix Emulate Controller]를 선택한다.
- 프로젝트 저장 폴더 생성 후 지정한 이후에 프로젝트명을 작성한다. 작성이 완료되면 [Next]를 클릭한다.

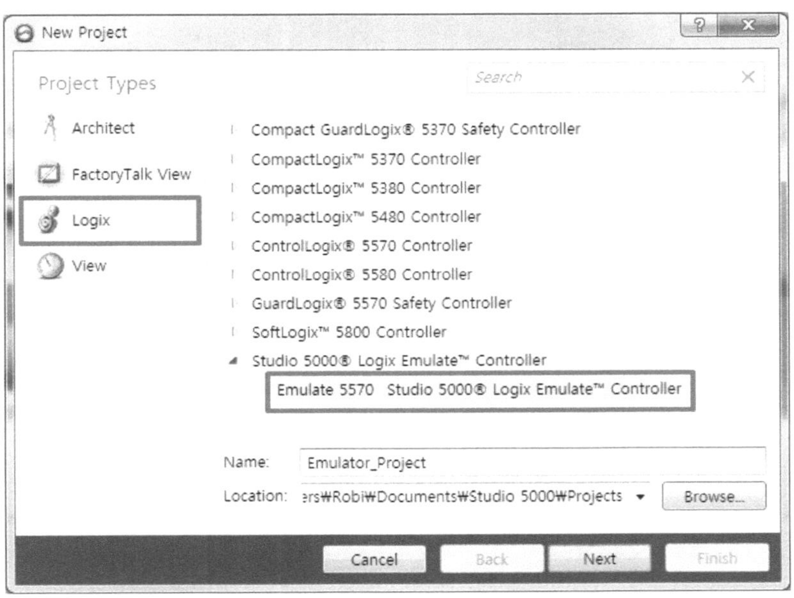

- [Revision]은 Emulator 컨트롤러의 펌웨어 버전은 24이므로 버전을 확인 후 선택한다.
- 선택 후 [Finish]를 클릭한다.

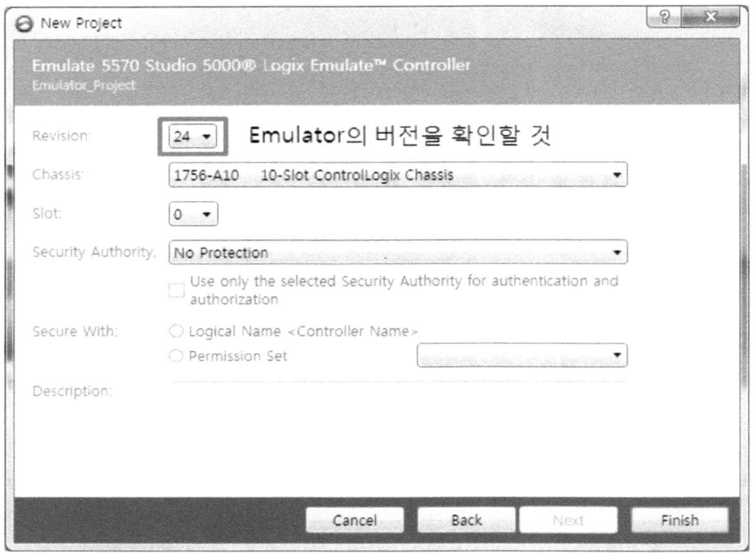

- 이후 Logix Designer 실행 화면이 나타난다.

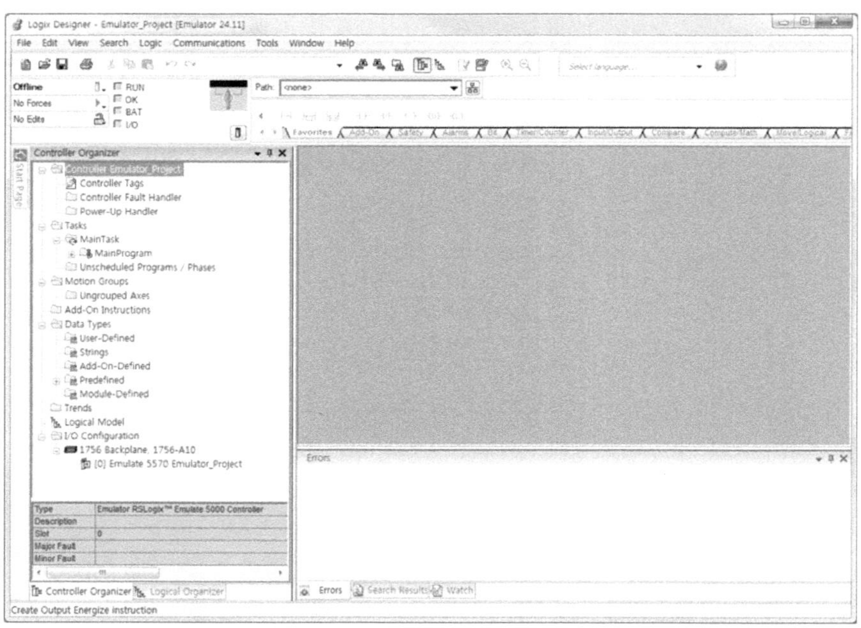

- [Controller Organizer] 목록 중 [I/O Configuration] 하위 목록인 [(0) Emulate 5570 Emulator_Project]를 클릭하면 다음과 같은 설정 창이 나타난다.
- [General]을 클릭하여 실행된 에뮬레이터의 제어기가 슬롯 2번에 연결되어 있으므로 설정에서 [Slot]을 [2]로 설정한다.

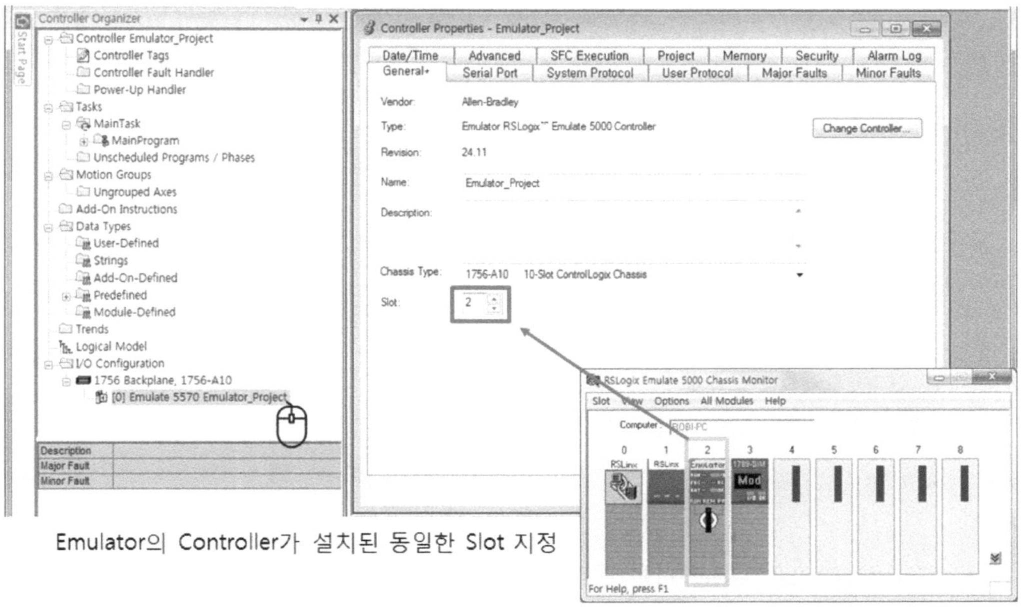

Emulator의 Controller가 설치된 동일한 Slot 지정

- [I/O Configuration] 하위 목록인 [1756 Backplane, 1756-A10]을 마우스 오른쪽을 클릭 후 [New Module...]을 클릭한다.

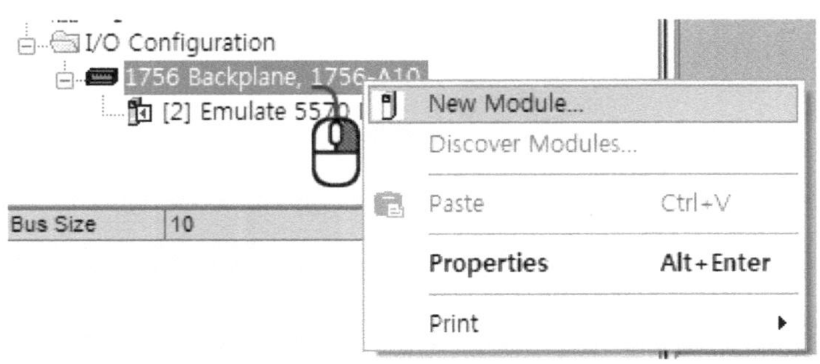

- [Module 유형 선택] 창이 나타나면 새로 생성할 모듈 검색한다.
- 검색 창에 [1769-module]을 입력하고, 나타난 항목을 클릭하여 [만들기]를 한다.

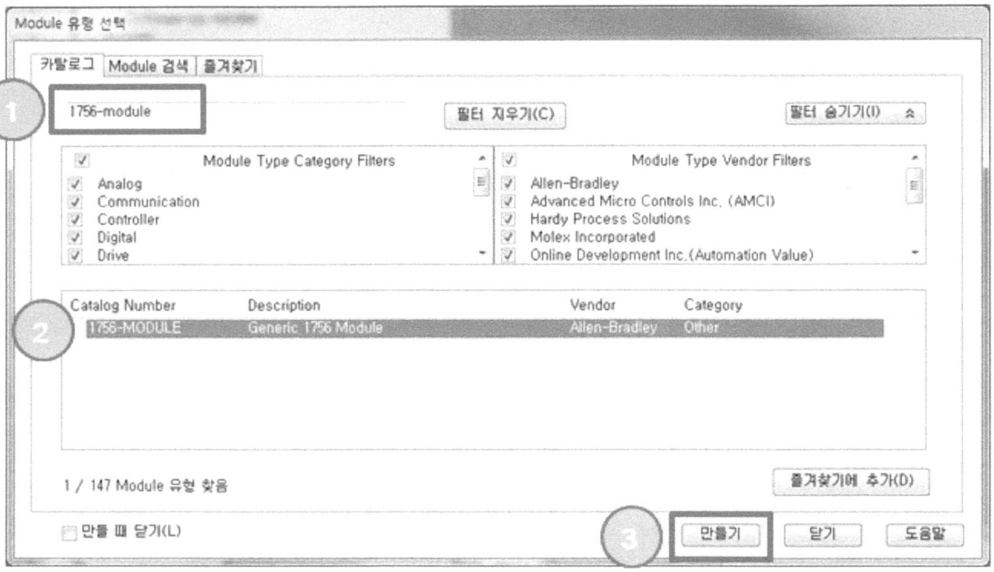

- 1756-MODULE 설정은 다음과 같이 슬롯 3번에 입출력 모듈이 구성되어 있으므로 [Slot]을 [3]으로 설정한다. 또한 Connection Parameters를 아래와 같이 설정한다.

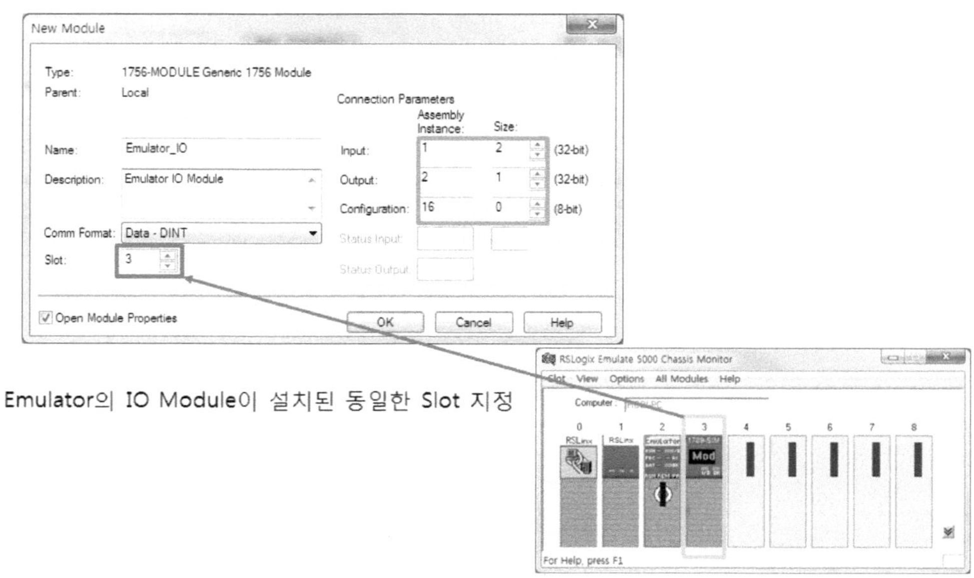

- [(0) 1756-MODULE Emulator_IO]를 클릭하면 다음과 같은 설정 창이 나타난다.
- [Connection]을 클릭하고 [Requested Packet Interval]의 값을 다음과 같이 설정한다.

※ CompactBus Local의 기본 RPI는 20 ms이지만, 에뮬레이터와의 원활한 통신을 위해 50 ms로 설정한다.

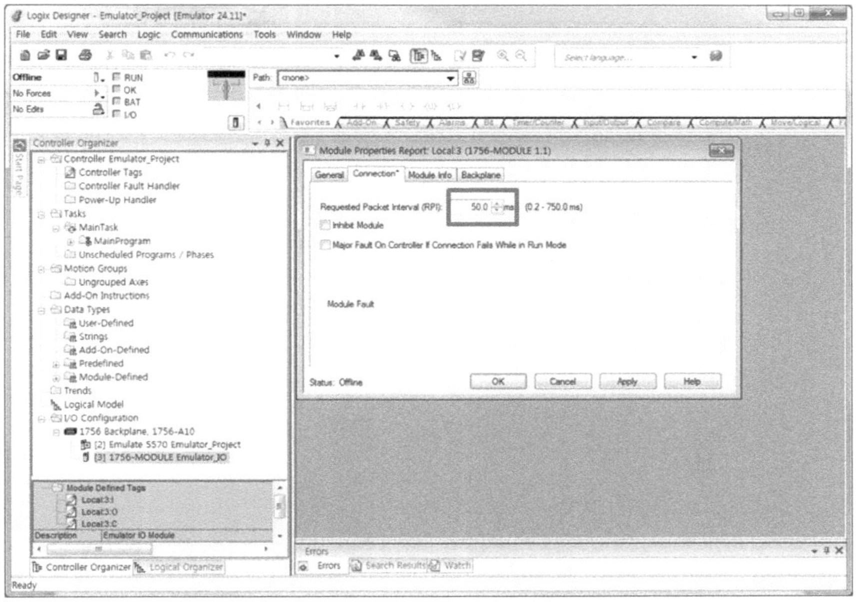

- 설정이 완료되었으면 [Task]의 하위 목록인 [MainRoutine]을 실행한다.

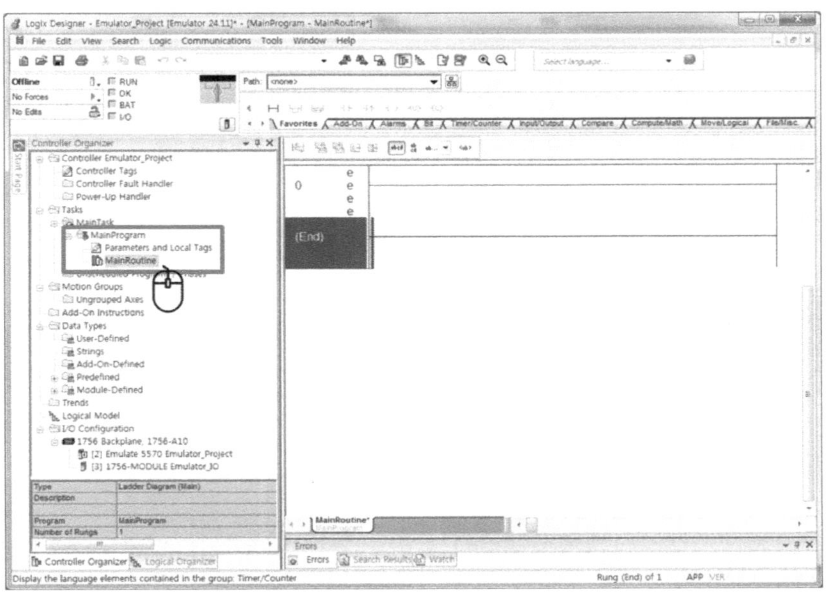

8) 입출력 접점 래더 구성

- 프로그램 창 상단에 입출력 접점 래더가 있으며, 아래의 그림과 같이 작성한다.
- 입력 NO접점을 클릭 후 Local:3:I.Data[1] / 출력 코일을 클릭 후 Local:3:O.Data[0]의 사용하고자 하는 I/O Tag 주소를 클릭하면 아래와 같이 표시된다.

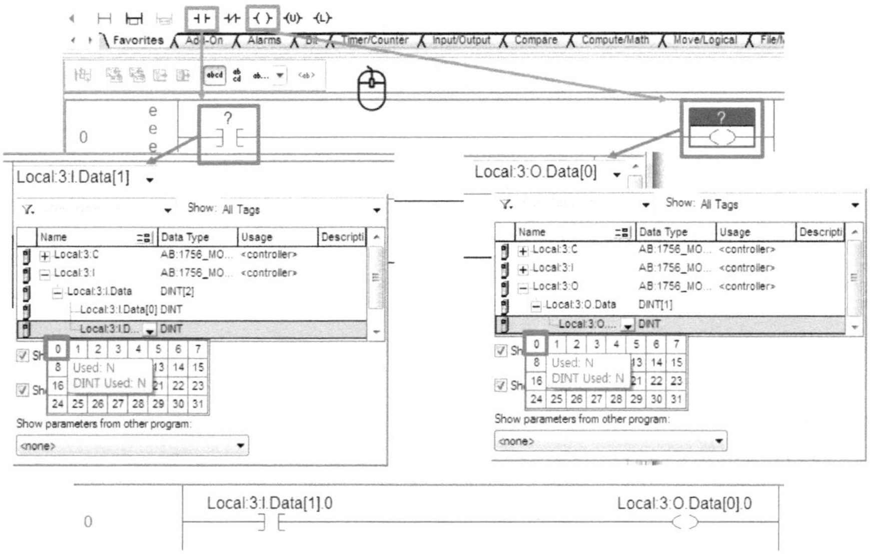

- Branch 작성(OR형태)은 다음과 같이 앞부분을 한번 클릭하면 뒷부분에 초록색 점이 생긴다. 초록색 점 부분에 연결하면 다음과 같이 Branch가 작성된다.

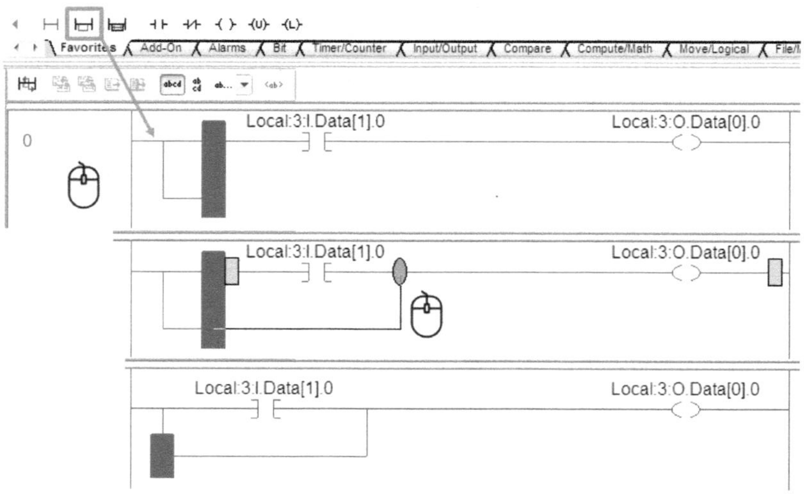

- Branch 작성한 부분에 NO접점을 클릭하여 추가한다.
- 추가 되면 Tag명을 [EmuStart]로 작성하고 마우스 오른쪽을 클릭하여 [New "EmuStart"]를 추가한다. 단축키 [Ctrl+W]를 사용하면 빠르게 실행할 수 있다.

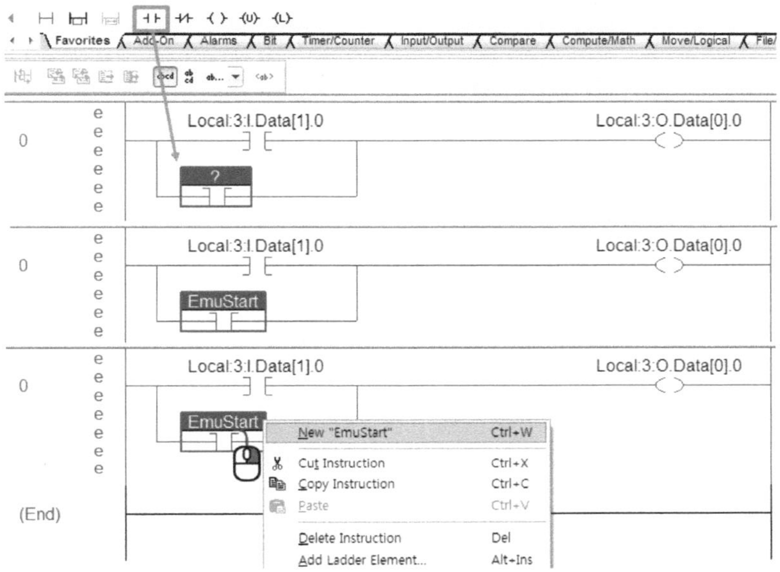

- [New Parameter or Tag] 창이 나타나면 다음과 같이 설정 후 [Create]를 클릭한다.

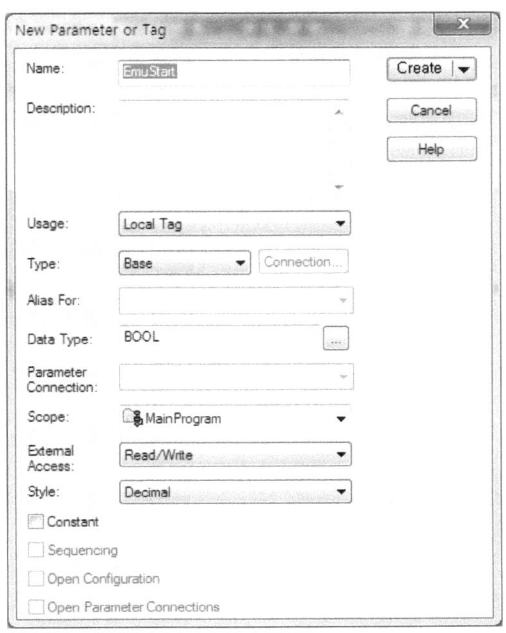

• [Parameters and Local Tags] 항목에 [EmuStart] Tag가 새로 생성이 된 것을 알 수가 있다.

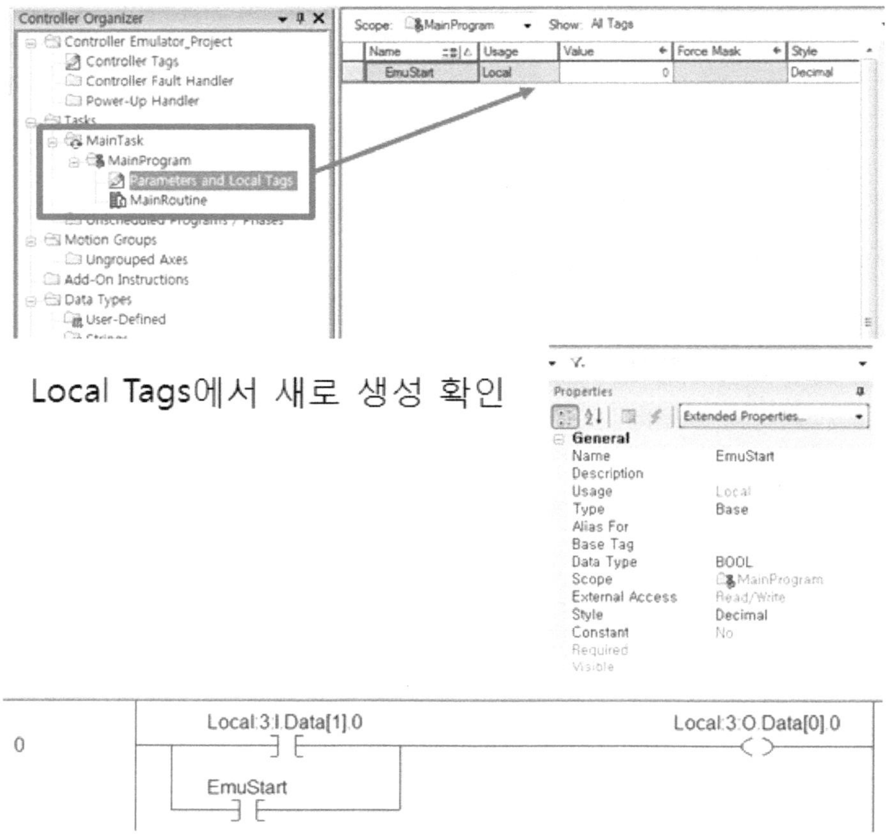

• 툴바에 있는 [Who Active]를 클릭하거나 상단 [Communications] 메뉴에서 [Who Active]를 선택 후 클릭한다.

- [Who Active] 창이 나타나면 [AB_VBP-1, 1789-A17/A Virtual Chassis] 의 세부 항목을 확인한다.

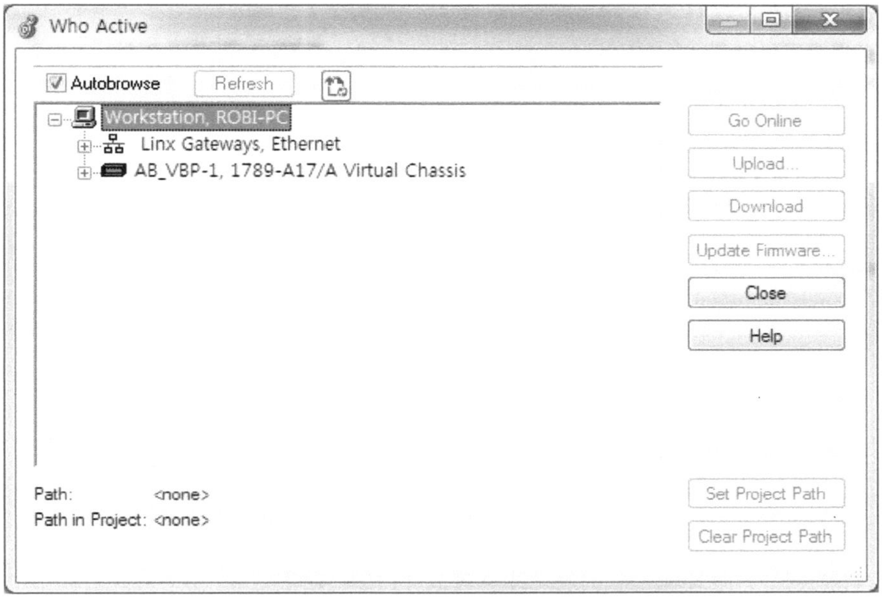

- [02, RSLogix 5000 Emulator, Emulator R24.11]을 클릭 후 [Download]를 클릭한다.

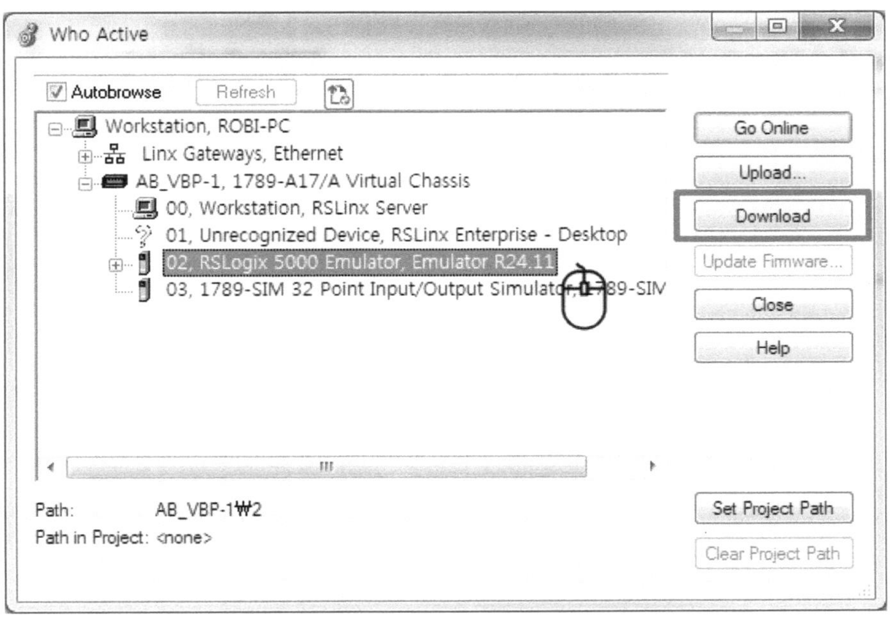

- 아래와 같은 경고 창이 나타나면 [Download]를 클릭한다.

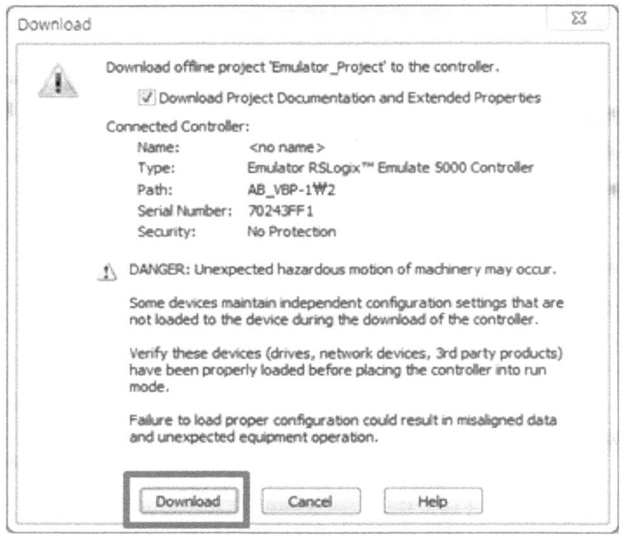

- 다운로드가 정상적으로 진행되면 아래의 그림과 같다.

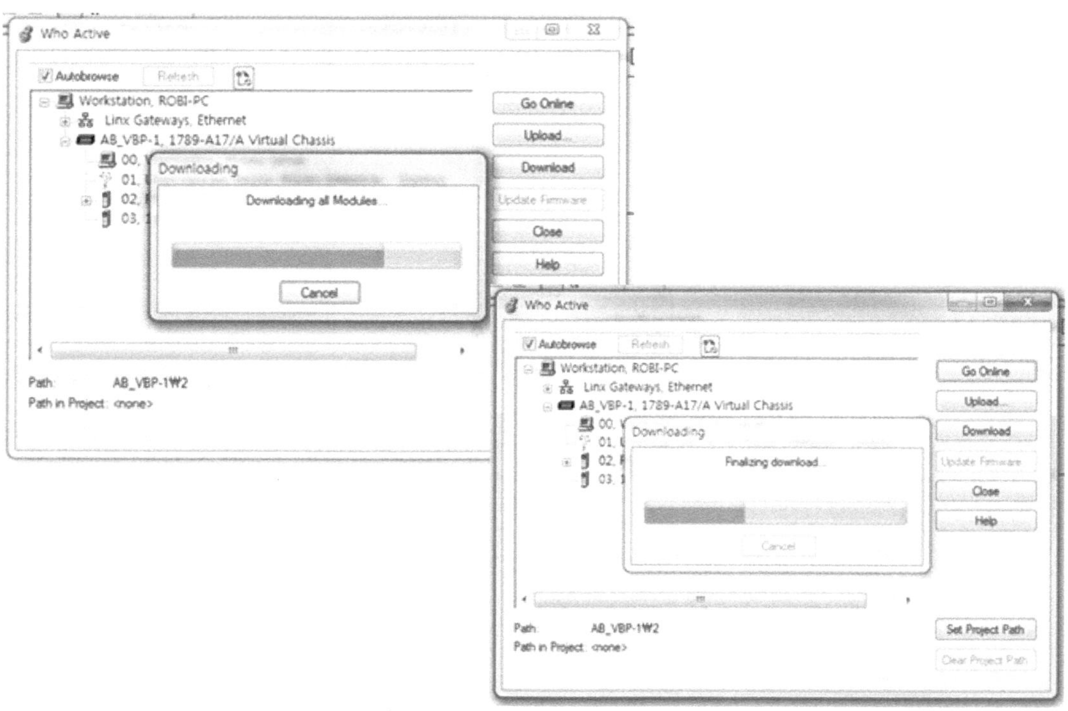

- [Download] 전송 완료 후 [Controller Status] 확인한다. 현재 상태는 프로그램 다운로드만한 상태이므로 프로그램 모드로 되어 있다.

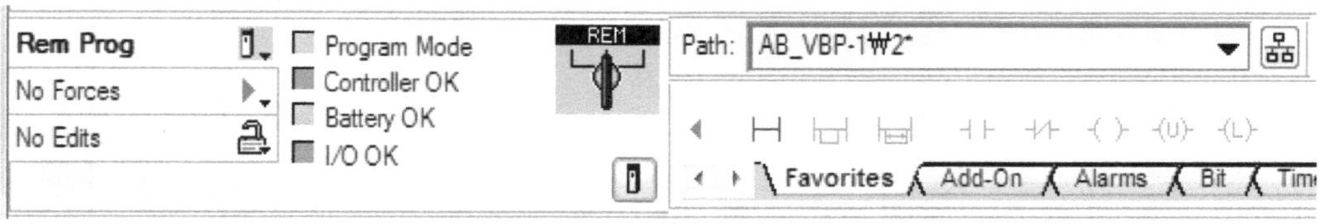

9) Run Mode - 모니터링

- [Rem Prog]를 클릭하고 [Run Mode]를 클릭한다.
- [Run Mode] 설정 여부를 물으면 [예]를 클릭한다.
- 그리고 프로그램 창을 확인하면 [Run Mode] 상태를 확인할 수 있다.

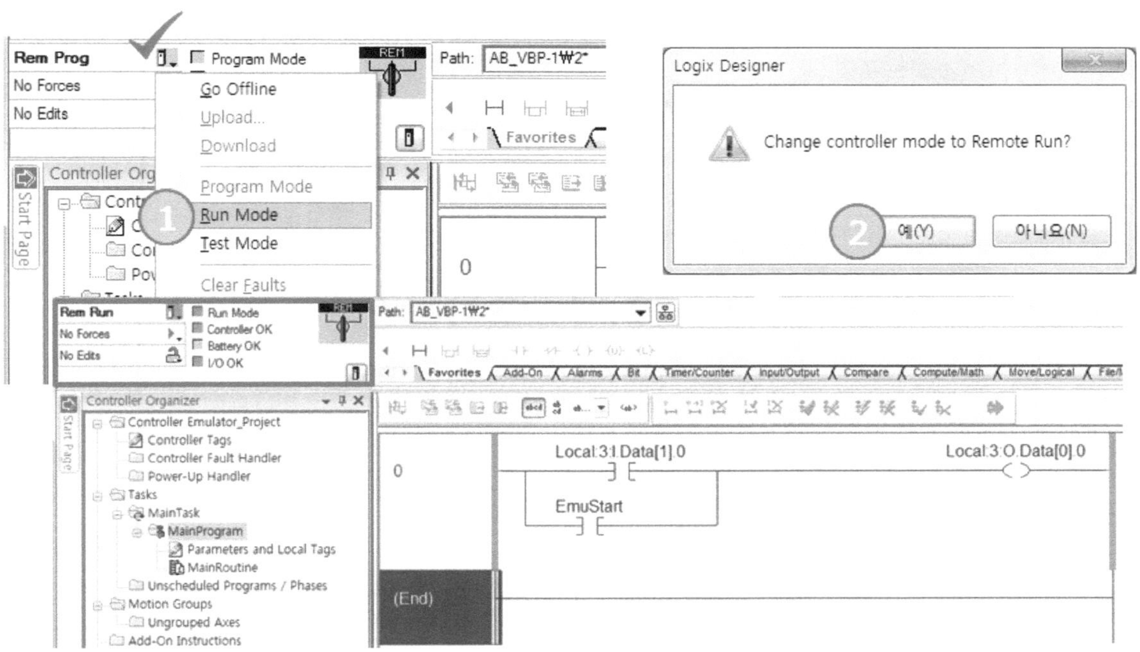

10) Emulator IO Module

- [Slot 3]을 마우스 오른쪽을 클릭하여 [Properties]를 클릭한다.

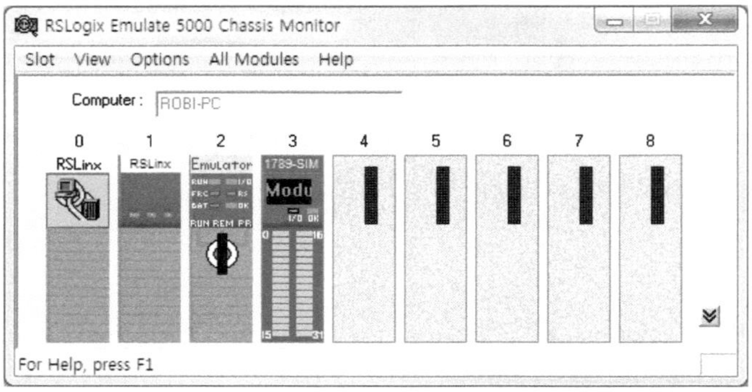

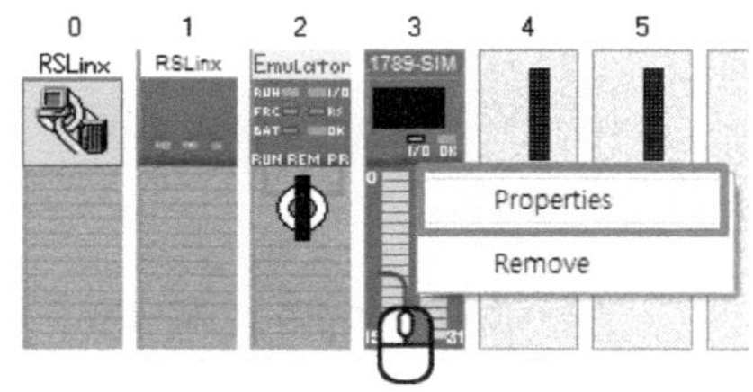

- [Module Properties -Slot 3] 창이 나타난다.
- [I/O Data]를 클릭한다.

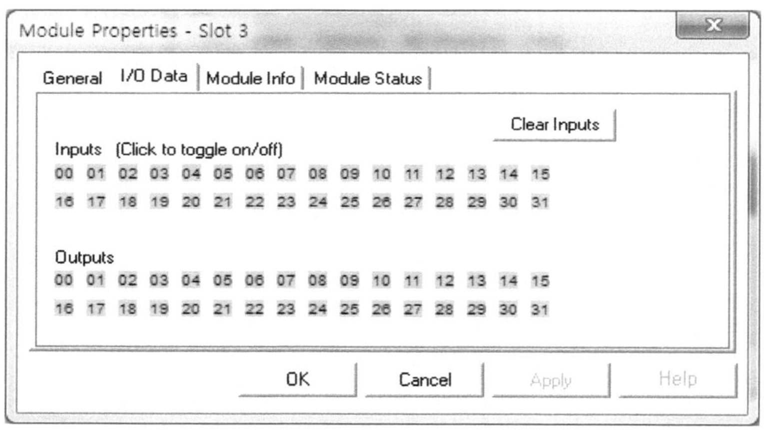

- [Module Properties]에서 [Inputs]의 [00]을 클릭하여 [Outputs]의 [00]에 램프가 들어오는지 확인한다.

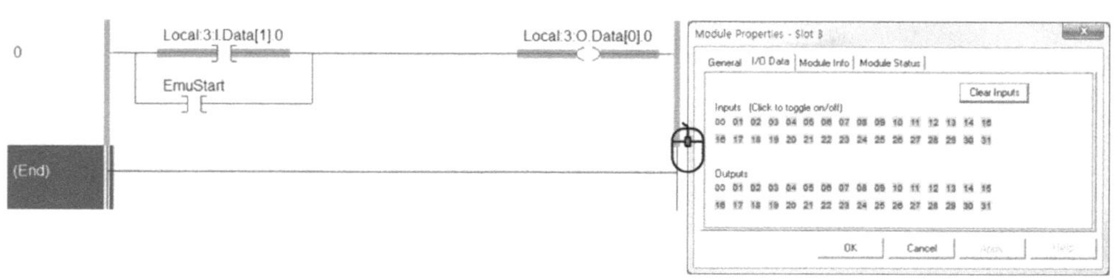

- [Controller Tags]에서 [Local:3:I]를 클릭하여 세부 항목이 나타나게 한다.
- 세부 항목의 [Value] 값의 변화를 확인한다.

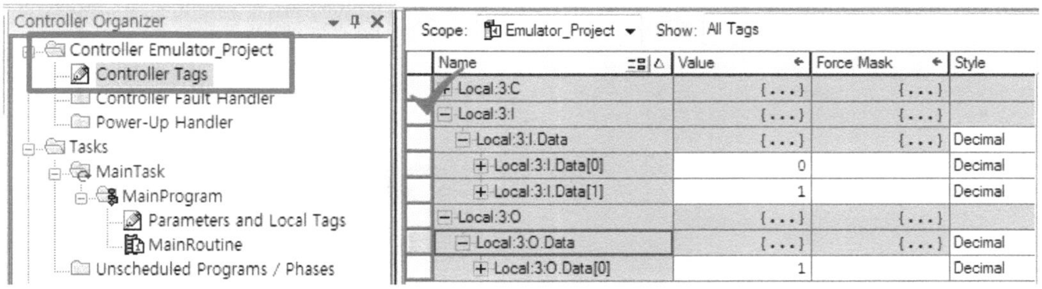

11) 오프라인(Offline) 모드

- [Rem Run] - [Go Offline]을 클릭하면 오프라인 모드가 된다.

Offline 방법

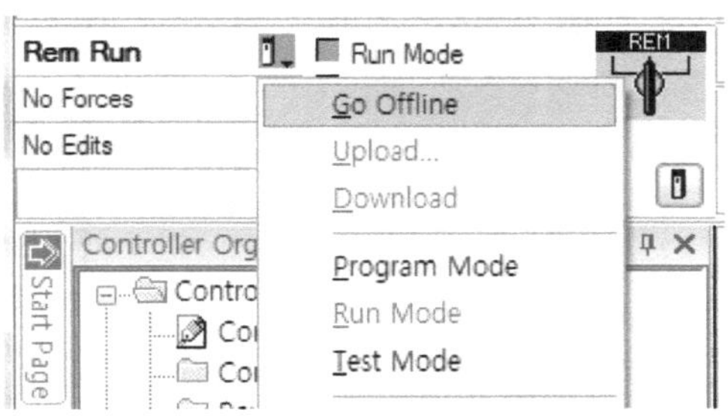

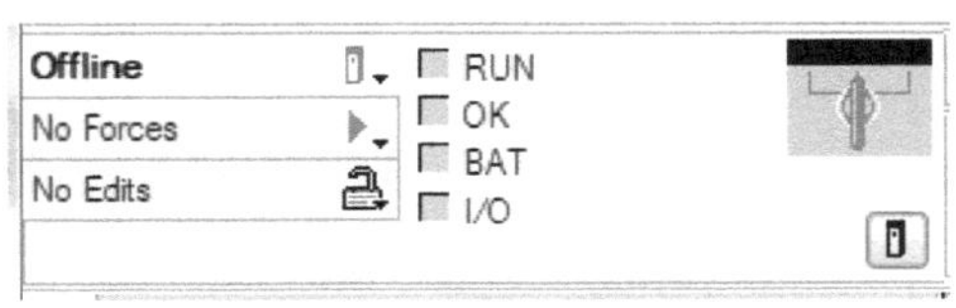

12) 프로젝트 닫기

- [X] 창을 클릭하면 프로젝트 종료 여부확인 창이 나타난다.
- [Yes]는 저장하고 프로젝트를 종료, [No]는 저장하지 않고 프로젝트를 종료, [Cancel]은 프로젝트 종료 여부확인 창을 닫는다.

프로젝트 닫기

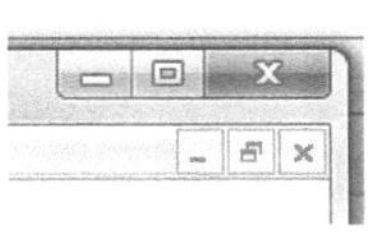

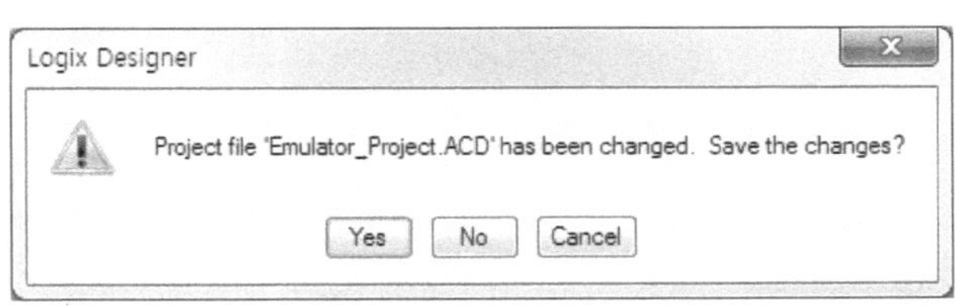

2.2.3 FactoryTalk View 구성

(1) 시스템 구성도

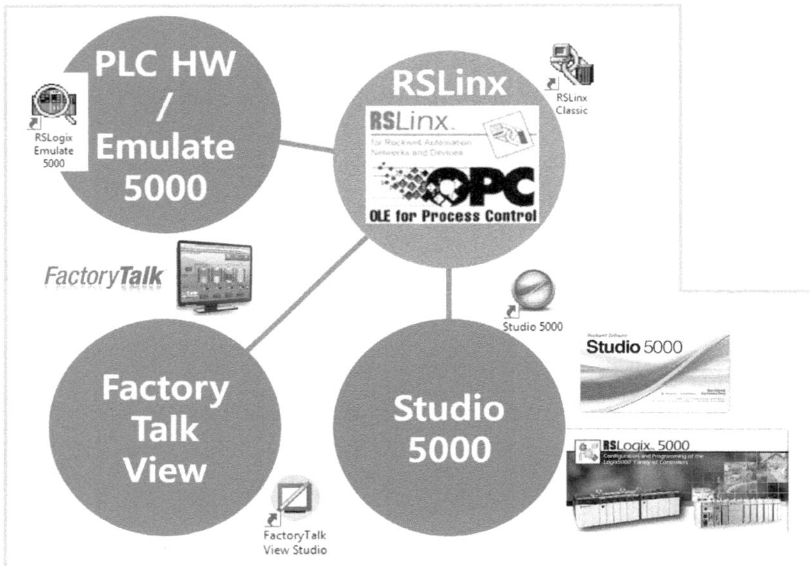

그림 2-20 FactoryTalk View 시스템 구성도

(2) 시스템 구성따라하기

1) New Project 실행

바탕화면에서 Studio 5000을 실행하여 [New Project]를 생성한다.

- [Project Types]에 [FactoryTalk View]를 선택 후 [View SE] - [Local Station]을 선택한다.
- [Name]을 작성한다.

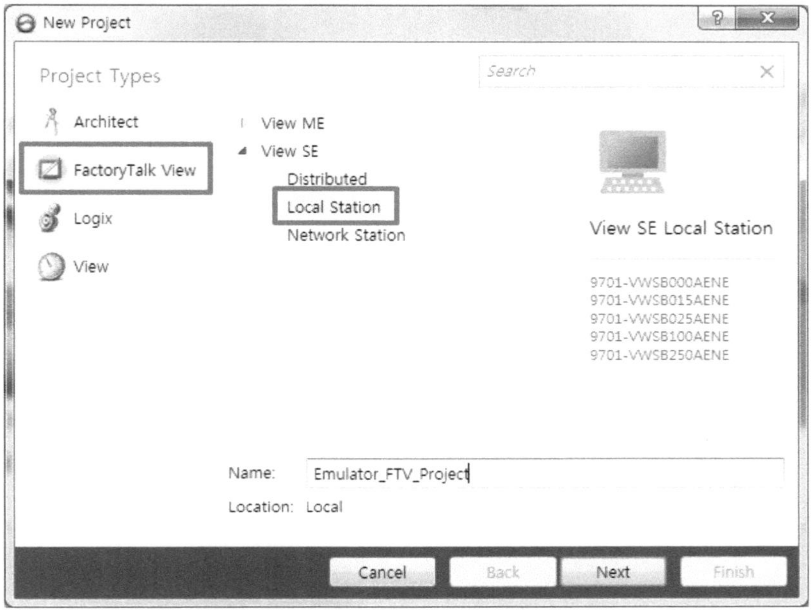

- [Description]을 작성하고, [Language]를 선택한다.

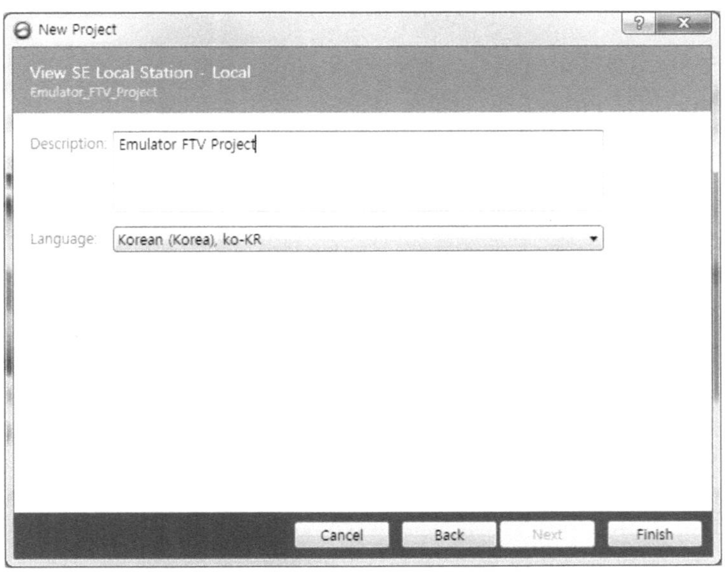

• FTV(FactoryTalk View Studio]를 실행하면 다음과 같은 창이 나타난다.

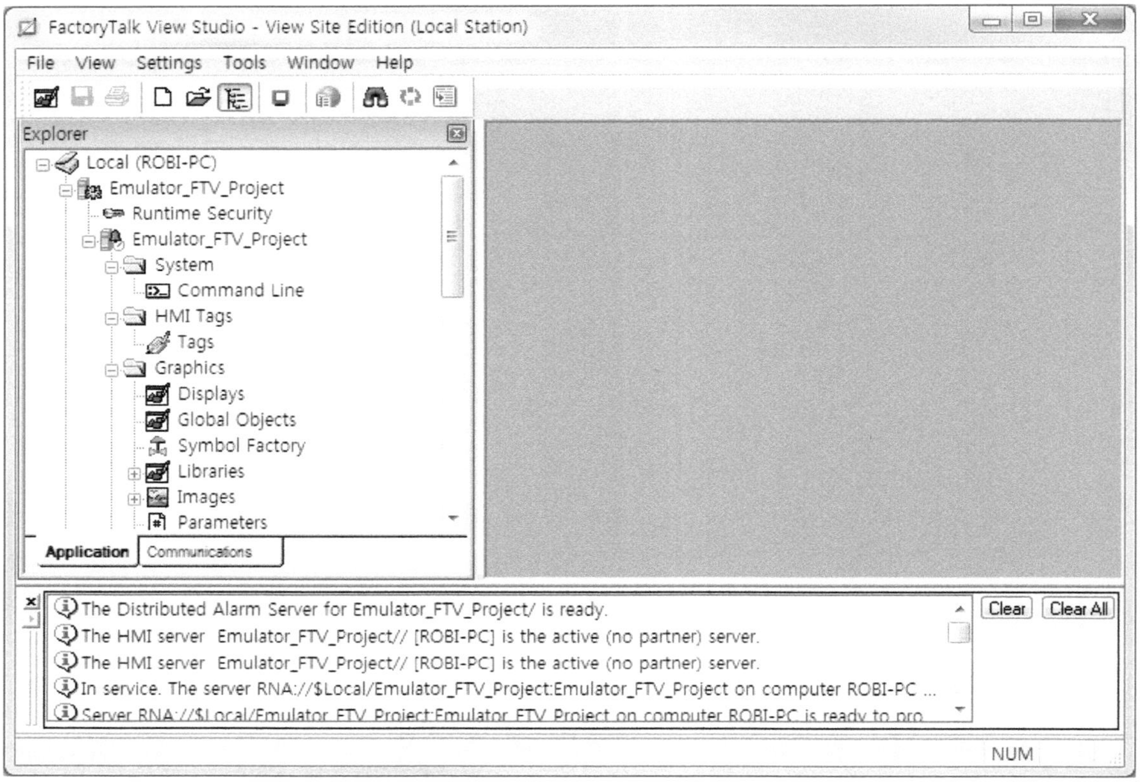

• 앞선 통신 설정에서 구성한 Topic과 연결하기 위하여 [Explorer]의 프로젝트명 목록의 [Emulator_FTV_Project]를 마우스 오른쪽 클릭 후 [Add New Server] - [OPC Data Server]를 선택 클릭한다.

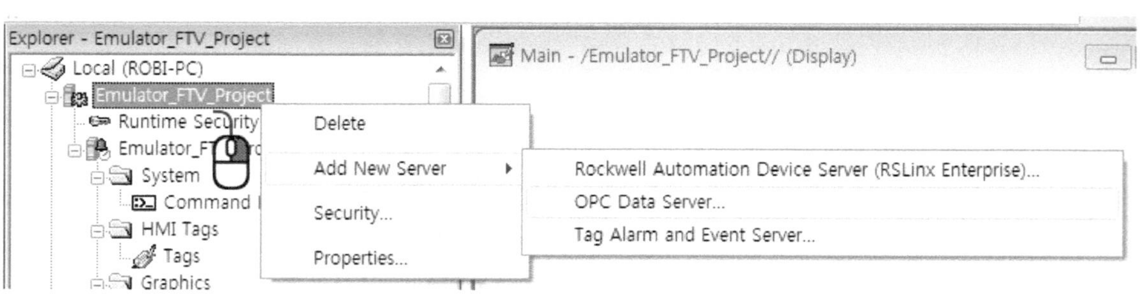

- [OPC Data Server Properties] 창이 나타나면 [OPC Server name (ProgID)]의 [Browse..]를 클릭한다.

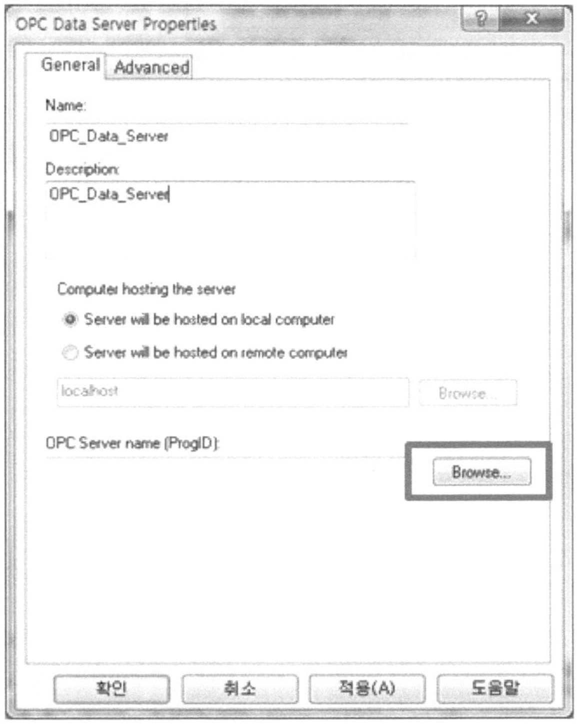

- [Available OPC data servers] 창이 나타나면 사용하고자 하는 OPC server 목록 중 [RSLinx OPC Server]를 선택하고 [OK] 버튼을 클릭한다.

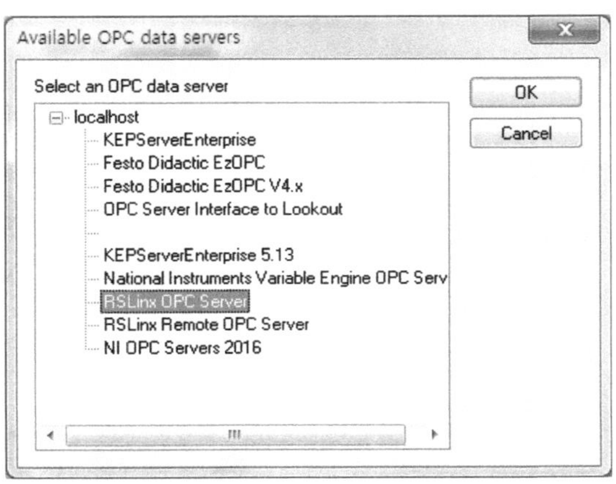

- 추가된 OPC Data Server를 확인 할 수가 있다.

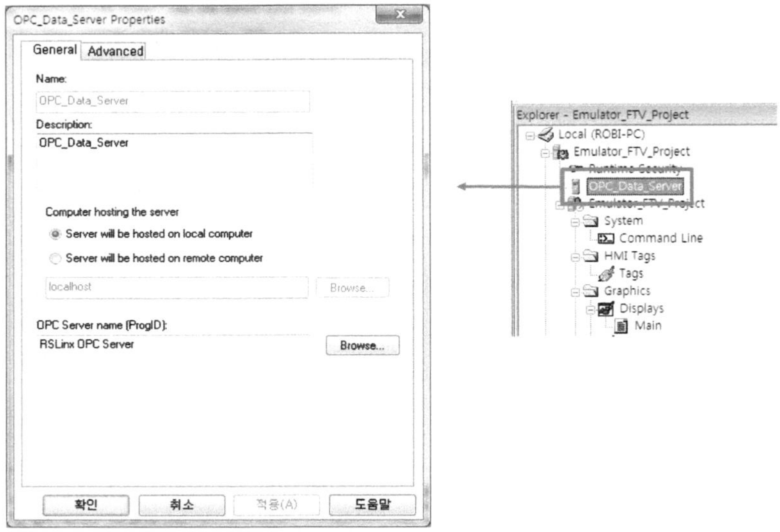

- 하드웨어와 모니터링을 위해 [Graphics] - [Displays]를 더블클릭하면 새로운 창이 나타난다.

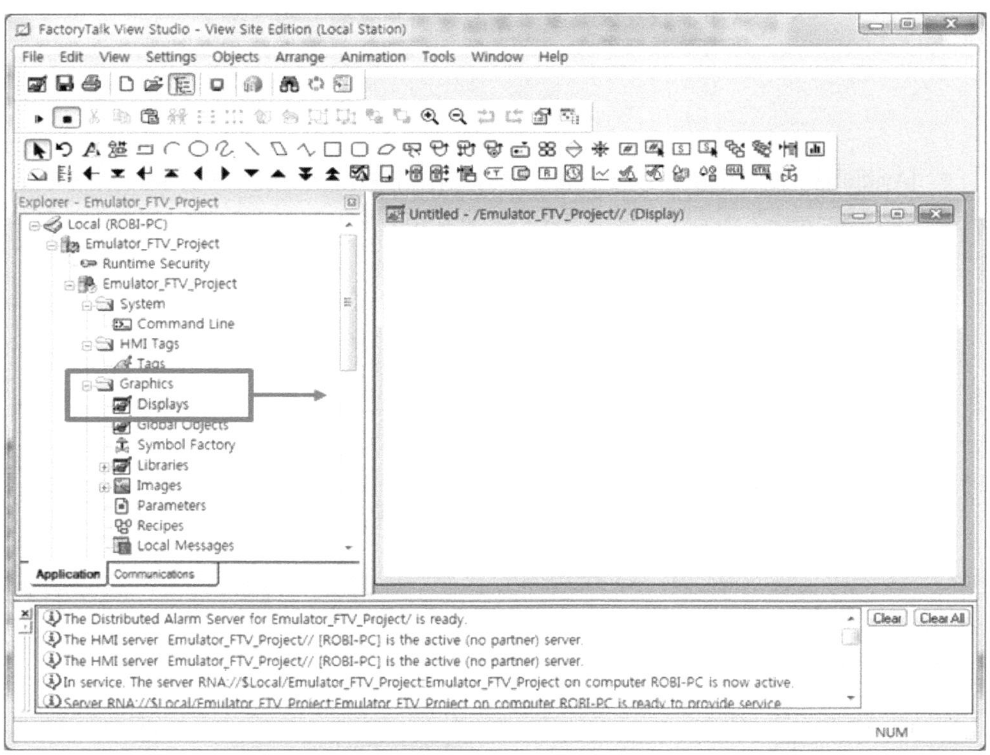

- [Display] 저장은 다음과 같이 [File] - [Save]를 클릭하고 [Component name]을 작성 후 [OK]를 클릭한다.

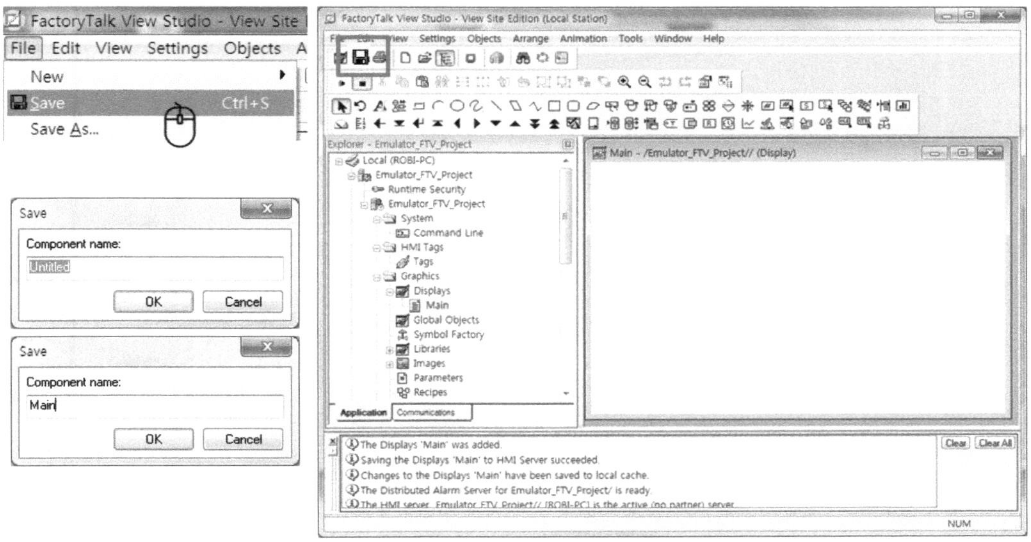

2) 버튼 생성

- [Objects] - [Push Button] - [Momentary]를 클릭해서 생성하거나, 아이콘을 선택 후 마우스로 드래그하여 생성한다.

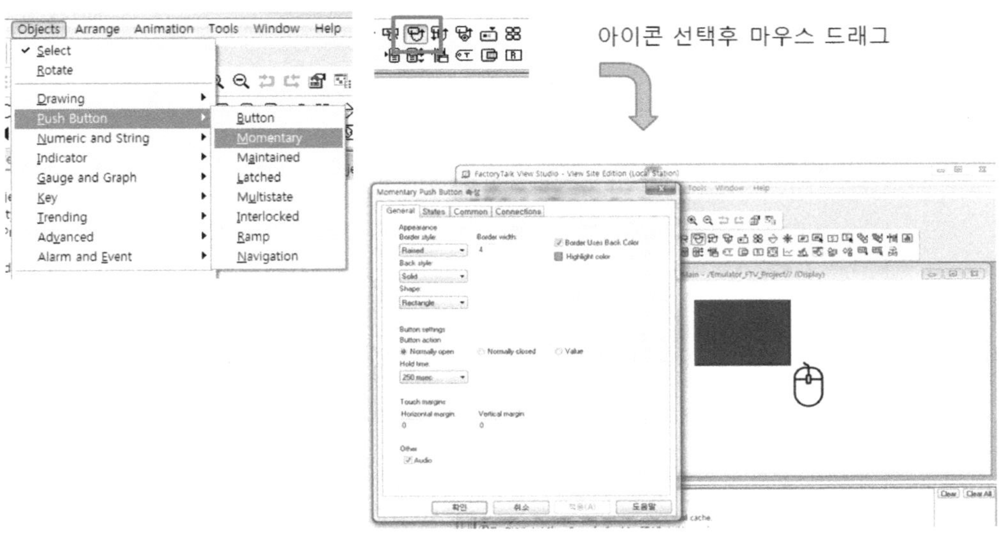

- [Momentary Push Button 속성] 창이 나타나면 [State] 탭을 선택한다.
- 그리고 [State0]을 선택 한 뒤 [Caption]에 [Start Button]을 입력한다.
- [State1]을 선택 한 뒤 [Back color]를 설정하고 [Caption]에 [Button ON]을 입력한다.

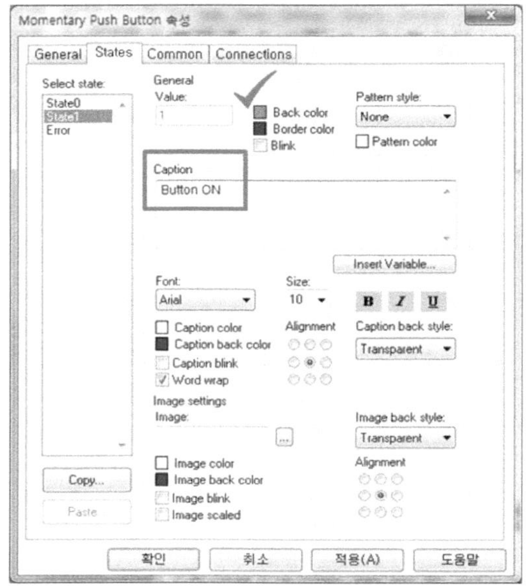

- [Connections] 탭 선택한 뒤 [Tag]의 [...]을 클릭한다.
- [Tag Browser] 창이 나타난다.

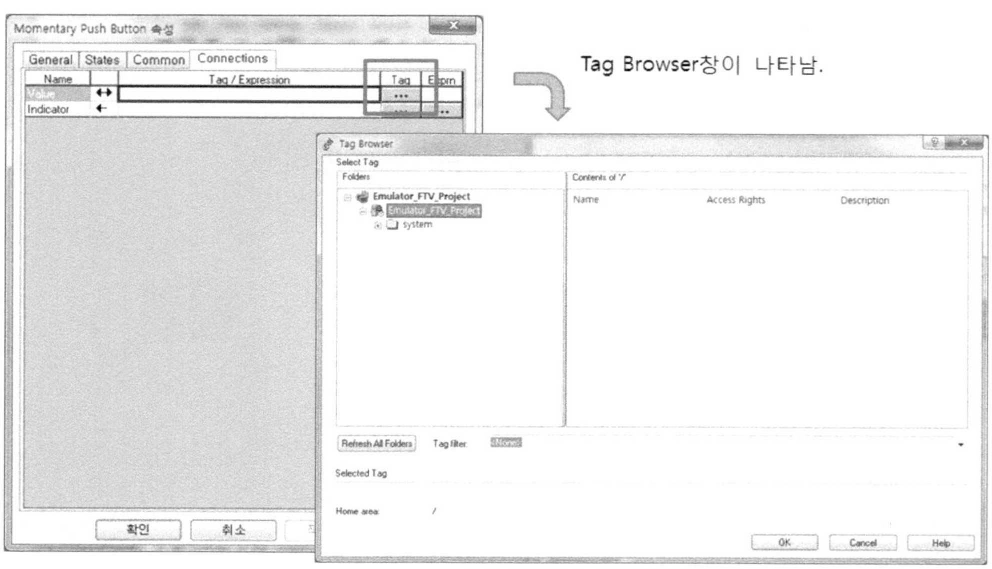

- [Emulator_FTV_Project]를 마우스 오른쪽으로 클릭하고 [Show Server Names]를 클릭한다.
- [OPC_Data_Server]가 나타나면 아래의 그림과 같이 세부 항목을 클릭하여 [Logix]에서 생성한 [Tag]를 선택한다.
- 모든 설정이 완료되면 [OK] 버튼을 클릭한다.

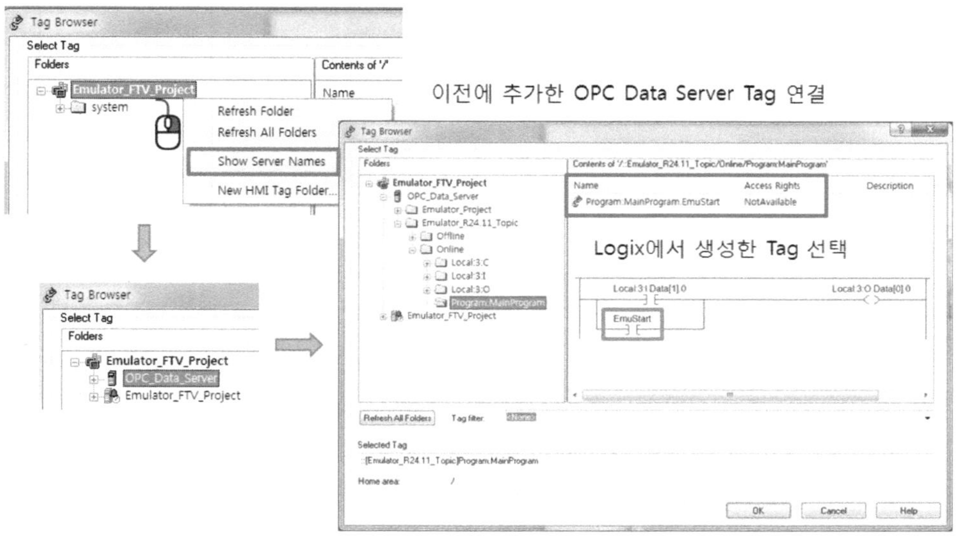

- [확인]을 클릭하면 버튼이 생성된다.

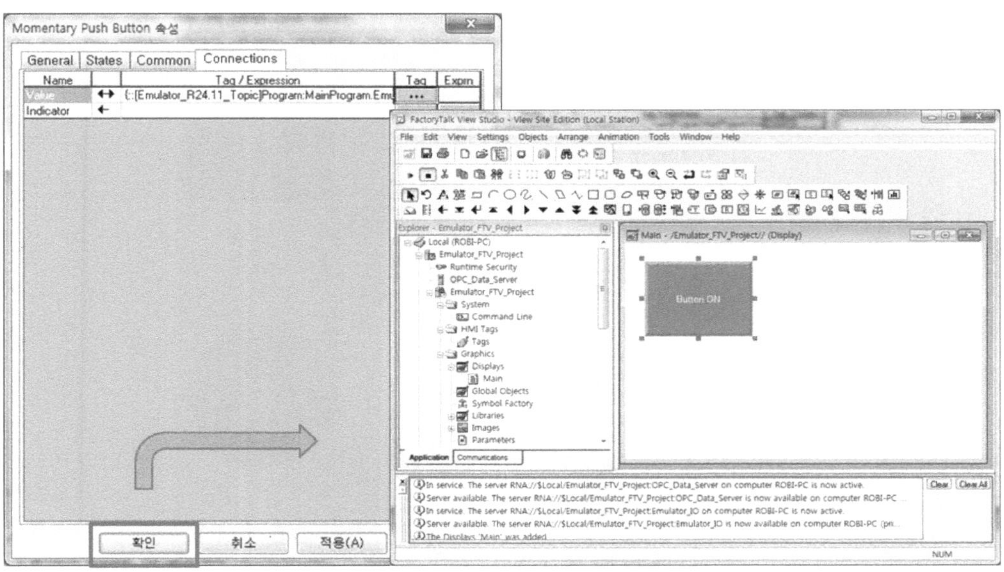

3) 램프 생성

- [Object] - [Indicator] - [Multistate]를 클릭하거나, 아이콘을 선택 후 마우스로 드래그하여 생성한다.

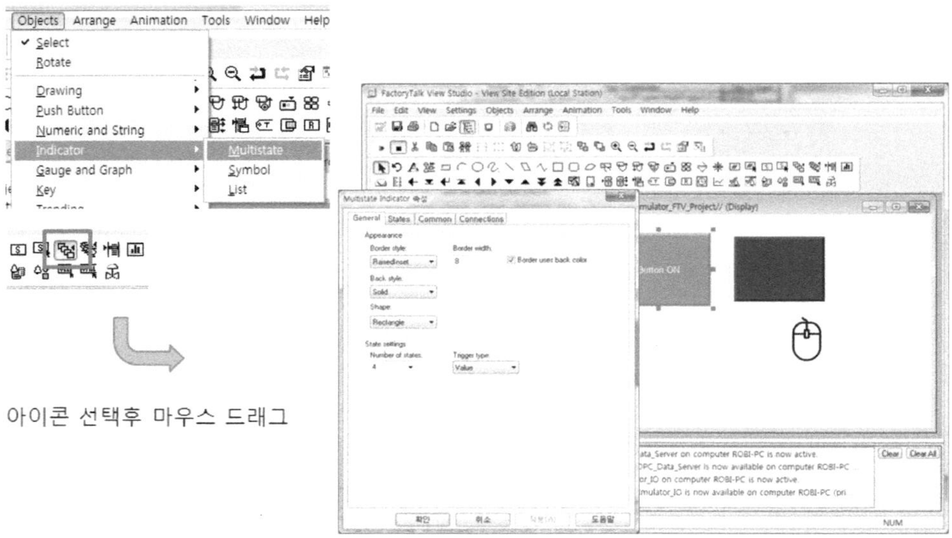

- [Multistate Indicator 속성] 창이 나타나면 [General] 탭을 선택한다.
- [Shape]는 [Circle]을 선택하고, [State settings]의 [Number of states] [2]를 선택한다.

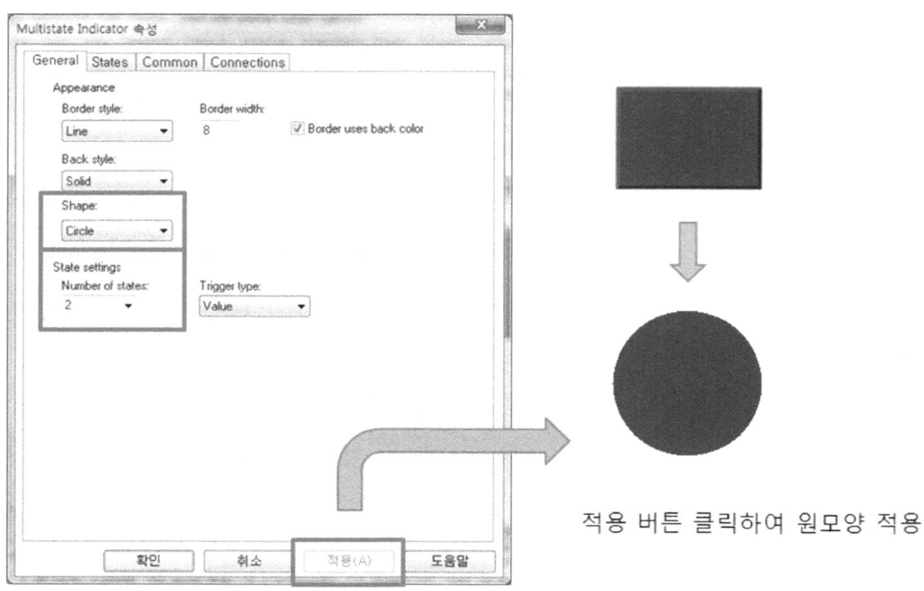

- [State] 탭을 클릭 하고 [State0]을 선택 한 뒤 [Caption]에 [Lamp OFF]을 입력한다.
- [State1]을 선택 한 뒤 [Back color]를 설정하고 [Caption]에 [Lamp ON]을 입력한다.

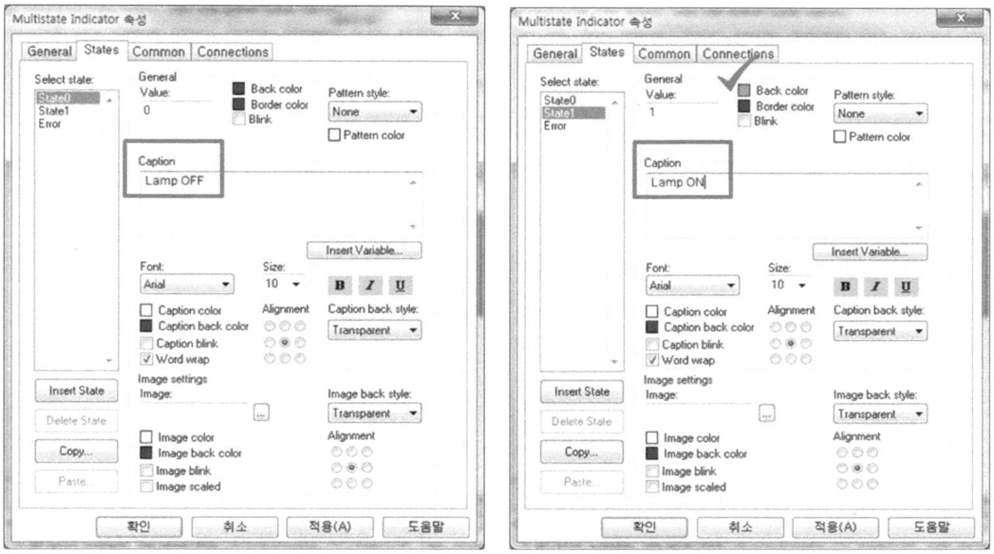

- [Connections] 탭 선택한 뒤 [Tag]의 [...]을 클릭하면 [Tag Browser] 창이 나타난다.
- [OPC_Data_Server]가 나타나면 아래의 그림과 같이 세부 항목을 클릭하여 [Logix]에서 생성한 [Tag]를 연결한다.
- 모든 설정이 완료되면 [OK]를 클릭한다.

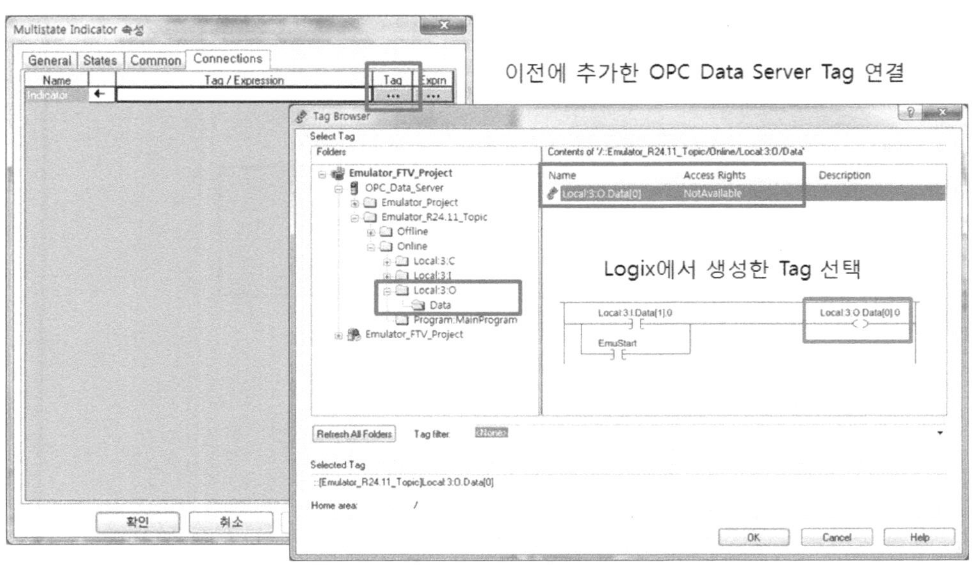

- [확인]을 클릭하면 램프 생성 완료된다.

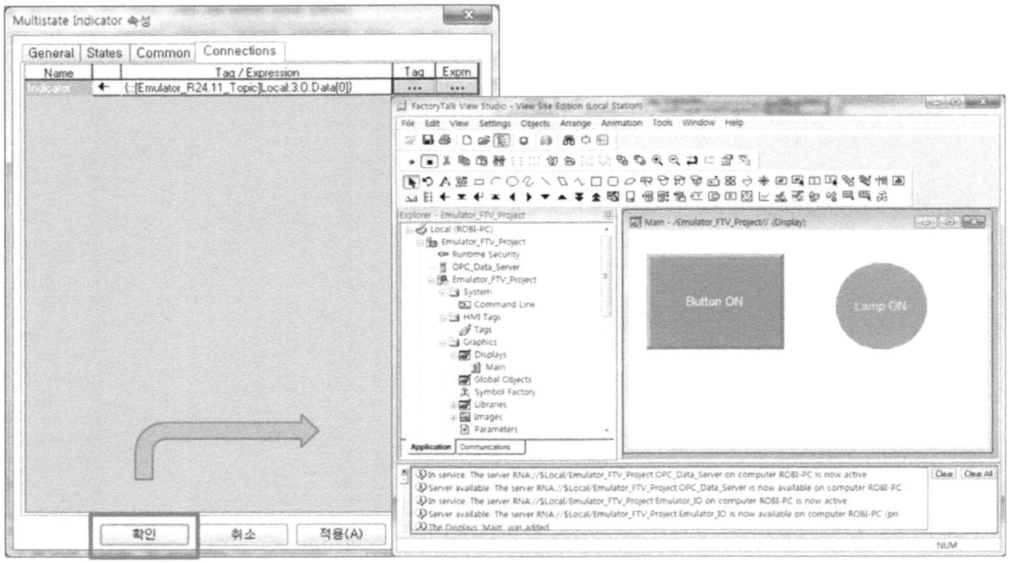

- [Test Display]를 실행하려면, 실행 아이콘 [▶]를 클릭하여 실행한다.
- 버튼을 클릭하면 램프가 동작이 되고, 작성된 프로그램에 모니터링 된다.

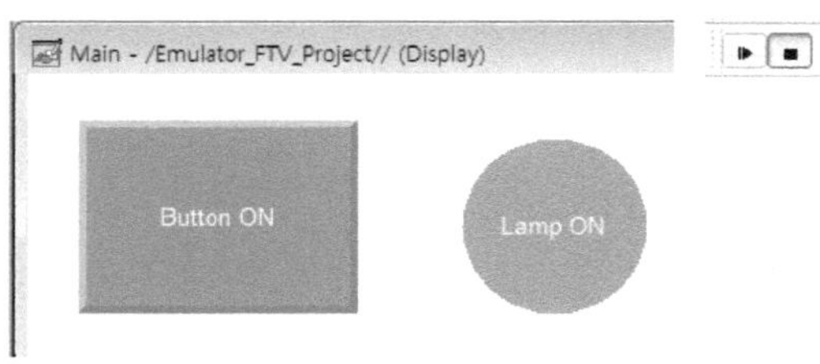

Test Display 버튼 클릭하여 실행

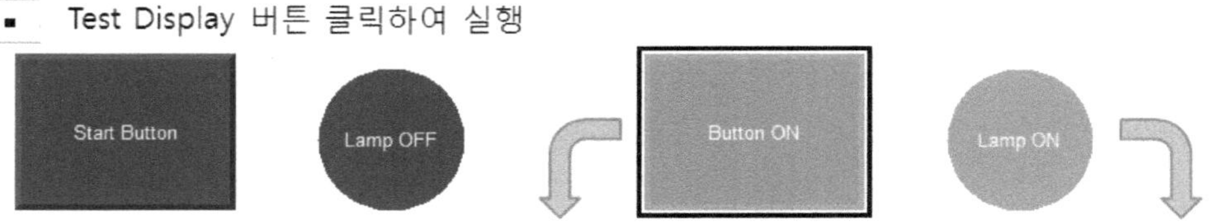

Logix Designer 실행 화면

2.2.4 2D 전기 공압 시뮬레이션 제어

(1) 와이어 타입 제어

1) New 파일 생성

- 바탕화면에서 autoSIM-200 V4 아이콘을 실행한다.
- [Simula]를 마우스 오른쪽 클릭 후 [Add an SIMULA page]를 선택한다.

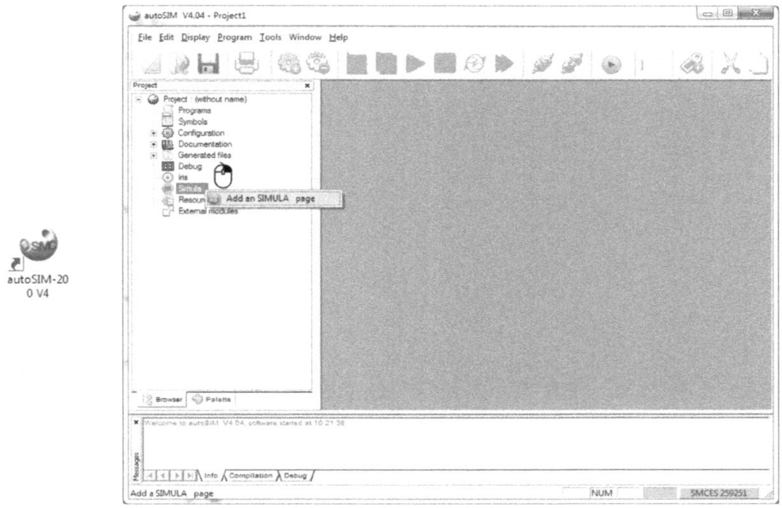

- PLC 구성 방법은 먼저 [Palette] - [Simula] - [Other] - [16 I and 16 O PLC] - [Open]하면 다음과 같이 나타난다.

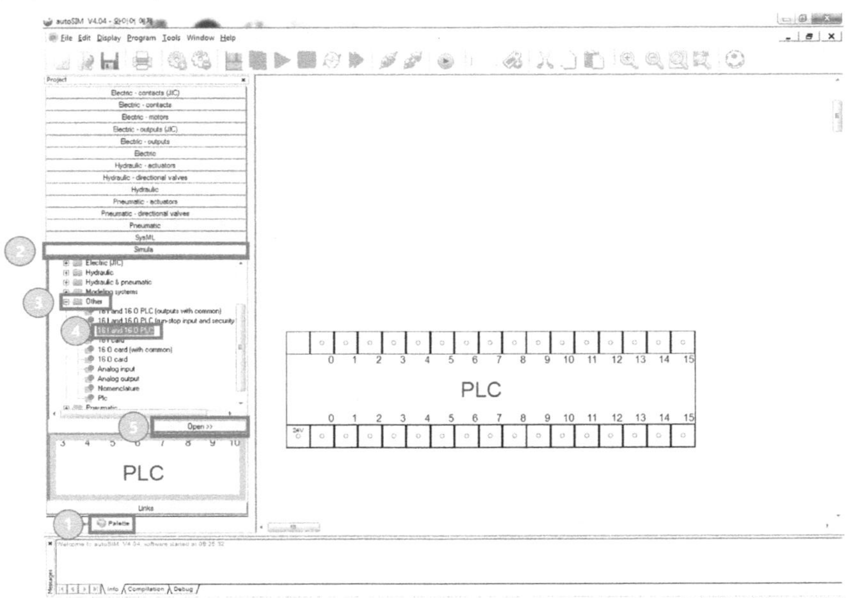

2) 공압회로 구성

- 다음과 같이 공압 회로를 구성한다.

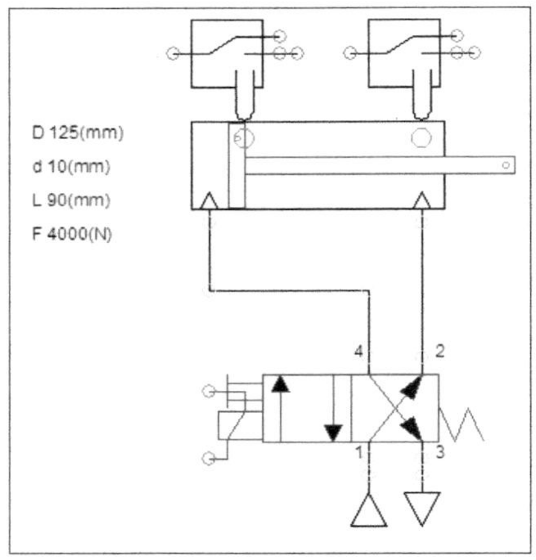

- 실린더, 센서, 밸브, 배기 및 공급 라인은 아래의 그림을 보고 참고한다.

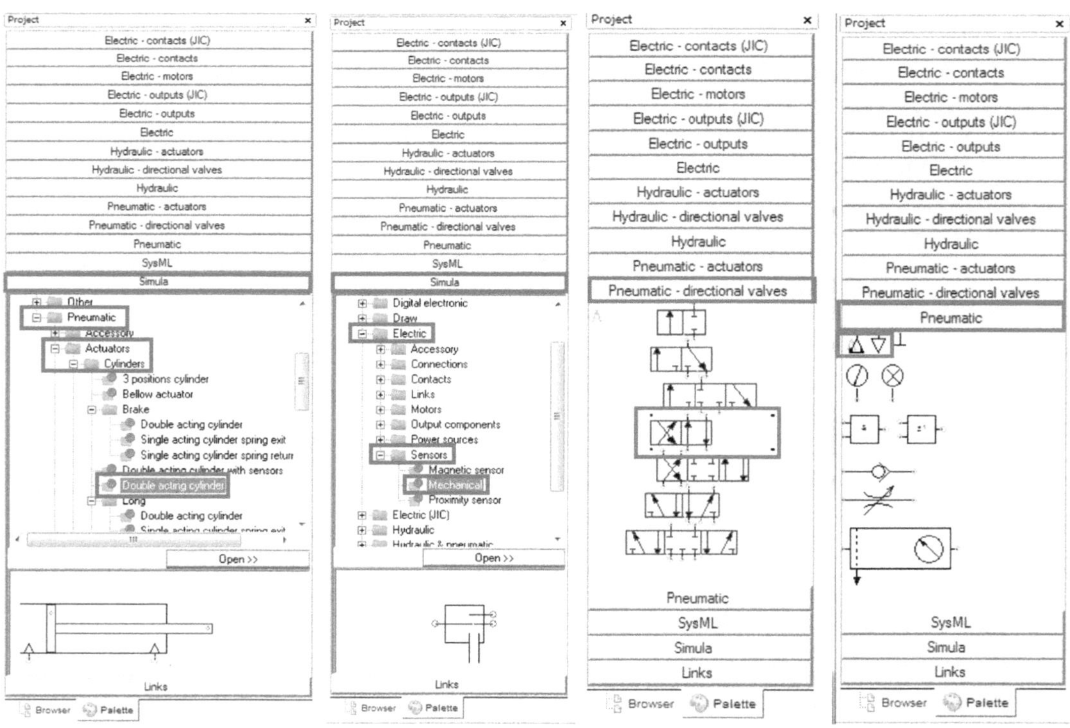

- 실린더, 센서, 밸브, 배기를 배치하면 아래와 같다.
  - 실린더 : [Simula] – [Actuators] – [Cylinders] – [Double acting cylinder]
  - 센서 : [Simula] – [Electric] – [Sensors] – [Mechanical]
  - 밸브 : [Simula] – [Pneumatic] – [Directional valves] – [Directional valves 4/2] – [Simple]
  - 공압원 : [Simula] – [Pneumatic] – [Flow lines] – [Pressure source]
  - 배기 : [Simula] – [Pneumatic] – [Flow lines] – [Exhaust]

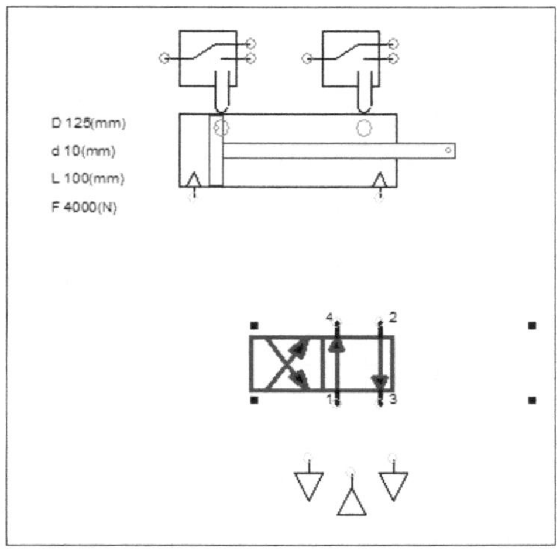

3) 밸브 구성 및 제어 방식 설정

- 밸브를 클릭하여 아래의 그림과 같이 솔레노이드와 복귀스프링을 설정한다.

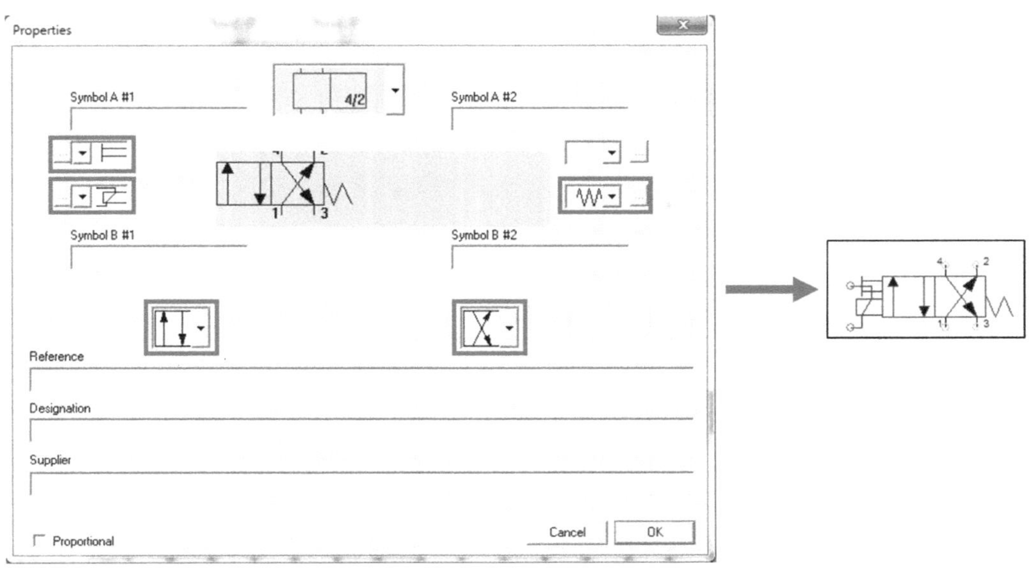

4) 입출력 회로 구성

- 전원 및 램프는 아래의 그림을 보고 참고하여 배치한다.
  - +24 전원 : [Simula] – [Electric] – [Power sources] – [Power supply 24 volts]
  - 0V 전원 : [Simula] – [Electric] – [Power sources] – [common(0 volt)]
  - 램프 : [Simula] – [Electric] – [Output components] – [Light]

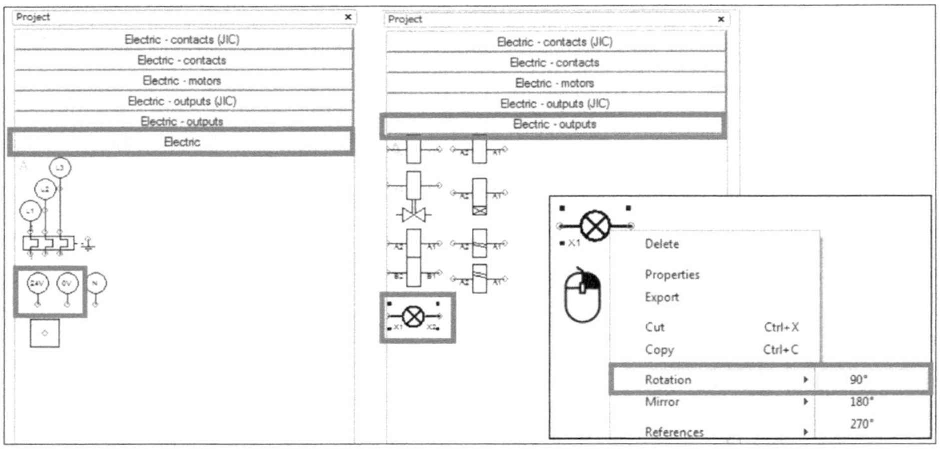

- 아래의 그림과 같이 입/출력 회로를 구성한다.

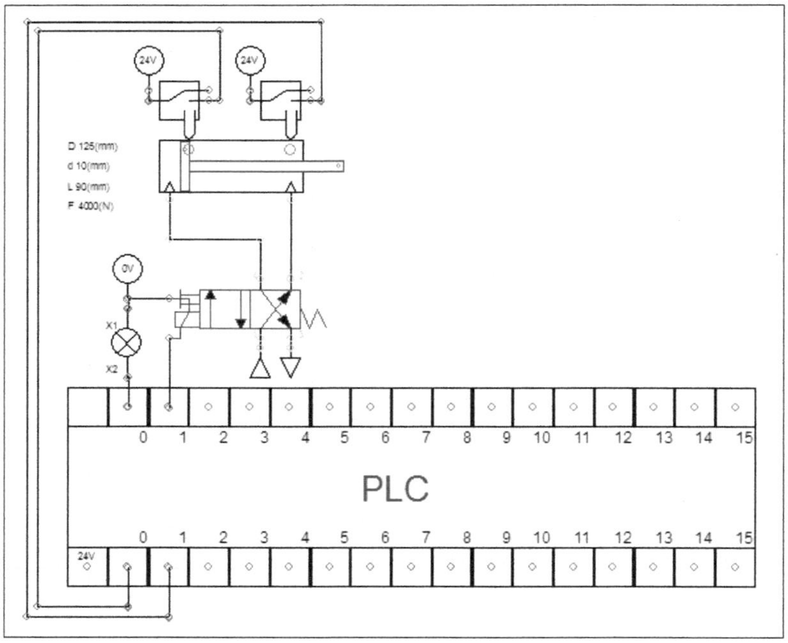

5) OPC 드라이버 추가

- [Browser] – [Configuration] – [Post-processor] – [PC] – [I/O drivers]를 클릭한다.

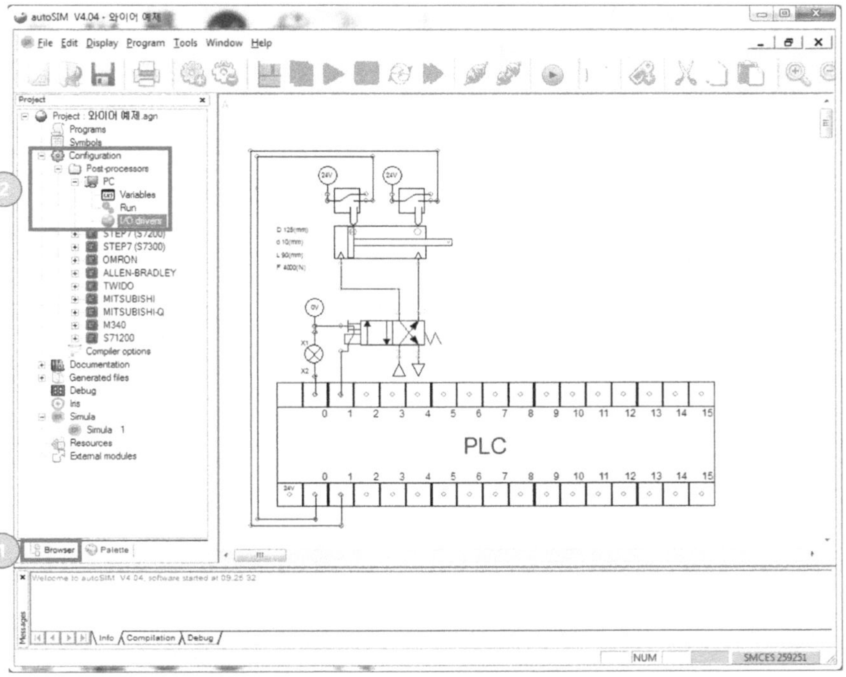

- [Input/output drivers for PC execution]창이 나타나면 [Driver(s) available]의 [opcdrv]를 선택한 후 [Add] 버튼을 눌러 OPC 드라이버를 추가한다.
- [Driver(s) used by the PC executer]의 [opcdrv]를 더블 클릭한다.

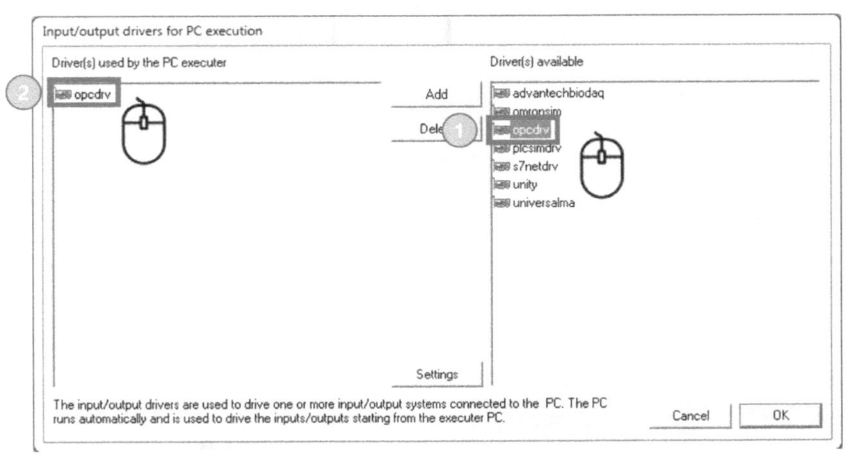

6) OPC 서버 네임 매칭

- RSLinx 서버 네임 확인하는 방법은 RSLinx Classic을 실행한 후 메뉴의 [Edit] - [Copy DDE/OPC Link...]을 클릭하면 [Copy DDE/OPC Link]창이 나타난다.
- [Copy DDE/OPC Link]의 목록과 [OPC driver for AUTOSIM]의 명칭 [RSLinx OPC Server]가 일치하는지 확인한다.

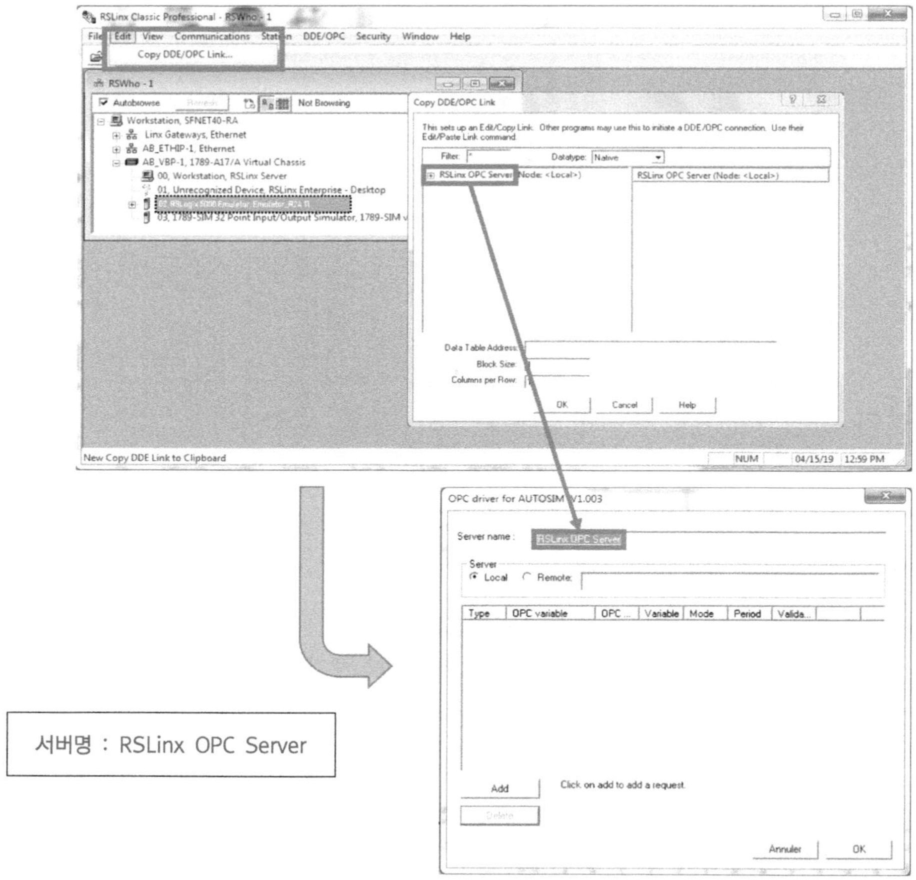

7) OPC 데이터 불러오기

- OPC 데이터 테이블 주소 확인방법은 RSLinx Classic을 실행한 후 메뉴의 [Edit] - [Copy DDE/OPC Link...]를 클릭하여, 이미 생성되어진 TOPIC 항목 [RSLinx OPC Server] - [Emulator_R24.11_Topic] - [Online] - [Local:3:O] - [Data]를 선택한 후 목록에서 [Local:3:O.Data[0]]을 선택한다.
- [Data Table Address]에 테이블 주소를 확인한다.
- OPC 출력 데이터 변수명 : Local:3:O.Data[0].0

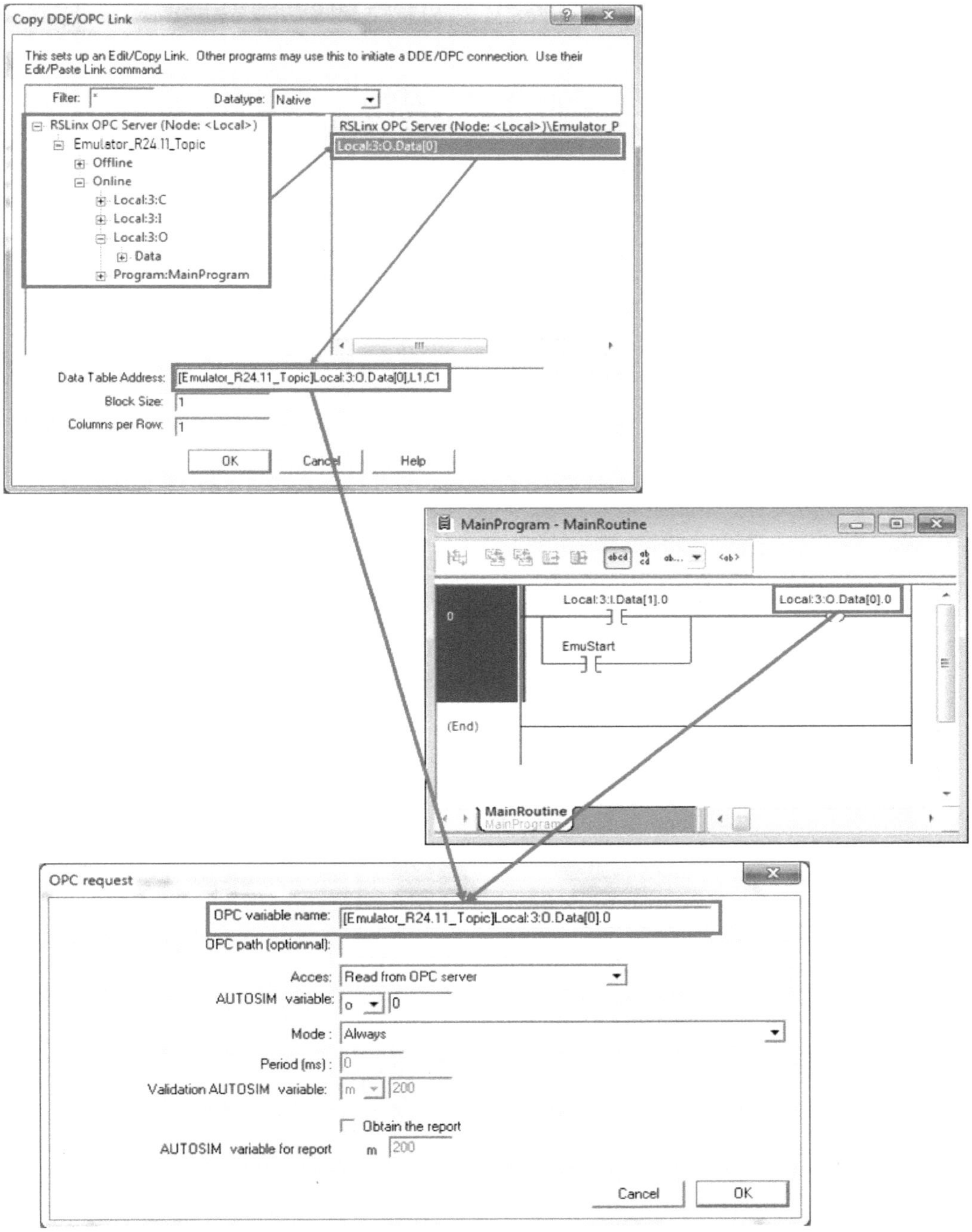
Copy DDE/OPC Link
This sets up an Edit/Copy Link. Other programs may use this to initiate a DDE/OPC connection. Use their Edit/Paste Link command.
Filter:
Datatype: Native
RSLinx OPC Server (Node: <Local>)
Emulator_R24.11_Topic
Offline
Online
Local:3:C
Local:3:I
Local:3:O
Data
Program:MainProgram
RSLinx OPC Server (Node: <Local>)\Emulator_P
Local:3:O.Data[0]
Data Table Address: [Emulator_R24.11_Topic]Local:3:O.Data[0],L1,C1
Block Size: 1
Columns per Row: 1
OK
Cancel
Help
MainProgram - MainRoutine
Local:3:I.Data[1].0
Local:3:O.Data[0].0
EmuStart
(End)
MainRoutine
OPC request
OPC variable name: [Emulator_R24.11_Topic]Local:3:O.Data[0].0
OPC path (optionnal):
Acces: Read from OPC server
AUTOSIM variable: o 0
Mode : Always
Period (ms) : 0
Validation AUTOSIM variable: m 200
Obtain the report
AUTOSIM variable for report m 200
Cancel
OK

- OPC 데이터 Access 설정 및 autoSIM 데이터와 매칭을 위해서는 아래의 그림을 참고한다.
- [Acces]에 [Read from OPC server]를 선택한다.
- OPC의 "[Emulator_R24.11_Topic]Local:3:O.Data[0].0" 데이터를 autoSIM PLC 출력부의 제일 처음 접점인 [o0]과 매칭한다.

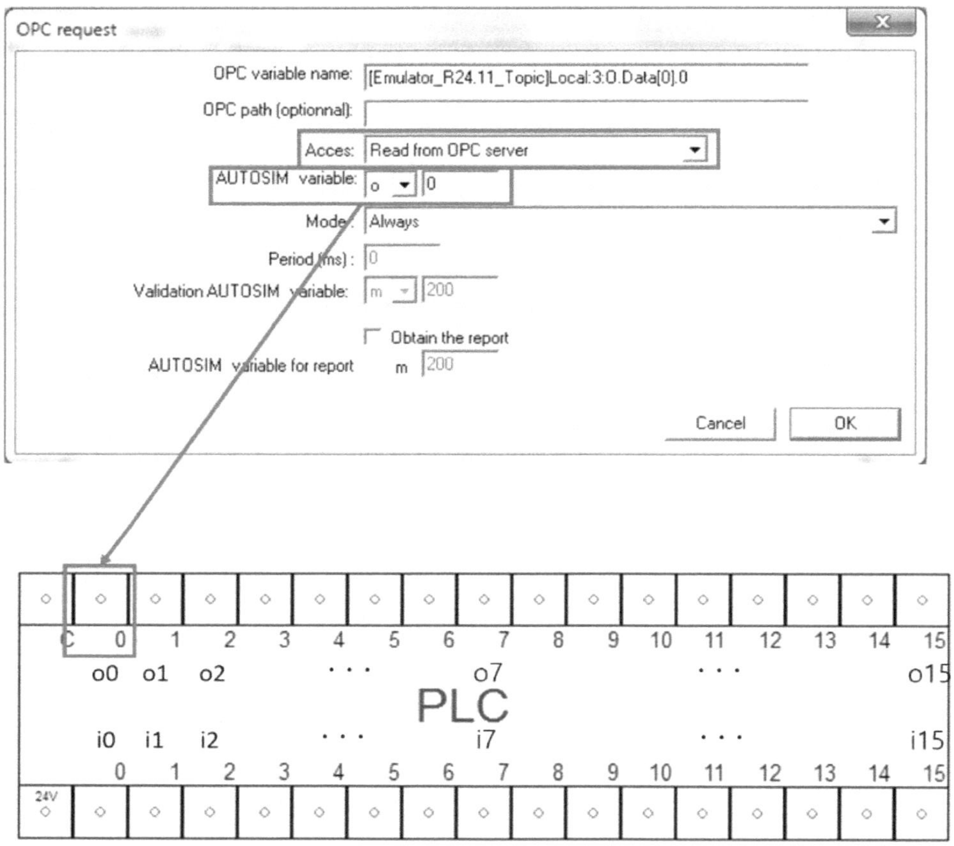

8) 시뮬레이션 시작

① Emulator를 실행하여 동작 확인한다.

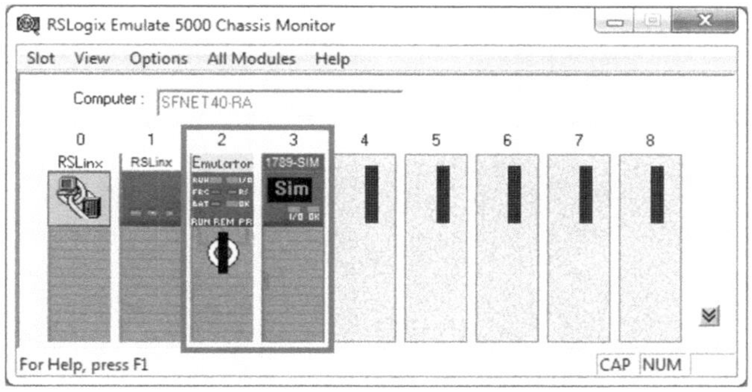

② RSLinx를 통하여 네트워크 상태 확인한다.

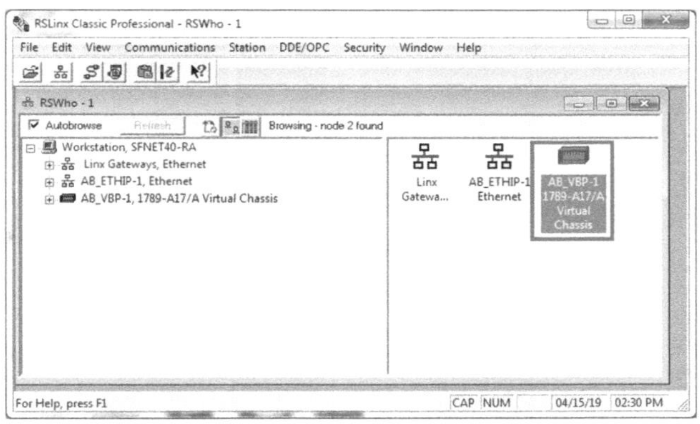

③ 메인 프로그램 Run한다.

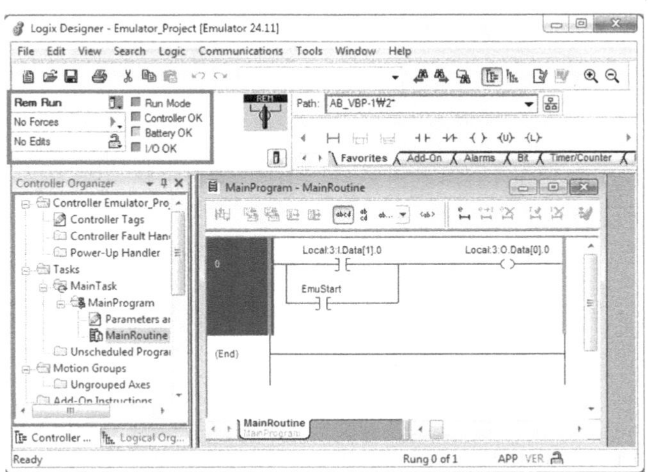

④ FactoryTalk Displays 실행한다.

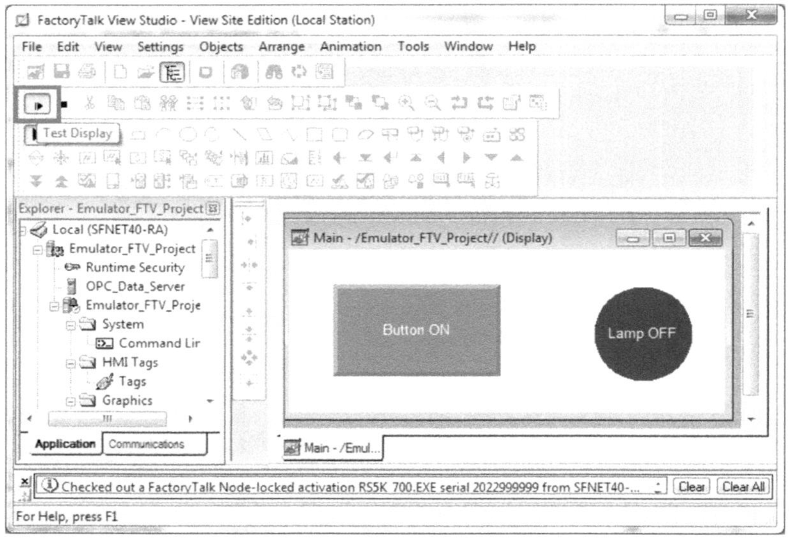

⑤ autoSIM-200을 실행한다.

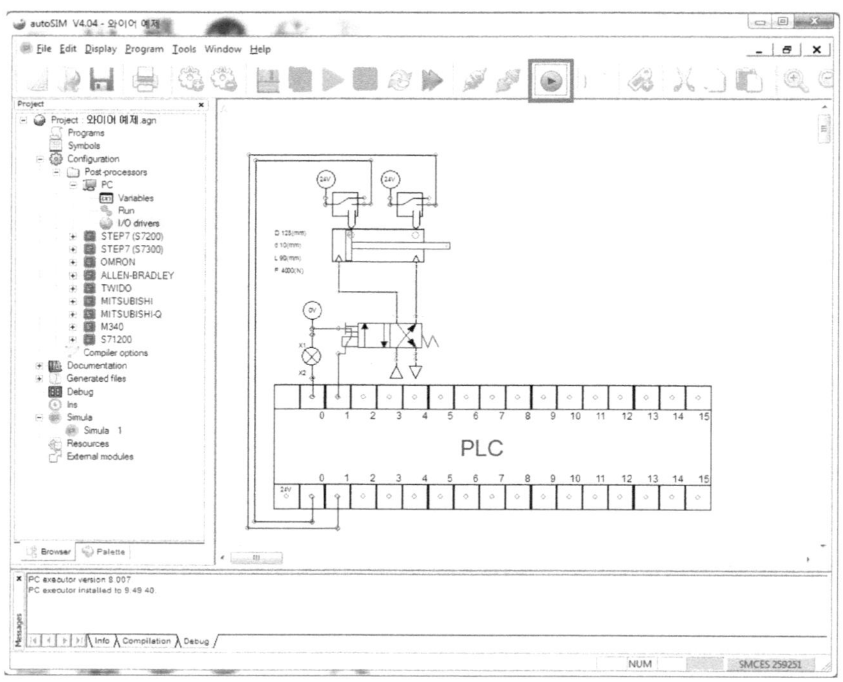

9) 전체 시뮬레이션 동작 확인

- 아래의 그림과 같이 정상적인 동작 확인을 진행한다.

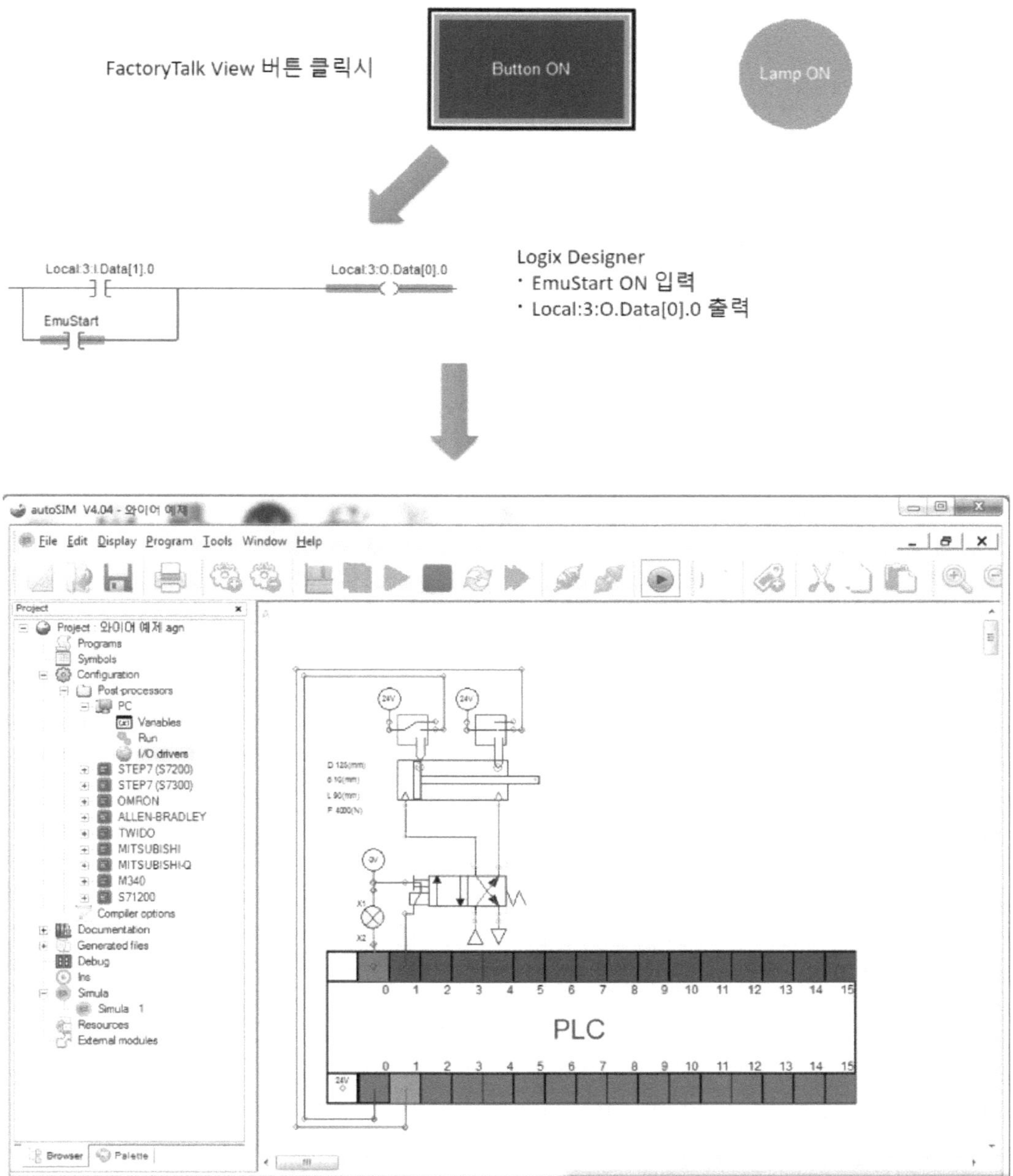

10) 저장

- [File] - [Save] 또는 저장 버튼 클릭하여 [File name]을 작성 후 [Save]한다.

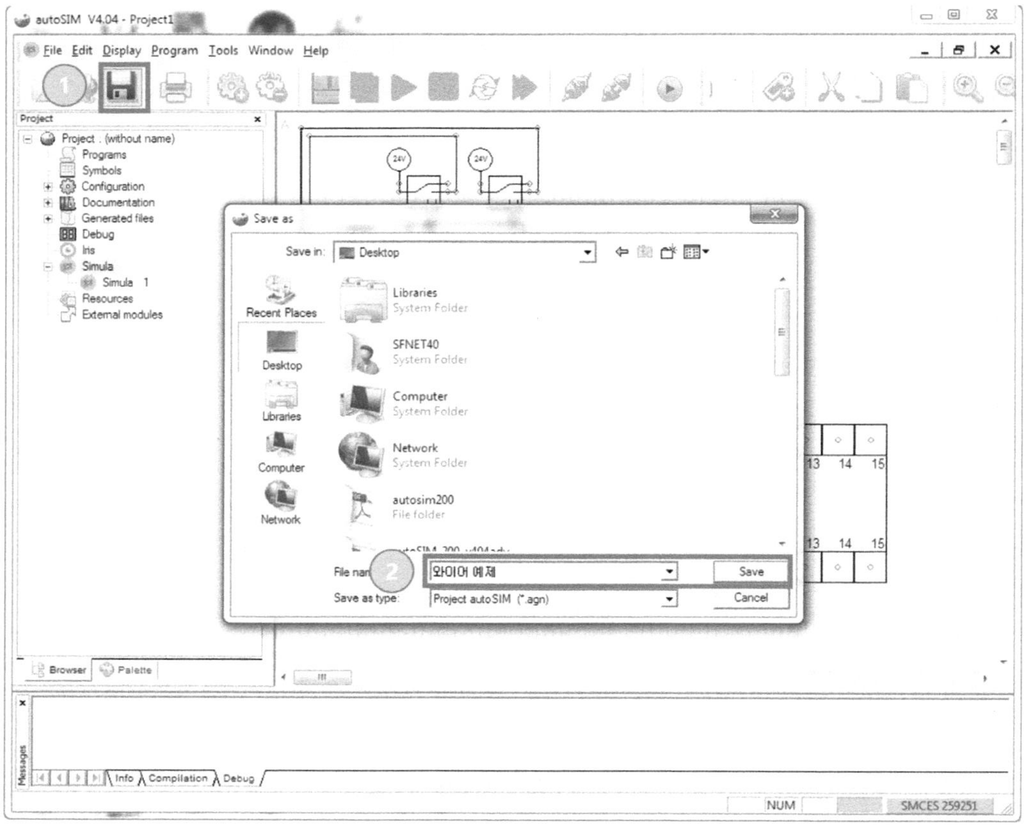

(2) 라벨 타입 제어

1) 공압 회로 구성

- 다음과 같이 공압회로를 구성한다.

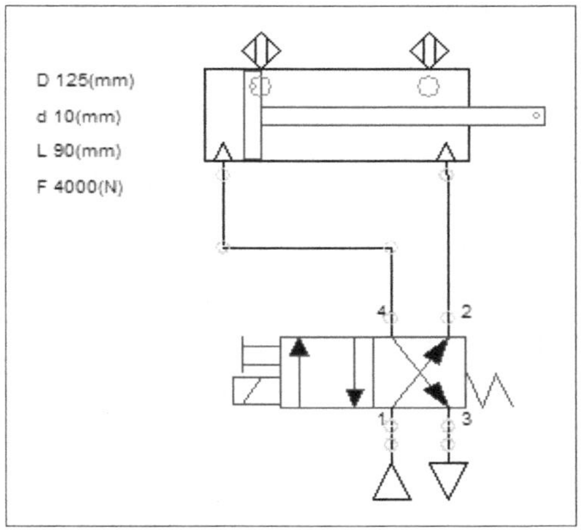

- 실린더, 센서, 밸브, 배기 및 공급 라인은 아래의 그림을 보고 참고한다.

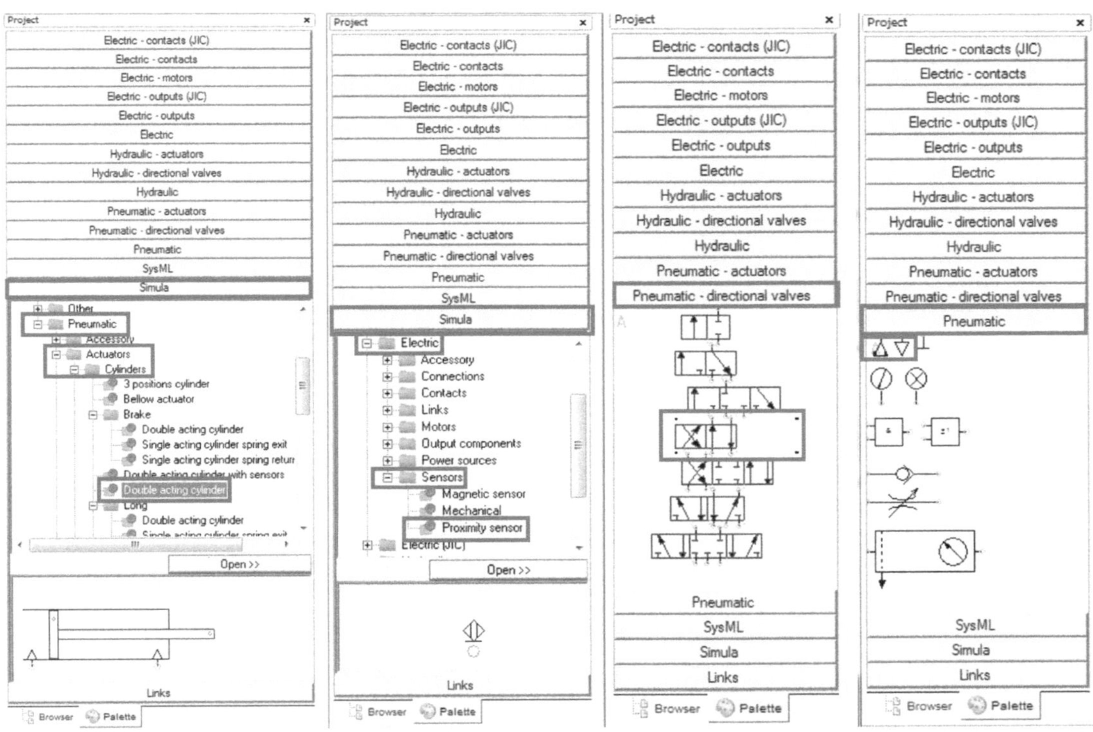

- 실린더, 센서, 밸브, 배기를 배치하면 아래와 같다.
  - 실린더 : [Simula] – [Actuators] – [Cylinders] – [Double acting cylinder]
  - 센서 : [Simula] – [Electric] – [Sensors] – [Mechanical]
  - 밸브 : [Simula] – [Pneumatic] – [Directional valves] – [Directional valves 4/2] – [Simple]
  - 공압원 : [Simula] – [Pneumatic] – [Flow lines] – [Pressure source]
  - 배기 : [Simula] – [Pneumatic] – [Flow lines] – [Exhaust]

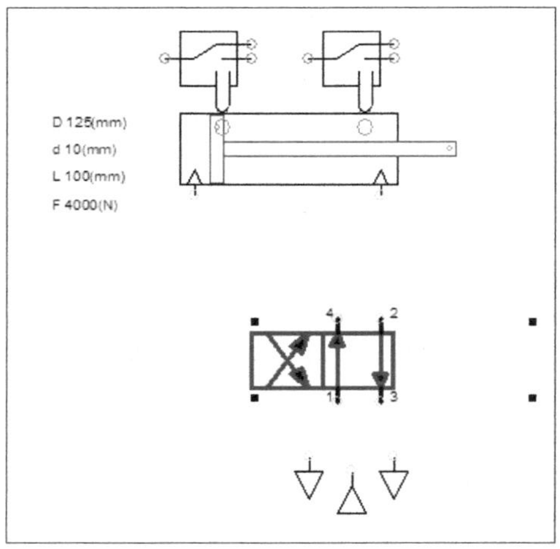

2) 밸브 구성 및 제어 방식 설정

- 밸브를 클릭하여 아래의 그림과 같이 설정한다.

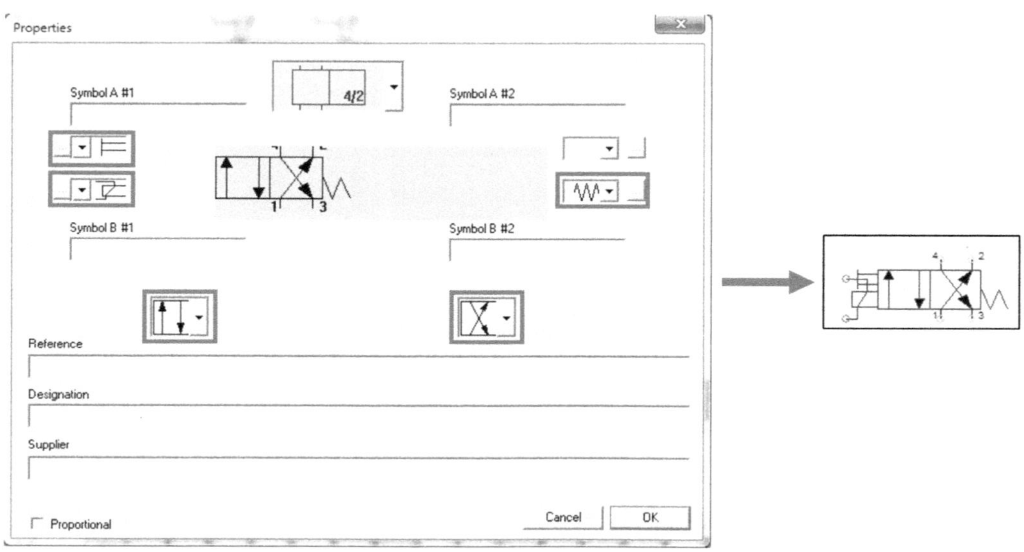

3) PLC 구성

- PLC 구성은 아래의 그림을 참고한다.

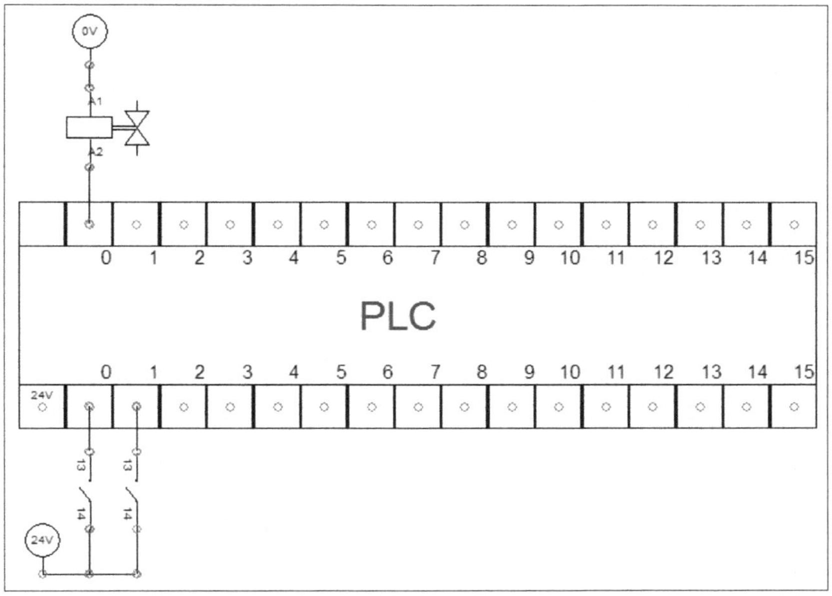

- PLC, 전원, 스위치, 릴레이는 아래의 그림을 보고 참고한다.

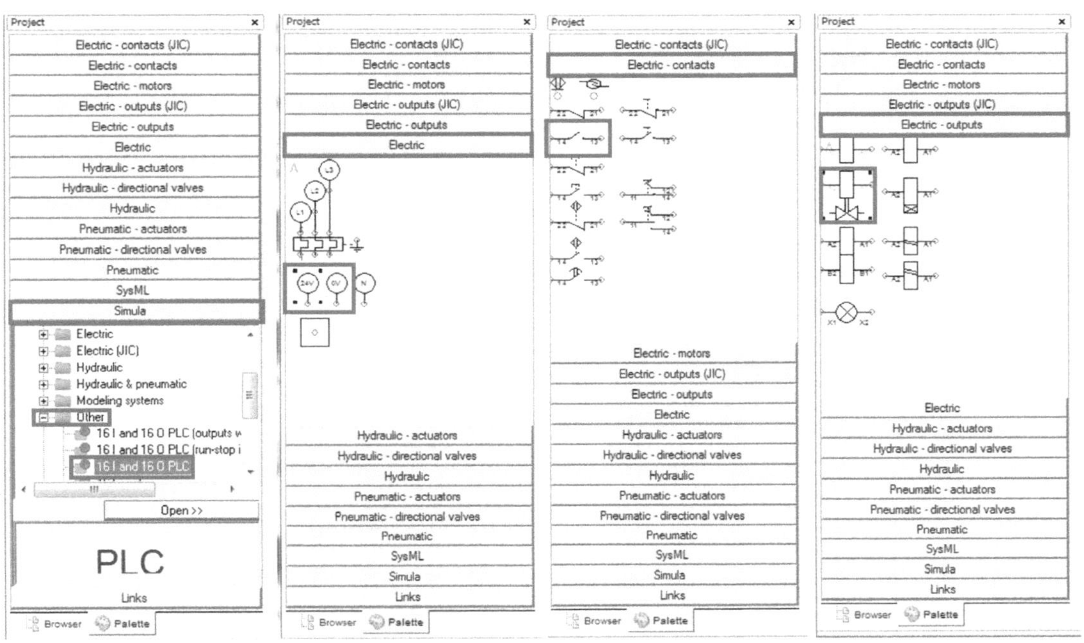

- 공압 회로 라벨 매칭을 한다.

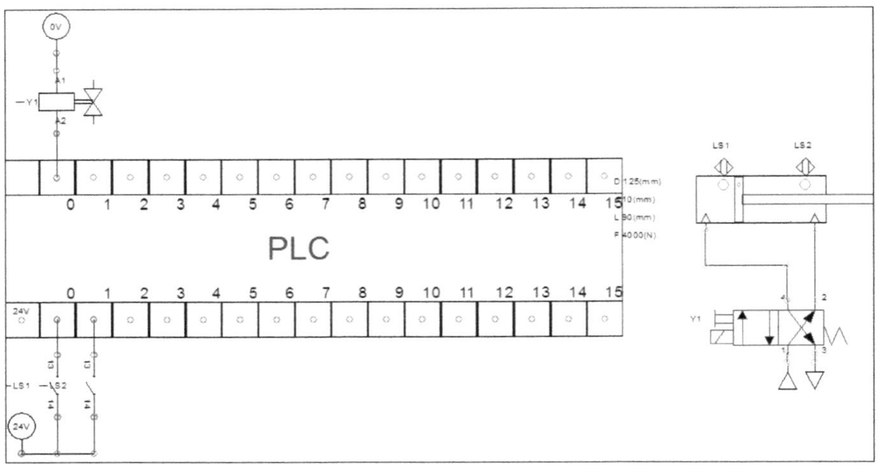

4) PLC 회로 라벨 작성

- 라벨 작성을 위해 심볼을 클릭하면 [Properties] 창이 나타난다.
- [Symbol]에 [Y1]을 작성 후 [OK]를 클릭한다.

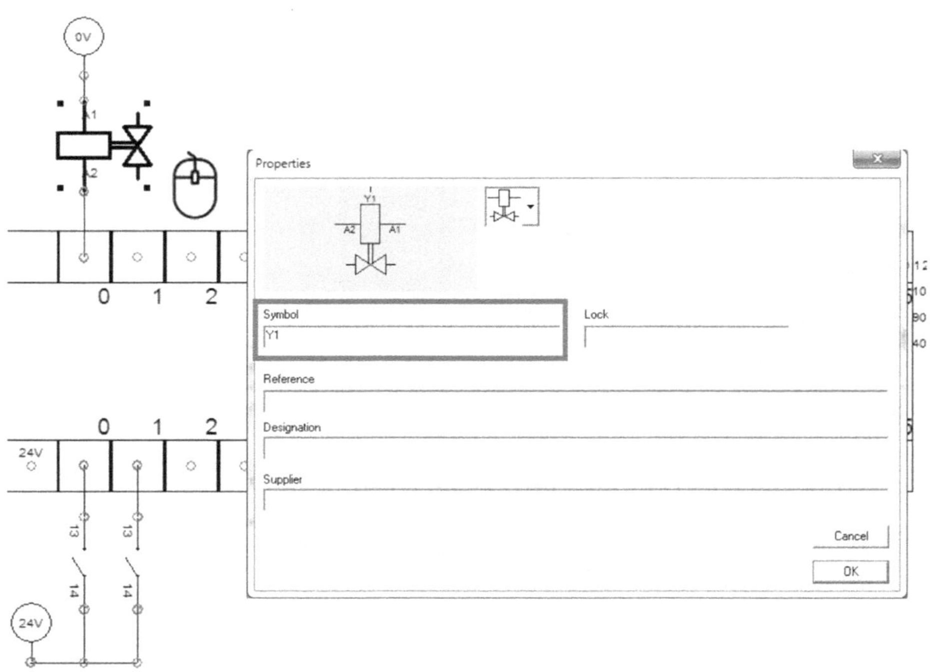

• 좌측 스위치는 [LS1], 우측 스위치는 [LS2]로 입력한다.

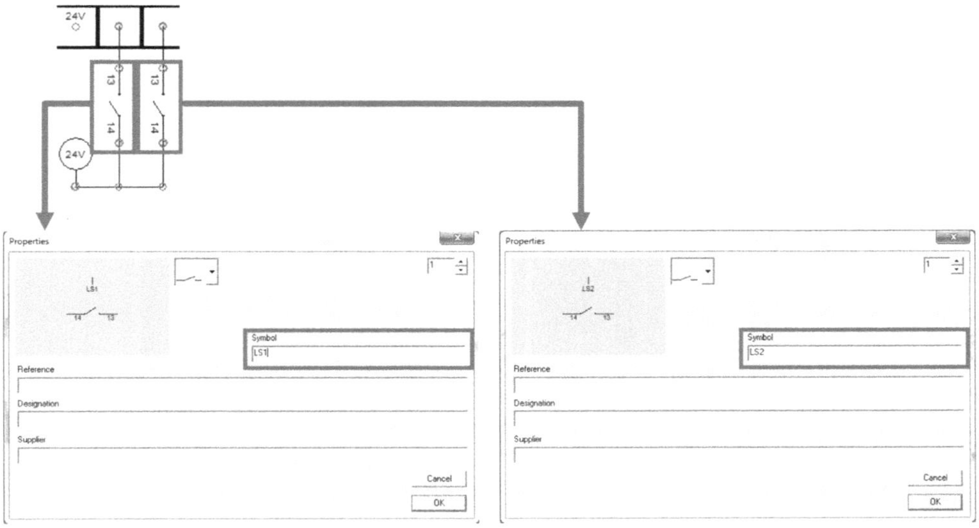

5) 공압회로 라벨 작성

• PLC회로 라벨 작성 방법과 동일하게 진행한다. 릴레이 [Y1], 좌측 센서 [LS1], 우측 센서 [LS2]를 입력한다.

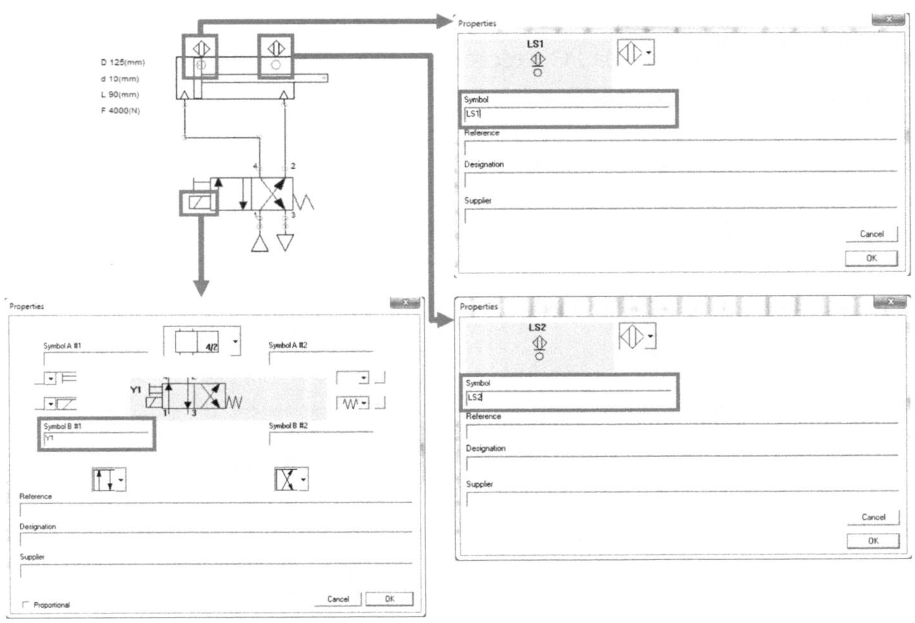

6) OPC 드라이버 추가

- [Browser] – [Configuration] – [Post-processor] – [PC] – [I/O drivers]를 클릭한다.

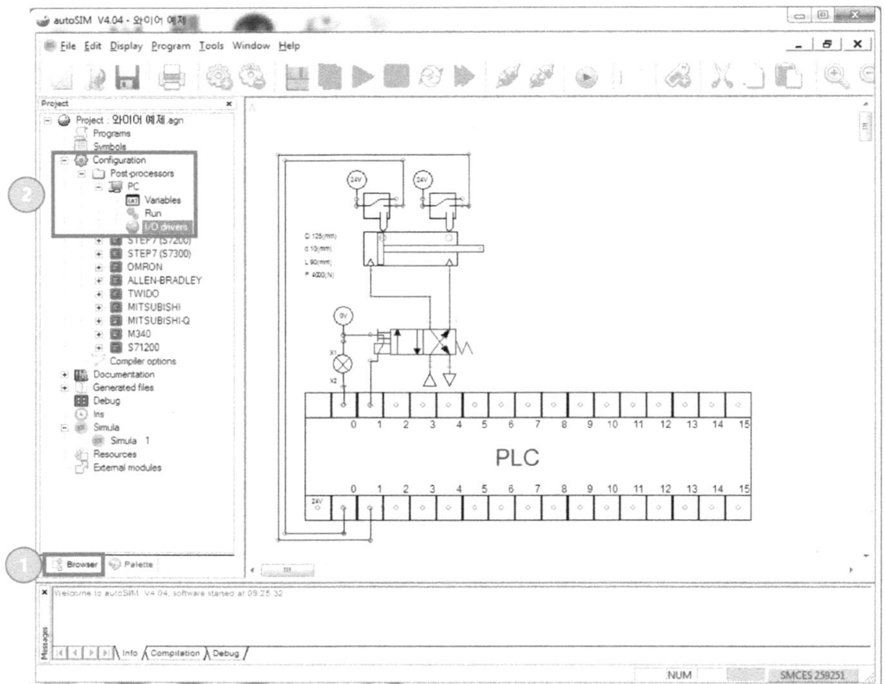

- [Input/output drivers for PC execution] 창이 나타나면 [Driver(s) available]의 [opcdrv]를 클릭한다.
- [Driver(s) used by the PC executer]의 [opcdrv]를 클릭한다.

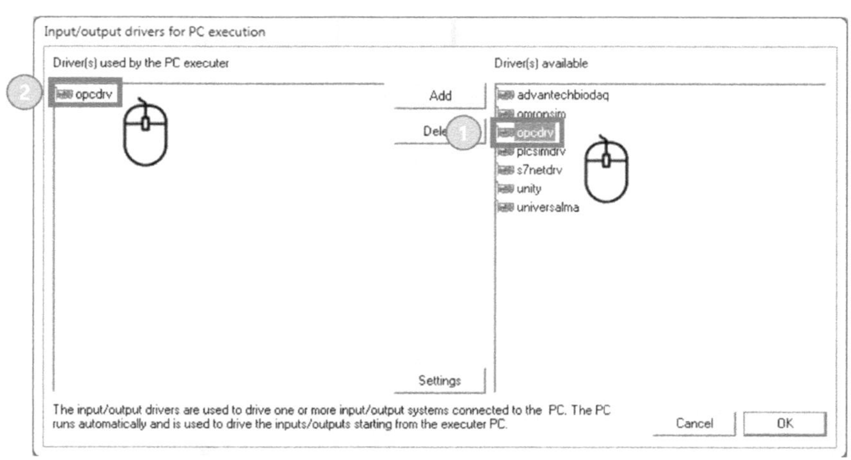

7) 전체 시뮬레이션 동작 확인

- 버튼 ON 시 정상적인 모니터링을 확인한다.

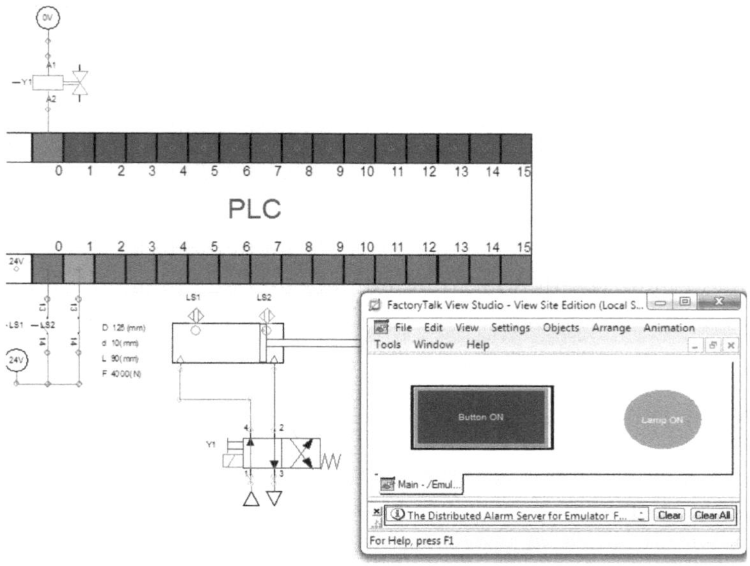

8) 저장

- [File] - [Save] 또는 저장 버튼 [File name]을 작성 한 후 [Save]를 클릭하여 저장한다.

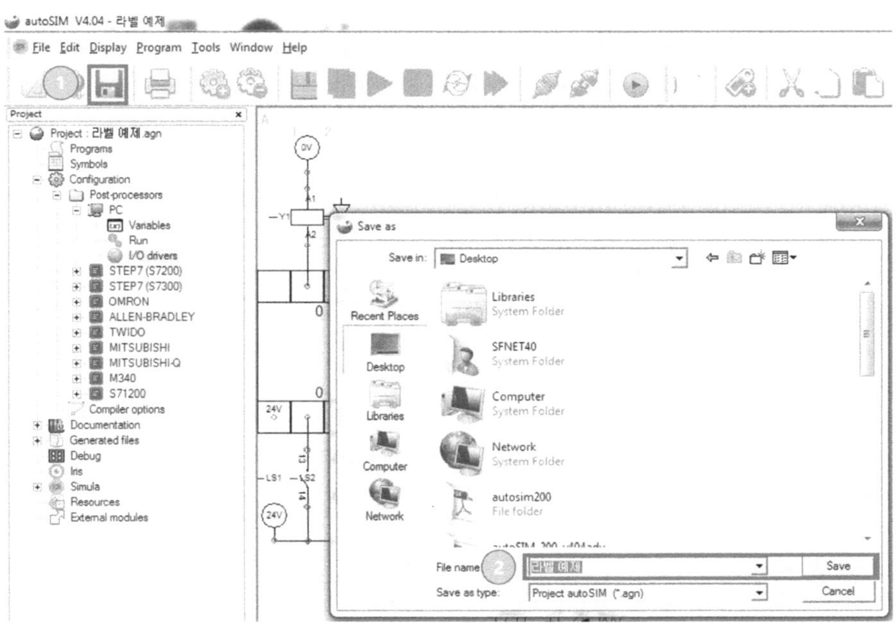

(3) 심볼 타입 제어

1) New 파일 생성

- autoSIM-200 V4을 실행한다.
- 실행 후 [Simula] - [Add an SIMULA page]를 클릭한다.

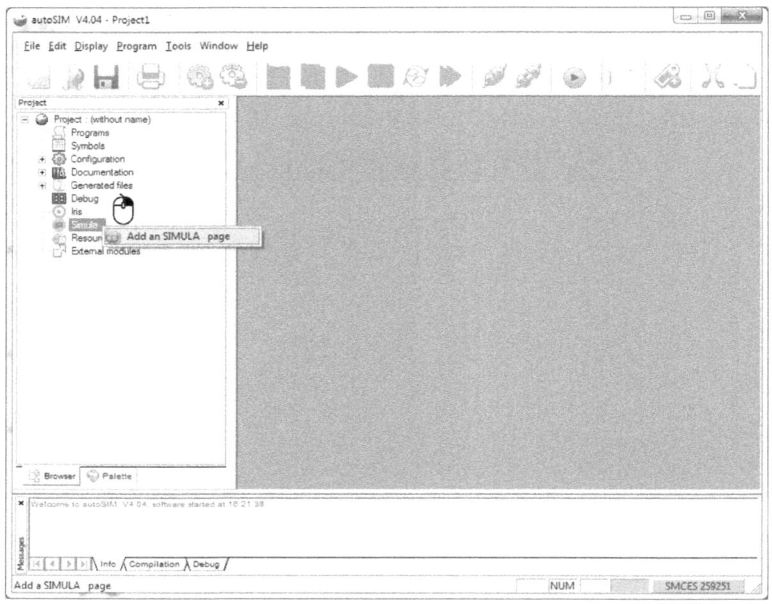

2) 공압 회로 구성 및 심볼 등록

- 다음과 같이 공압 회로를 구성하고 심볼을 등록한다.

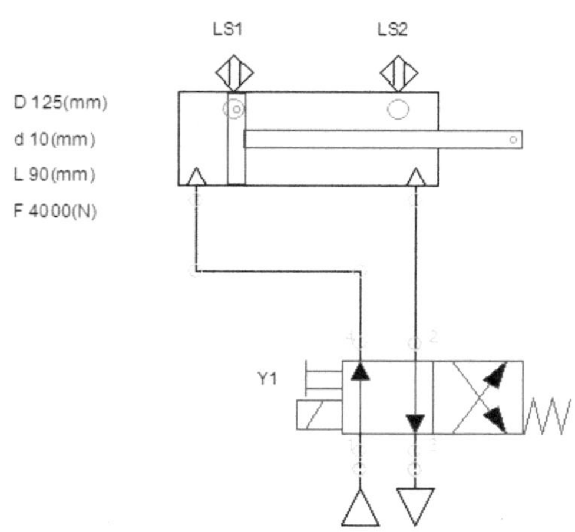

3) 심볼 설정

- [Symbol] - [Create a symbol table]을 클릭하여 심볼 테이블을 생성한다.

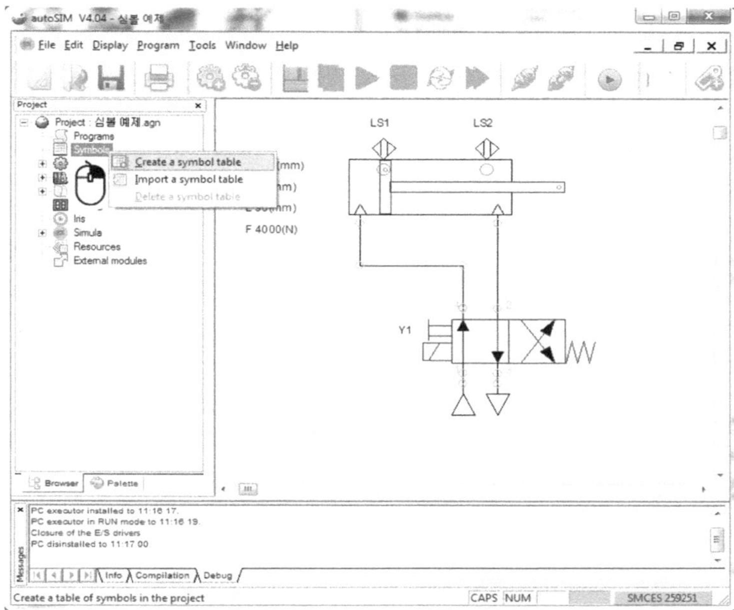

- [Symbol table]이 생성되면 마우스 오른쪽을 클릭 후 [Add]를 클릭하여 심볼을 등록한다.

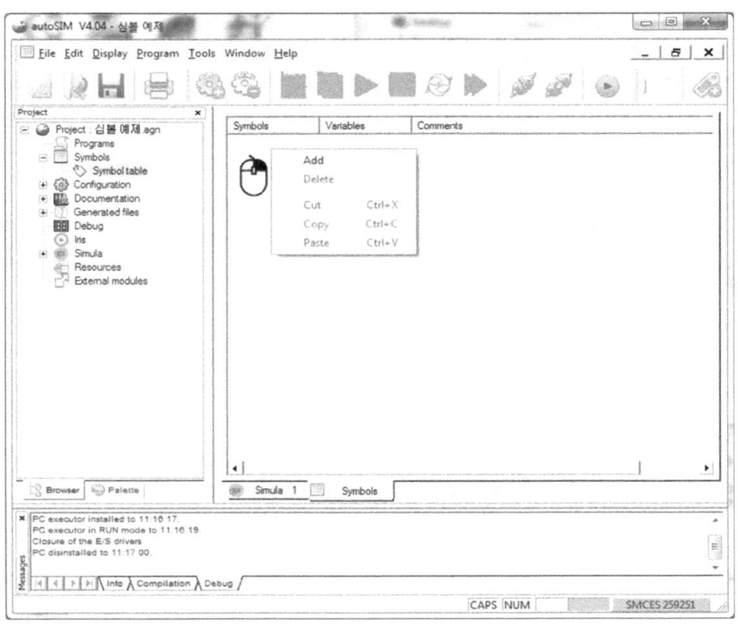

- 릴레이 심볼명은 [Y1], 변수명은 [o0]로 작성한다.
- 센서1의 심볼명은 [LS1], 변수명은 [i0], 센서2 심볼명은 [LS2], 변수명은 [i1]을 입력한다.
- 각 변수는 각 심볼에 값을 전달한다.
- 또한 심볼 사용은 효과적인 데이터 관리가 가능하다.

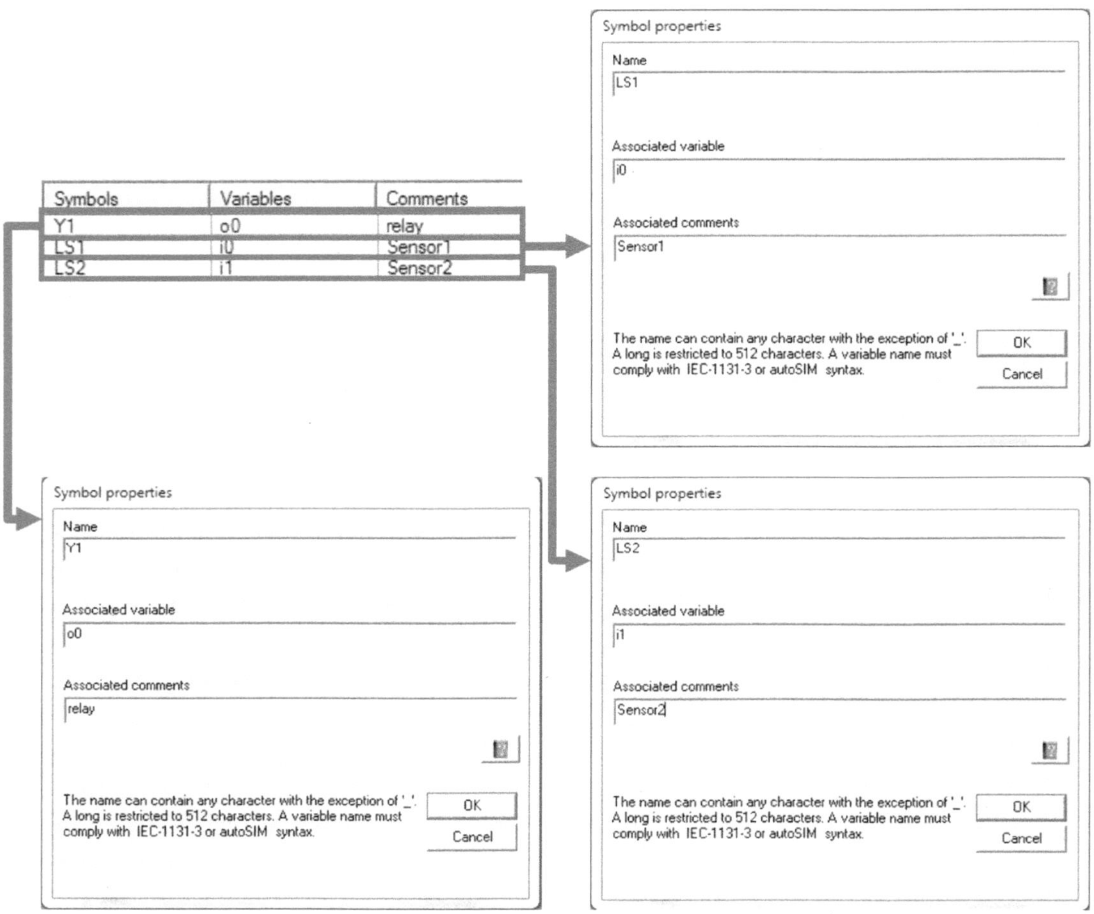

4) OPC 드라이버 추가

- [Browser] – [Configuration] – [Post-processor] – [PC] – [I/O drivers]를 클릭한다.

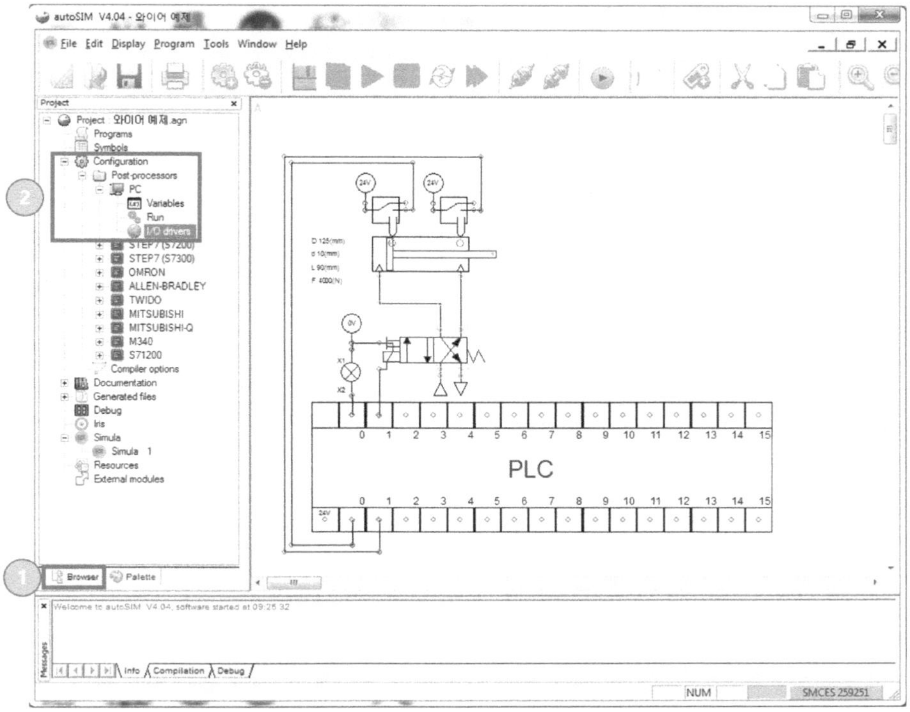

- [Input/output drivers for PC execution] 창이 나타나면 [Driver(s) available]의 [opcdrv]를 클릭한다.
- [Driver(s) used by the PC executer]의 [opcdrv]를 클릭 추가한다.

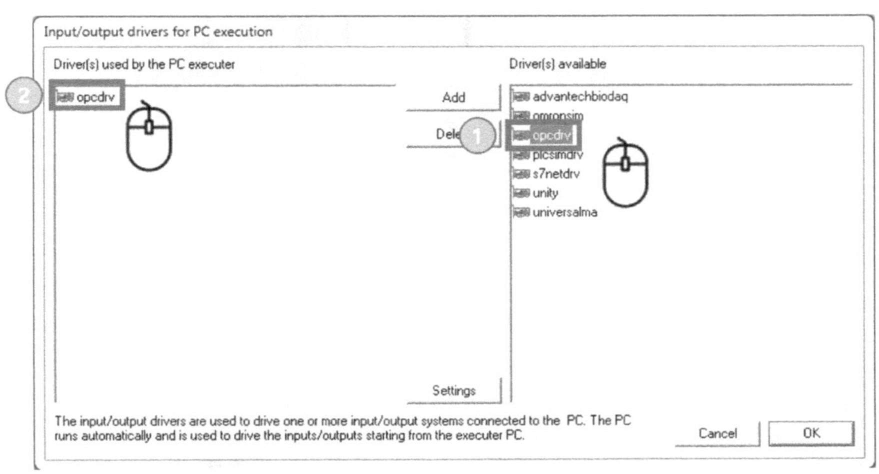

5) 전체 시뮬레이션 동작 확인

- 버튼 OFF 시

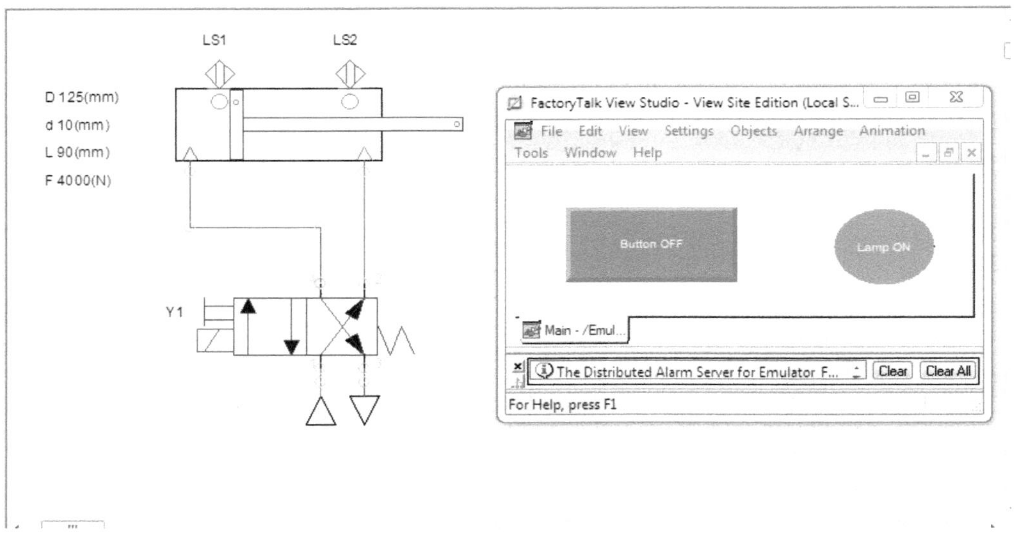

- 버튼 ON 시

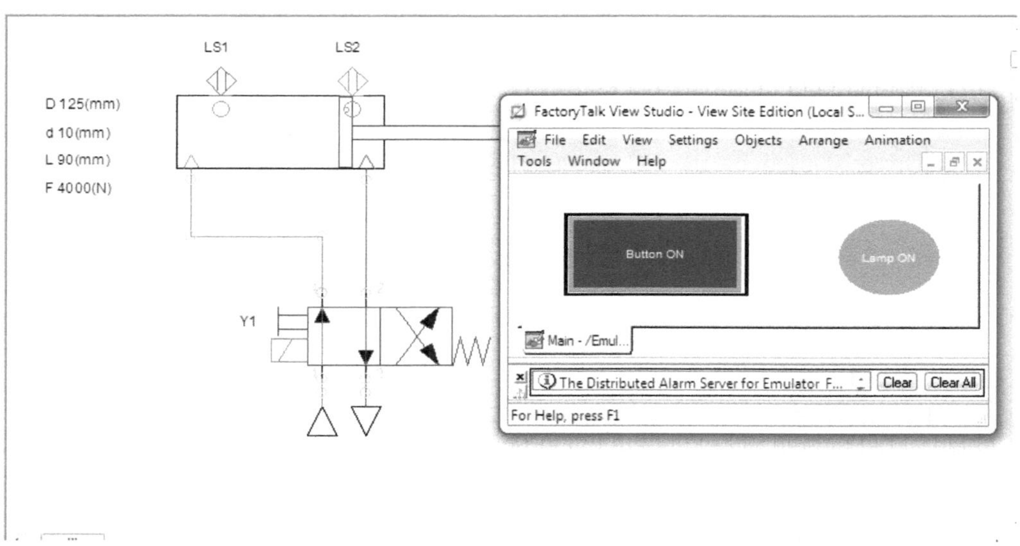

Chap 3.

3D 시뮬레이션을 이용한 제어

3.1 생산자동화 시스템

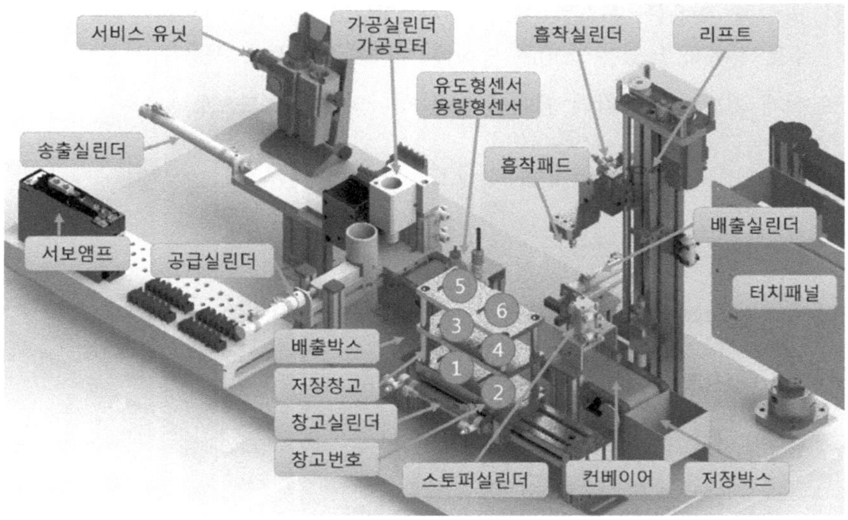

그림 3-1 생산자동화 산업기사 시스템 구성도

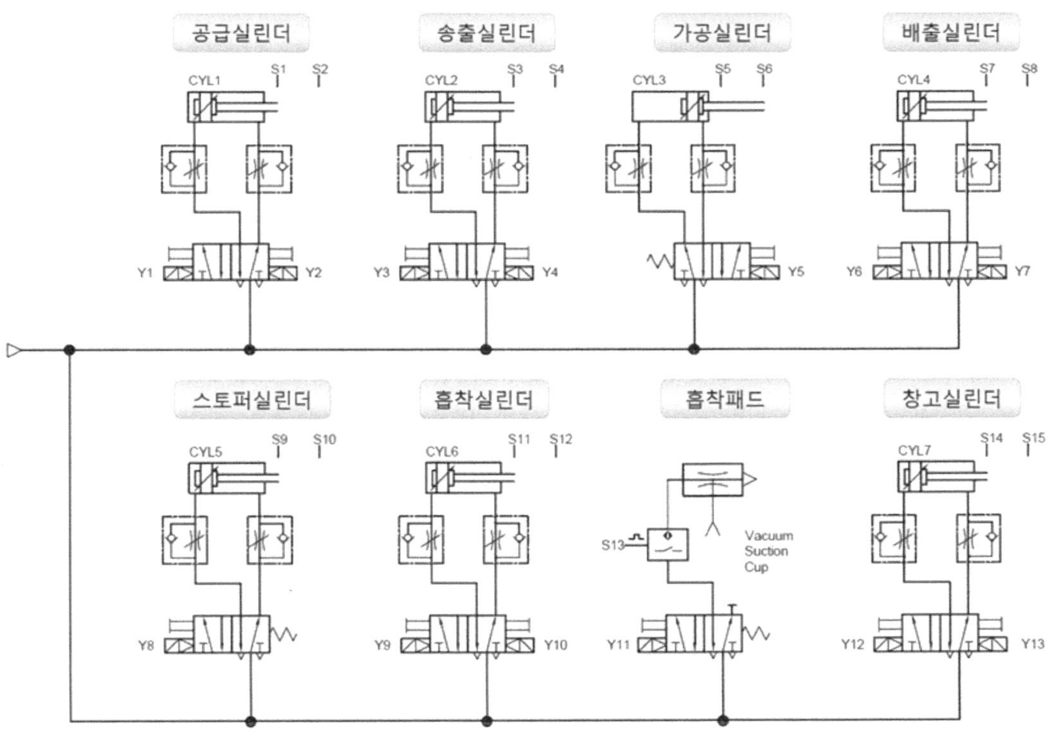

그림 3-2 생산자동화 산업기사 공압 실린더 회로도

생산자동화 산업기사 시스템 구성도 부분에서 공급실린더, 가공실린더, 송출실린더 3부분에 대한 기본적인 제어를 스테프 방식을 적용하여 PLC 래더 프로그램을 작성할 수 있다면 기본적인 공압을 이용한 시스템 제어는 가능하다고 볼 수가 있을 것이다. 이에 전기 공압 제어에서 주로 사용하고 있는 스테프 방식에 대하여 알아보고 사용해 보도록 하자.

스테프 설계 기법이란 각각의 제어 단계를 하나의 제어그룹으로 나누어 설계하는 방법이다.

3.1.1 편 솔레노이드 밸브 사용 시 회로 구성 방법

$$K_{start} = [\,(start\text{신호} \cdot Check\ back\text{신호}) + K_n\,] \cdot \overline{K_n - 1}$$

$$K_n = (Check\ back\text{신호} + K_n) \cdot K_n - 1$$

$$K_{end} = Check\ back\text{신호} \cdot K_n - 1$$

공식 설명

- Kstart : 전기 시퀀스 회로를 시작하는 제어부 첫 번째 릴레이 코일
- Kend : 전기 시퀀스 회로가 끝나는 제어부 마지막 릴레이 코일
- Kn : 첫 번째와 마지막 릴레이 코일을 제외한 나머지 제어부 릴레이 코일
- · : 전기 배선을 할 때 전기기기를 직렬(AND 논리)로 연결한다.
- + : 전기 배선을 할 때 전기기기를 병렬(OR 논리)로 연결한다.
- K : 릴레이 코일
- Start 신호 : 작업 시작 신호(대부분 푸쉬버튼 스위치 신호)
- Check back 신호 : 바로 앞 단계의 작업이 완료되었다는 신호

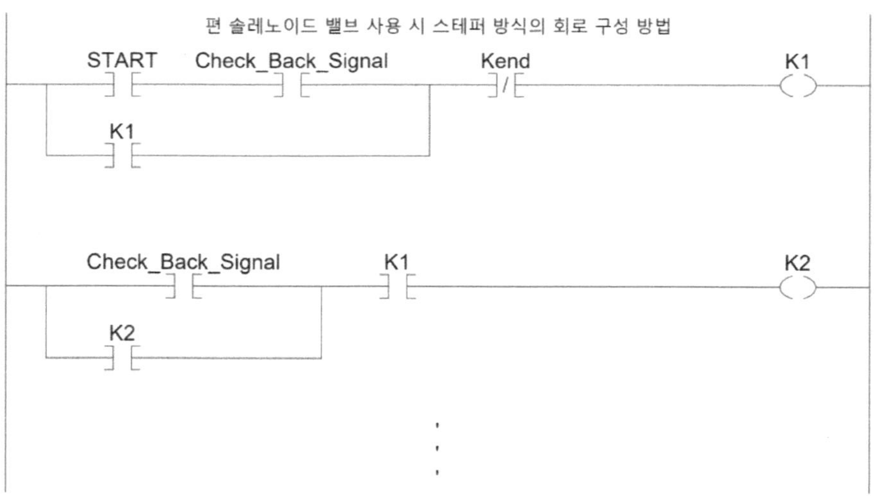

3.1.2 양 솔레노이드 밸브 사용 시 회로 구성 방법

$$K_{start} = [\,(start\text{신호} \cdot Check\ back\text{신호} \cdot K_n - 1) + K_n\,] \cdot \overline{K_n + 1}$$

$$K_n = [\,(Check\ back\text{신호} \cdot K_n - 1) + K_n\,] \cdot \overline{K_n + 1}$$

$$K_{end} = [\,((Check\ back\text{신호} \cdot K_n - 1) + K_n) + Reset\text{신호}\,] \cdot \overline{K_n + 1}$$

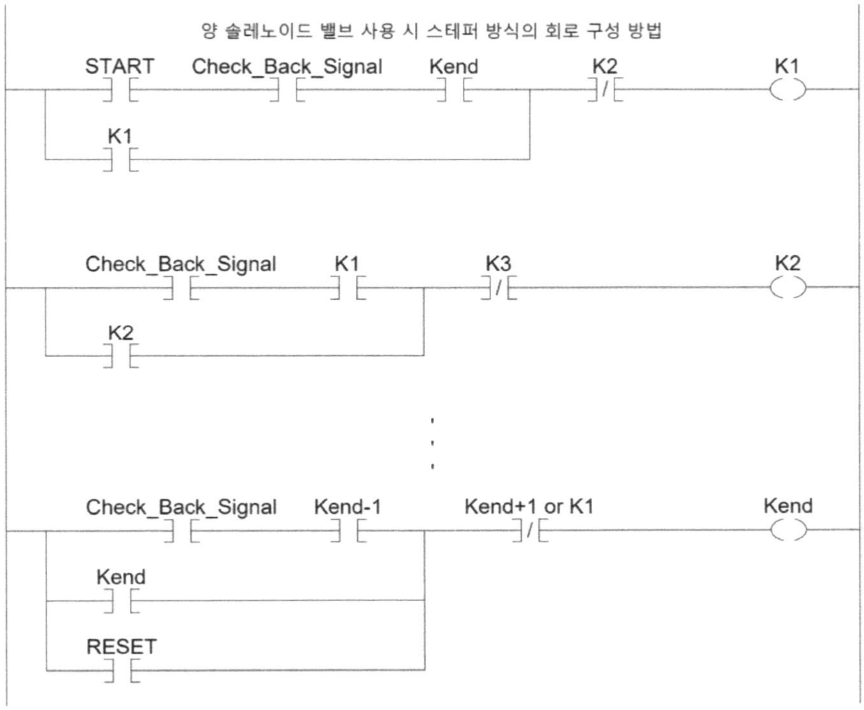

3.1.3 편/양 솔레노이드 밸브 사용 시 회로 구성 방법

$$K_{start} = [\,(start\text{신호} \cdot Check\ back\text{신호}) + K_n\,] \cdot \overline{K_n - 1}$$

$$K_n = (\,Check\ back\text{신호} + K_n\,) \cdot K_n - 1$$

$$K_{end} = (\,Check\ back\text{신호} \cdot K_n - 1\,) + (\,K_n \cdot \overline{\text{동작완료확인신호}}\,)$$

※ 혼합 사용시 마지막 동작 밸브가 양쪽 솔레노이드 밸브인 경우에만 마지막 조건에 자기유지를 한다.

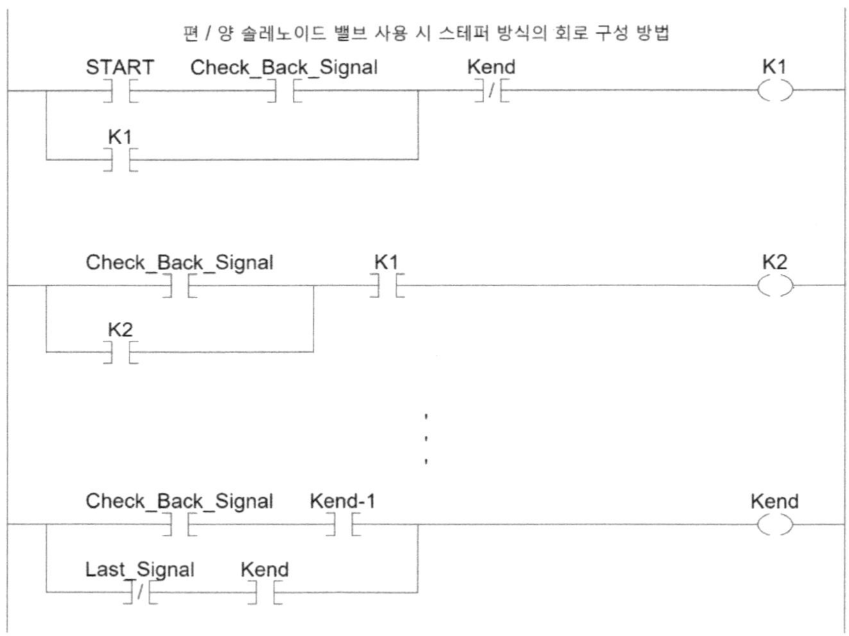

3.1.4 예제 : A + A − B + B - 순차제어 동작

시작 버튼 정지 버튼	Point_IO:3:I.0 Point_IO:3:I.1				
A (공급실린더)		LS2(SIM_In1.1) LS1(SIM_In1.0)			
B (공급실린더)				LS4(SIM_In1.3)	LS3(SIM_In1.2)
동작내부메모리	M1	M2	M3	M4	M5
출력 동작	SIM_Out1.0		SIM_Out1.1	SIM_Out1.2	
솔레노이드	SOL1		SOL2	SOL3	

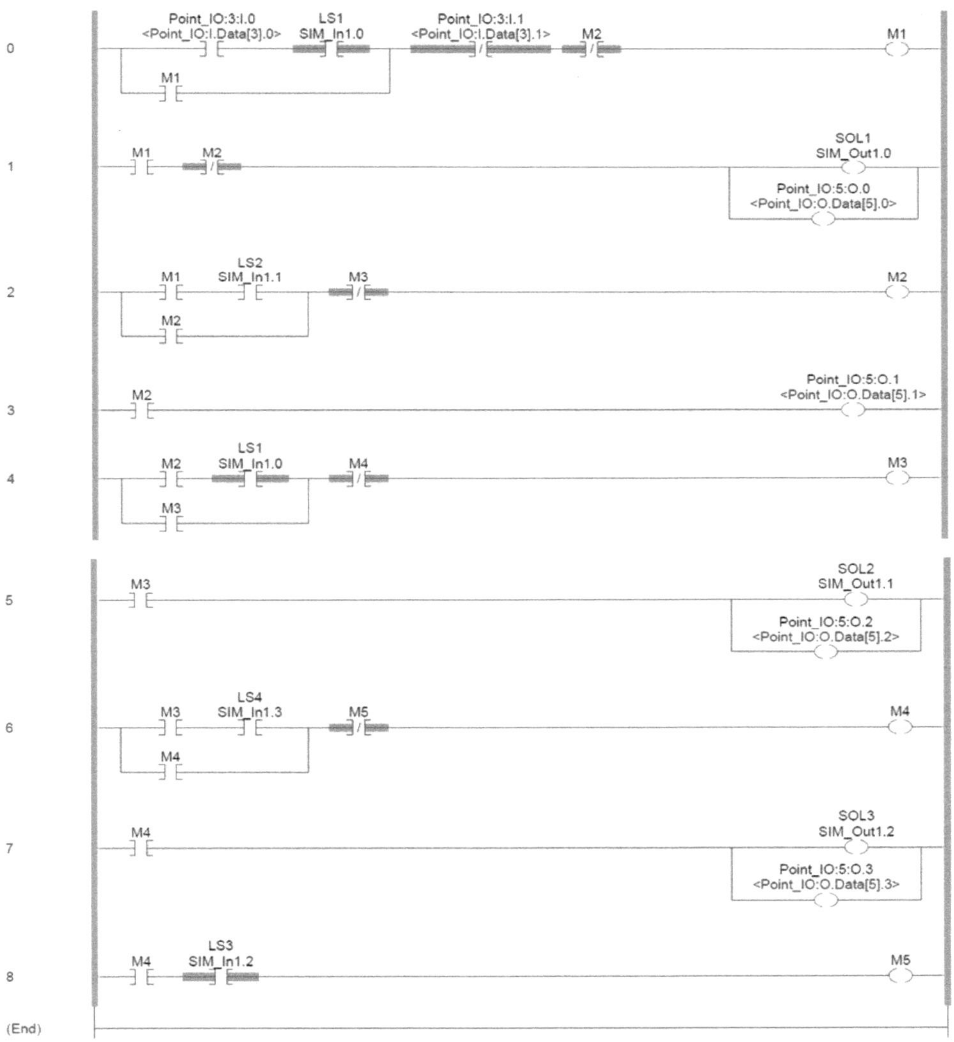

3.2 시뮬레이션 응용

3.2.1 3D 시뮬레이션 제어

autoSIM-200은 IRIS 3D 기능을 통해 3D 오브젝트를 사용하여 시뮬레이션을 만들어 시뮬레이션을 할 수 있다.

- 시뮬레이션 예제 다운로드 주소 : bit.ly/2vt7fXi

(1) 동작 설명

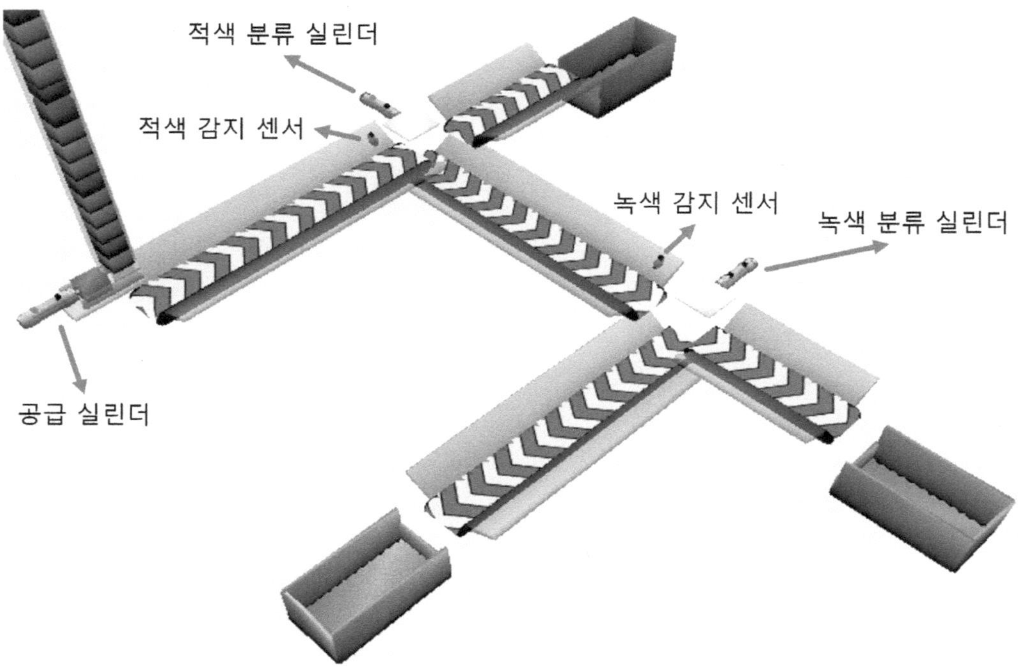

그림 3-3 3D 시뮬레이션 동작

- 공급 실린더 : 오브젝트 공급
- 적색 분류 : 적색 오브젝트가 감지될 경우 적색 분류
- 녹색 분류 : 녹색 오브젝트가 감지될 경우 녹색 분류

(2) 실습 공압 회로도

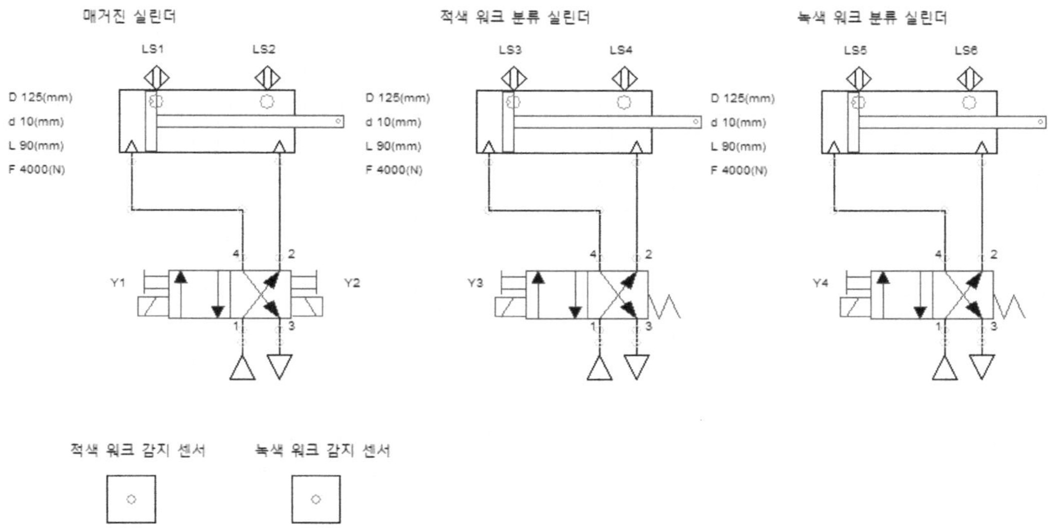

(3) 입출력 정보

입력			출력		
심볼명	변수명	동작	심볼명	변수명	동작
LS1	i0	공급 실린더 원점 감지	Y1	o0	공급 실린더 전진
LS2	i1	공급 실린더 전진 감지	Y2	o1	공급 실린더 후진
LS3	i2	적색 분배 실린더 원점 감지	Y3	o2	적색 분배 실린더 전진
LS4	i3	적색 분배 실린더 전진 감지	Y4	o3	녹색 분배 실린더 전진
LS5	i4	녹색 분배 실린더 원점 감지			
LS6	i5	녹색 분배 실린더 전진 감지			
LS7	i6	적색 워크 감지			
LS8	i7	녹색 워크 감지			

(4) 심볼 테이블 작성

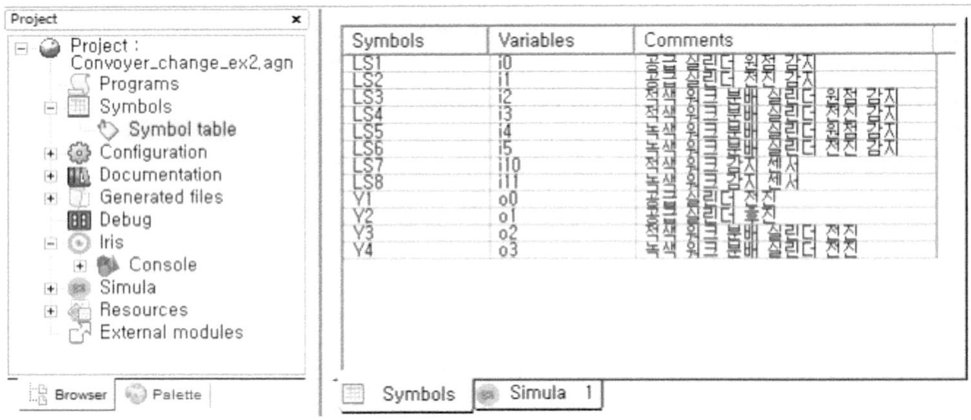

(5) 래더도 작성

Chap 4.

하드웨어 구성

4.1 하드웨어 구성

4.1 하드웨어 구성

4.1.1 실제 구성도

(1) 실습장비

실습 가능한 하드웨어 구성은 아래의 그림과 같다.

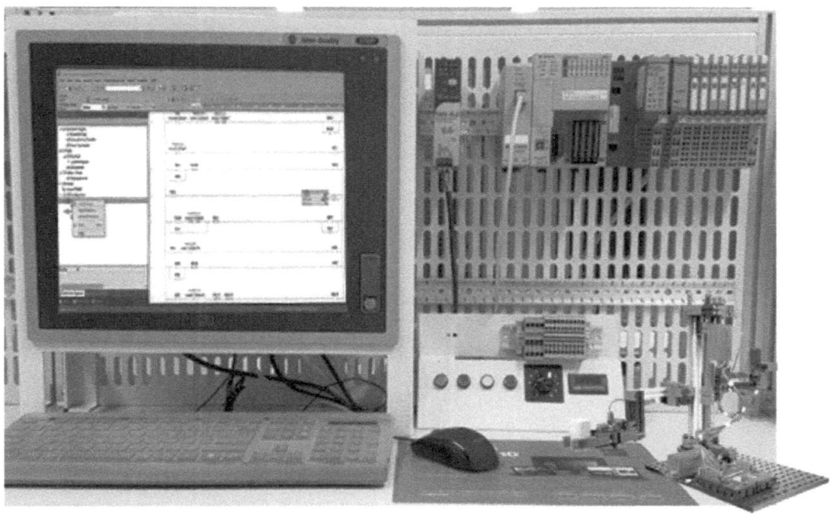

그림 4-1 하드웨어 구성도

1) 전원공급모듈 - SMPS

- Essential Switched Mode Power Supply

교류(AC) 220V를 직류(DC) 24V로 변환하여 전기를 공급

	Input Voltage	Output Voltage [V DC]	Output Power [W]	Output Current [A]	Steady State Input Current			Cat. No.
					120V AC	230V AC	400V AC-480V AC	
Bulletin 1606-XLE Essential Single Phase *	100,..120/200...240V AC	24...28	80	3.3	1.50	0.68	-	1606-XLE80E
		24...28	120	5	2.34	1.23		606-XLE120E
		24...28	120	5	2.34	1.23		* 1606-XLE120EC
	90...132V AC	24...28	120	5	1.23	-		1606-XLE120EN
	180...264V AC	24...28	120	5	-	1.17		1606-XLE120EE
	100...120/200...240V AC	24...28	240	10	4.34	2.23		1606-XLE240E
	90...132V AC	24...28	240	10	3.73	-		1606-XLE240EN
	180...264V AC	24...28	240	10	-	2.20		1606-XLE240EE
	100...120/200...240V AC	24...28	240	10	4.34	2.00		1606-XLE240EP
	100...120/200...240V AC	48...52	240	5	4.34	2.23		♦ 1606-XLE240F
	100...240V AC	24...28	480	20	4.36	2.33		1606-XLE480EP
	100...240V AC	48...56	480	10	4.36	2.33		1606-XLE480FP
Three Phase *	380...480V AC, 600V DC	12...15	96	8	-	-	2x 0.56	1606-XLE96B-2
	380...480V AC, 600V DC	48...56	240	5			3x 0.60	606-XLE240F-3
	380...480V AC, 600V DC	24...28	120	5			0.68	1606-XLE120E-2
	380...480V AC, 600V DC	24...28	240	10			3x 0.60	1606-XLE240E-3
	480 V AC	24	960	40			3x 1.40	1606-XLE960DX-3N
	480 V AC	48	960	20			3x 1.40	1606-XLE960MX-3N

그림 4-2 전원 공급 모듈

2) 컨트롤러 (CompactLogix 5370 L1) - PAC

Processor : 1769-L18ERM-BB1B

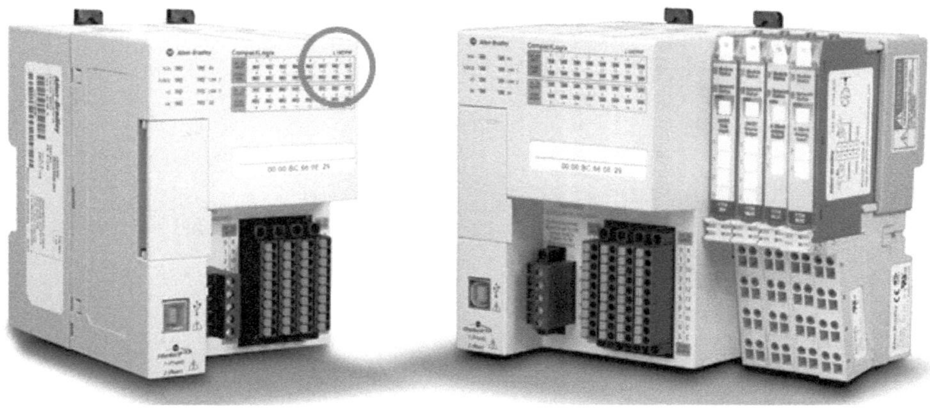

그림 4-3 CompactLogix 5370 L1 (Programmable Automation Controllers) 컨트롤러

3) POINT I/O

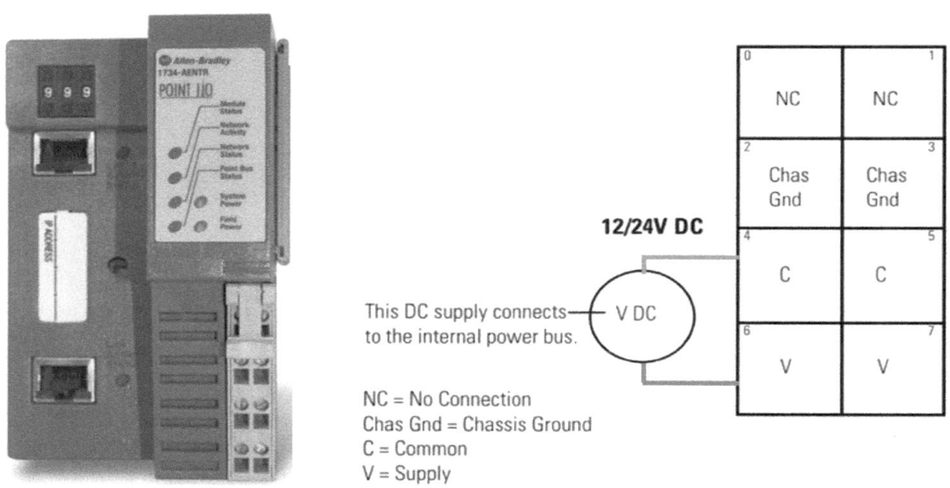

그림 4-4 POINT I/O 모듈

4) POINT I/O 24V DC Expansion Power Supply

Catalog Numbers 1734-EP24DC, Series B

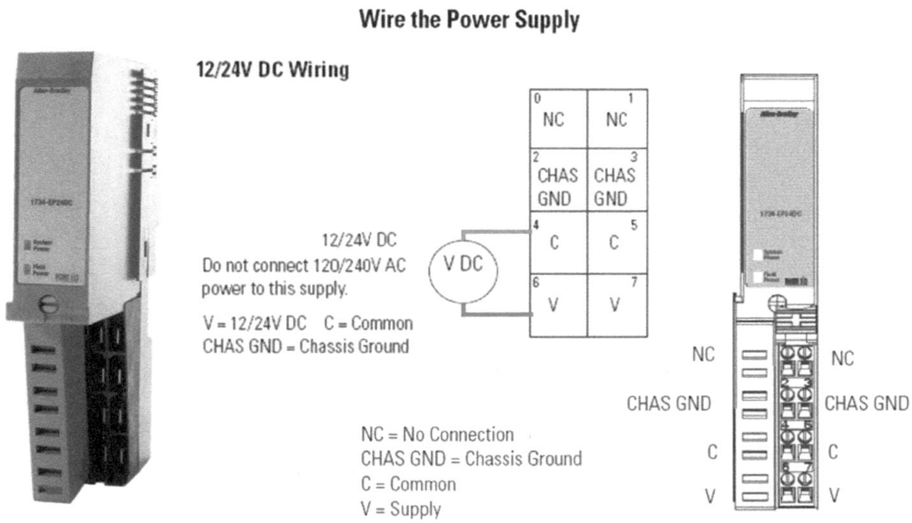

그림 4-5 POINT I/O 24 V DC Expansion Power Supply

5) POINT Module

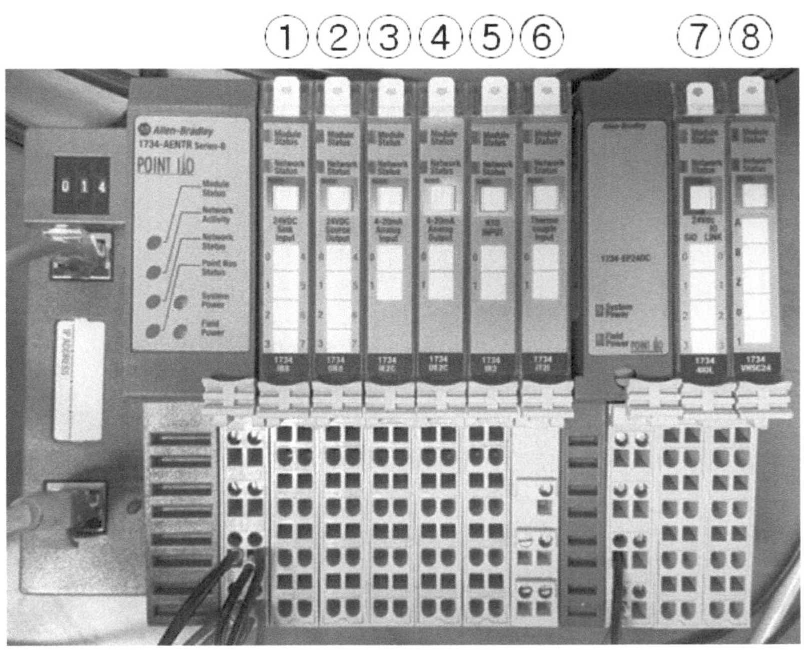

그림 4-6 POINT Module

(2) 전원 연결 구성도

VDC+ 및 VDC- 단자로 연결된 단자는 컨트롤러의 내장 I/O 모듈 또는 로컬 확장 모듈에 연결된 입력 또는 출력 장치에 전원을 공급하지 않는다. 사용자는 FP+ 및 FP- 단자에 전원을 연결해서 컨트롤러의 내장 I/O 모듈 또는 로컬 확장 모듈에 연결된 입력 또는 출력 장치에 전원을 공급해야 한다.

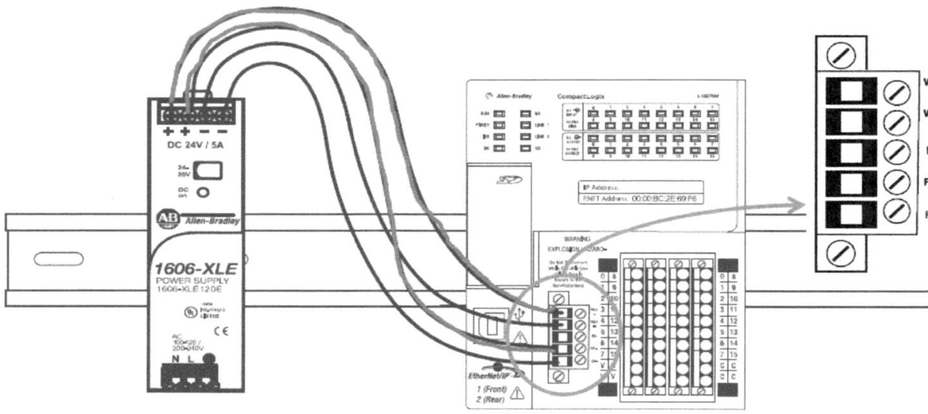

그림 4-7 전원공급모듈 - PAC 결선

실제 구성도에 따른 결선은 아래의 그림과 같다.

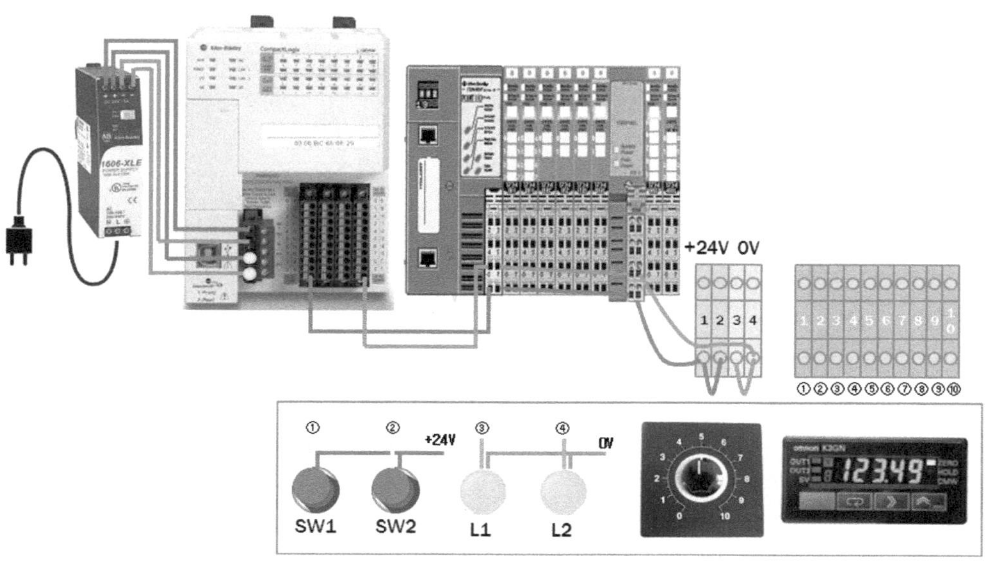

그림 4-8 실제 구성도에 따른 전원 결선

4.1.2 모터 회로 구성도

릴레이를 이용한 모터 정역 제어 시뮬레이션 회로도는 아래의 그림을 참고한다.

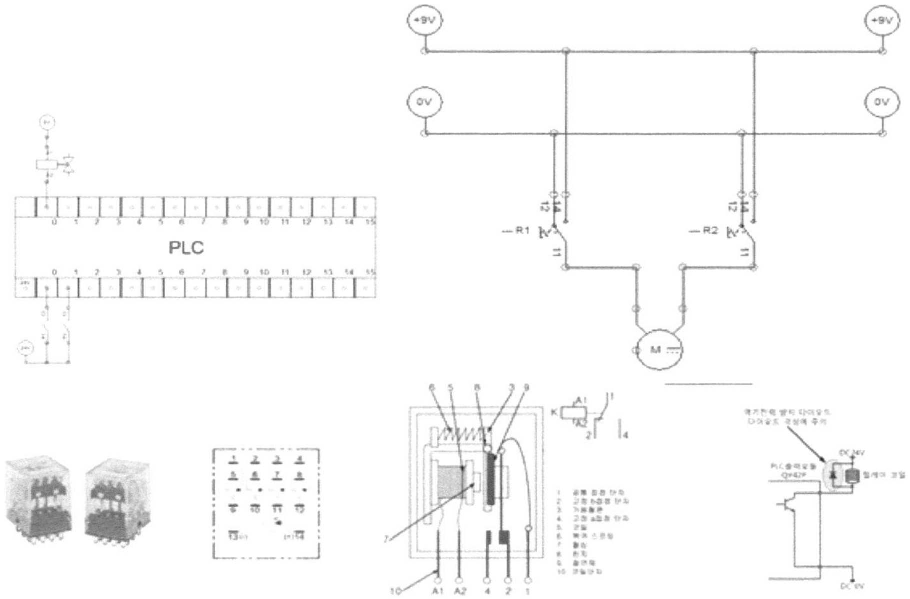

그림 4-9 모터 회로 구성도

로봇 제어를 위한 실제 전원 결선은 아래의 그림과 같다.

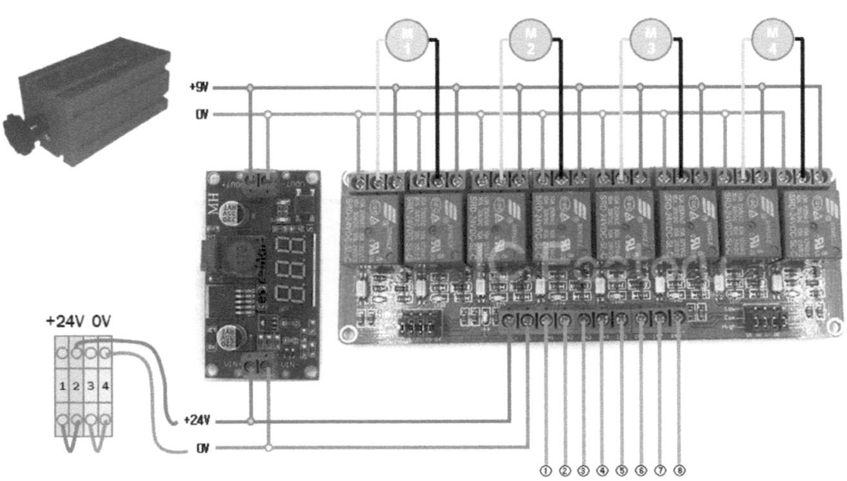

그림 4-10 로봇 제어를 위한 모터 결선도

4.1.3 기본 회로 구성도

기본 램프 점등 회로 구성도는 아래의 그림을 참고한다.

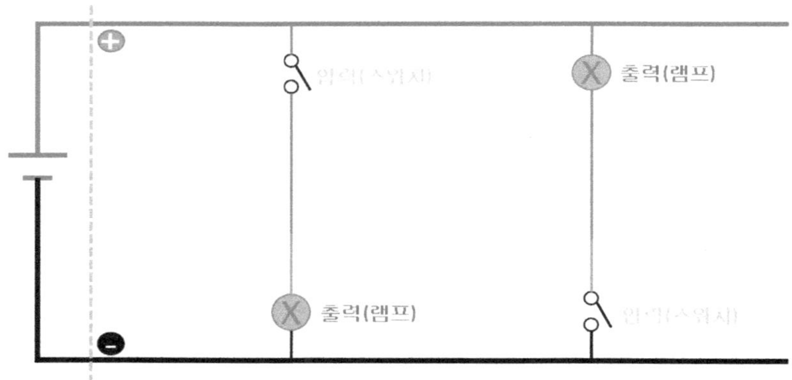

그림 4-11 손전등 회로 구성도

입출력 모듈의 회로 구성도는 아래의 그림과 같다.

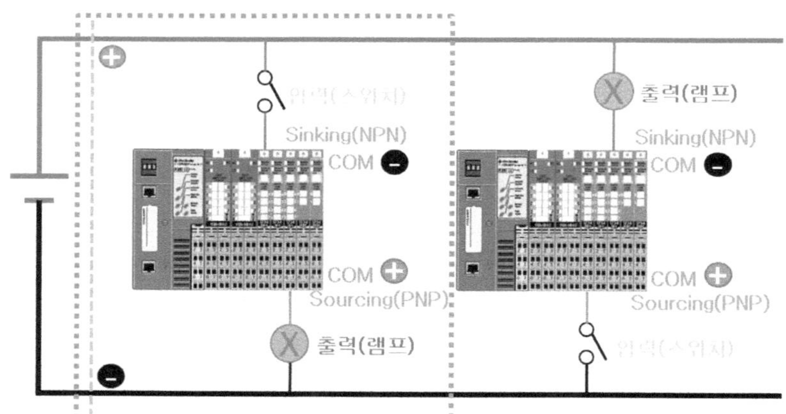

그림 4-12 입출력 회로 결선도

(1) 전원입력

1) CompactLogix 5370 L1 컨트롤러 전원부

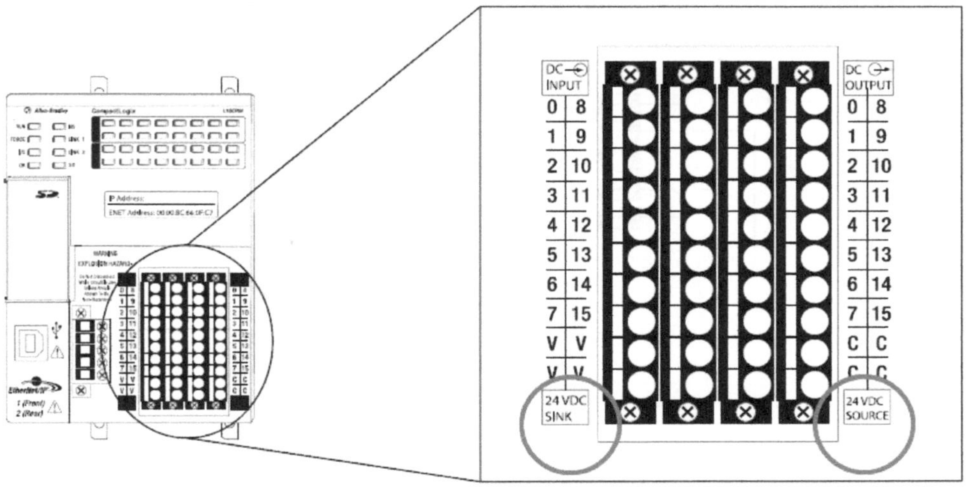

2) 입력 장치가 외부 전원 공급 장치로부터 전기를 공급받는 2선식 입력 배선도

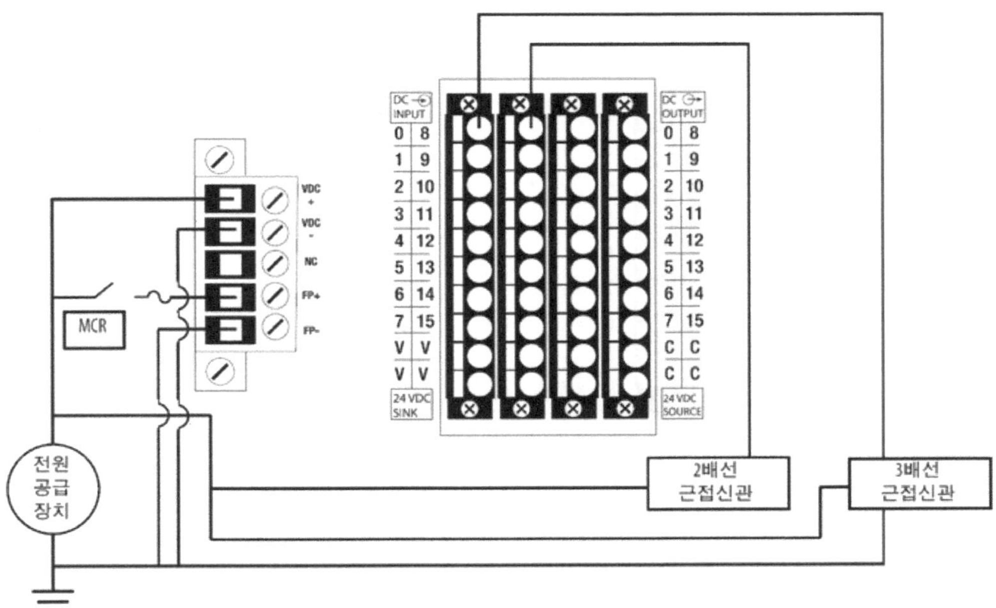

3) 입력 장치가 내장 I/O 모듈의 V 단자를 통해 전기를 공급받는 3선식 입력 배선도

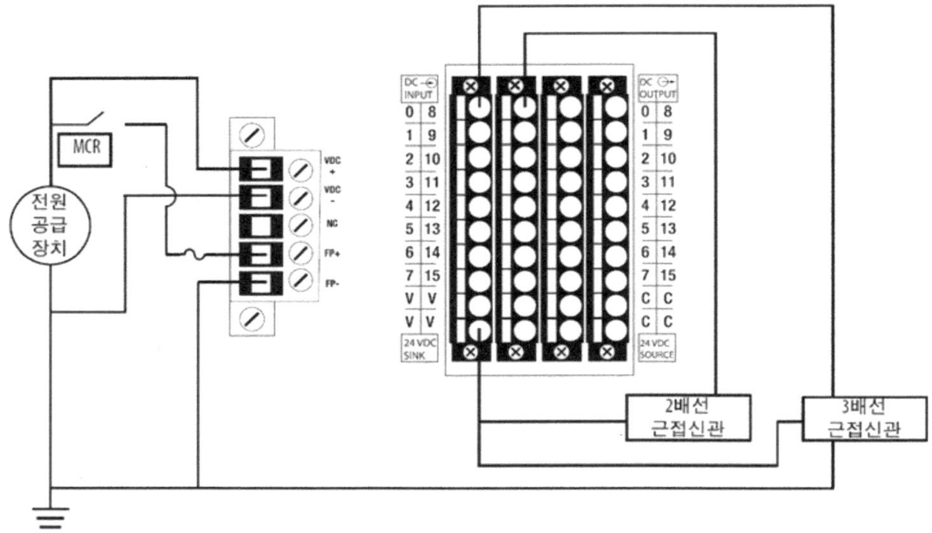

4) 내장 디지털 출력 포인트 배선 다이어그램

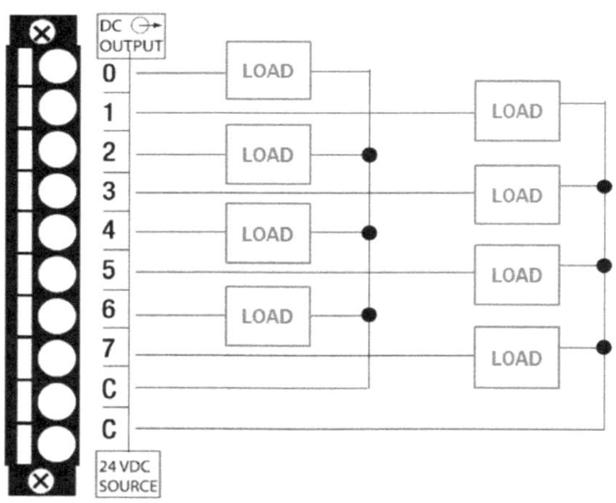

(2) Point I/O를 이용한 실제 결선도

1) 입력

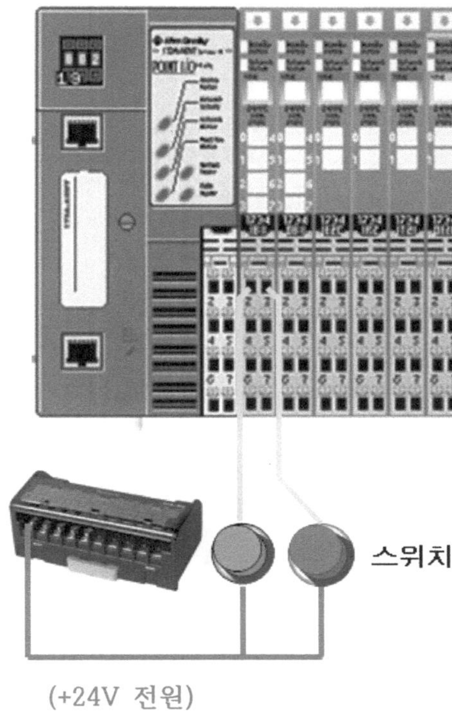

Sink Input

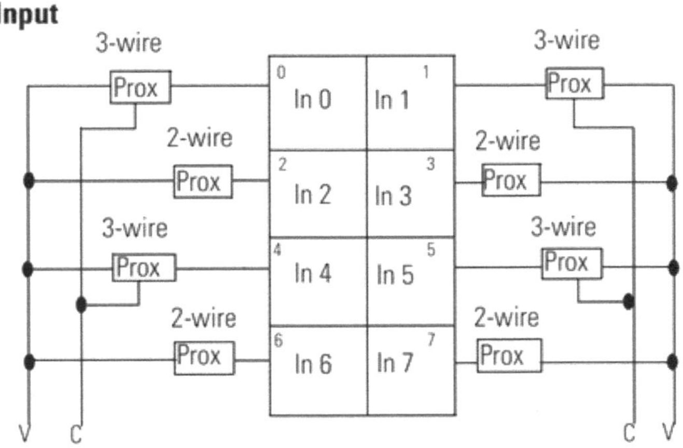

V = 12/24V DC
C = Common

2) 출력

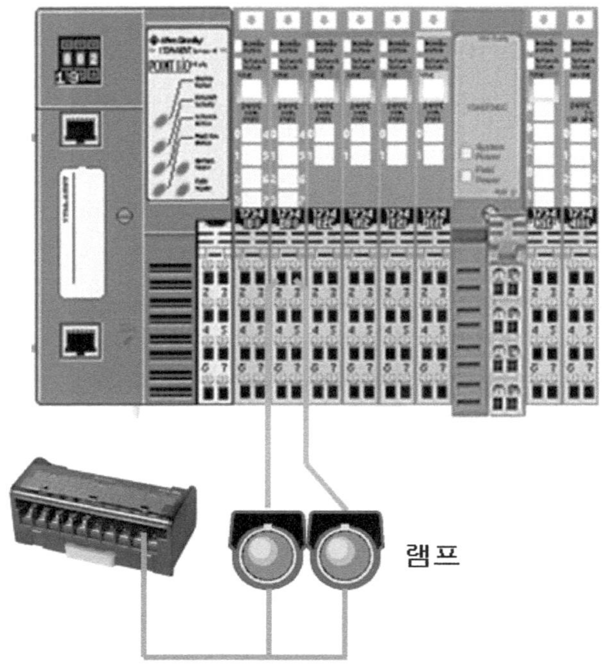

램프

(0 V 전원)

Source Output

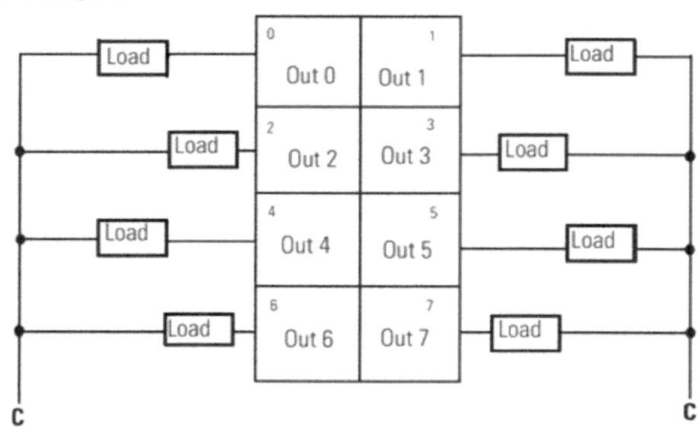

C = Common

Chap 5.

네트워크 설정 및 입출력 구성

5.1 하드웨어 구성

5.1 하드웨어 구성

5.1.1 실제 구성도

(1) 구성도

장비 구성은 아래의 그림과 같다.

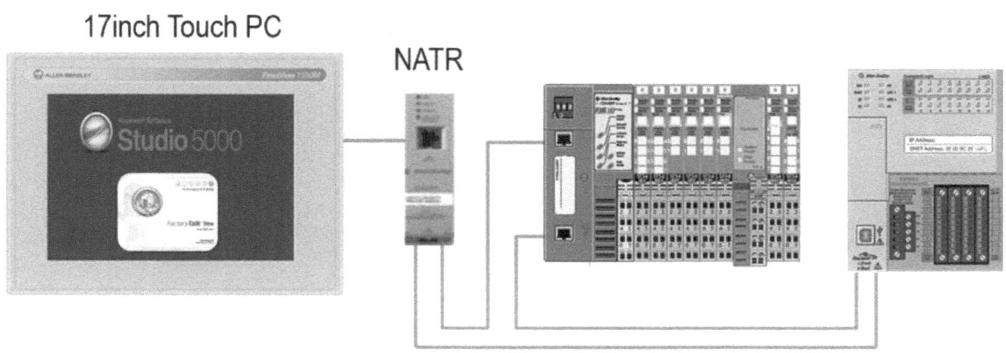

그림 5-1 장비 구성도

(2) 네트워크 설정 및 상태 확인

터치 판넬 PC와 PAC 네트워크 연결 부분은 아래의 그림을 참고하여 케이블을 이용해 연결한다.

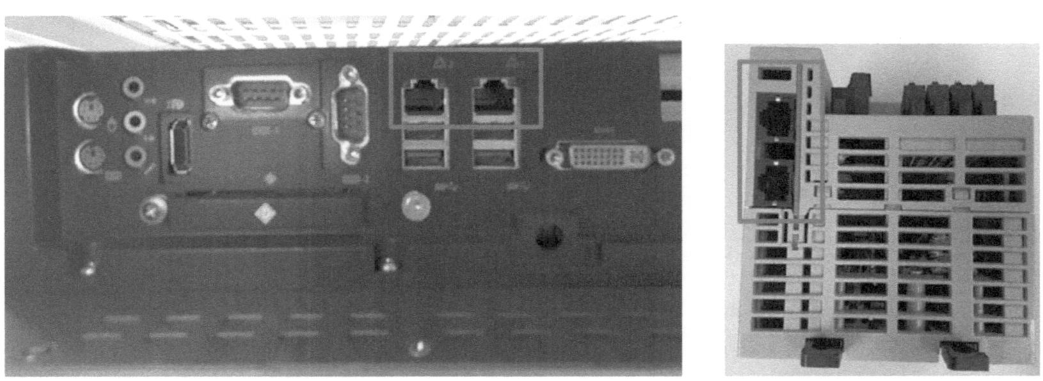

그림 5-2 터치 판넬 PC와 PAC 네트워크 연결

1) 네트워크 설정

- [시작] - [제어판]을 실행한다.

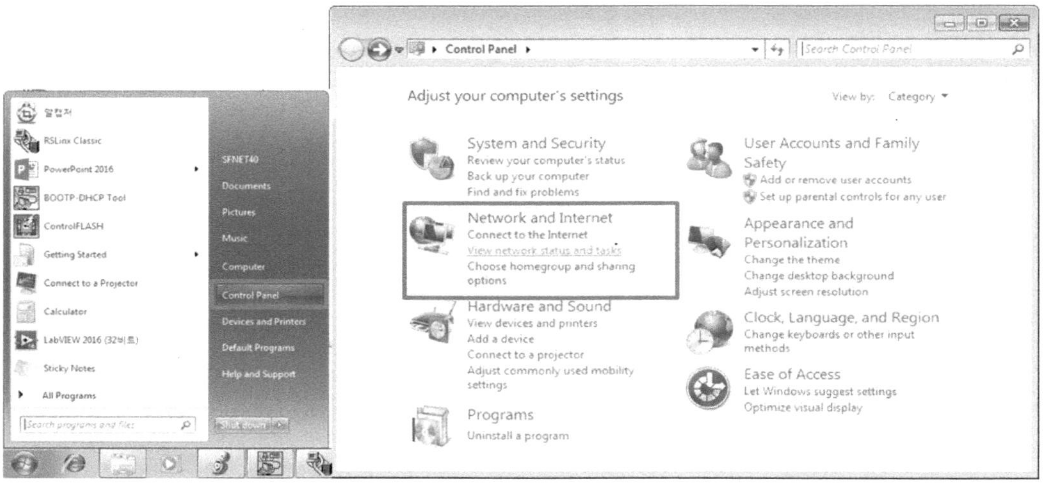

- [어댑터 변경 설정]을 클릭한다.

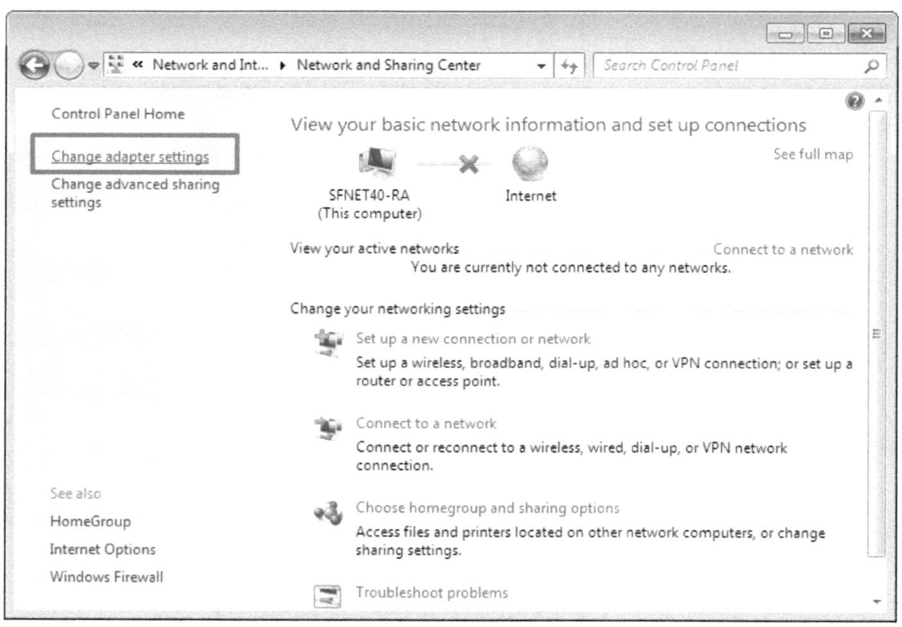

- 네트워크 연결 상태 확인 후 [로컬 영역 연결]을 클릭한다.

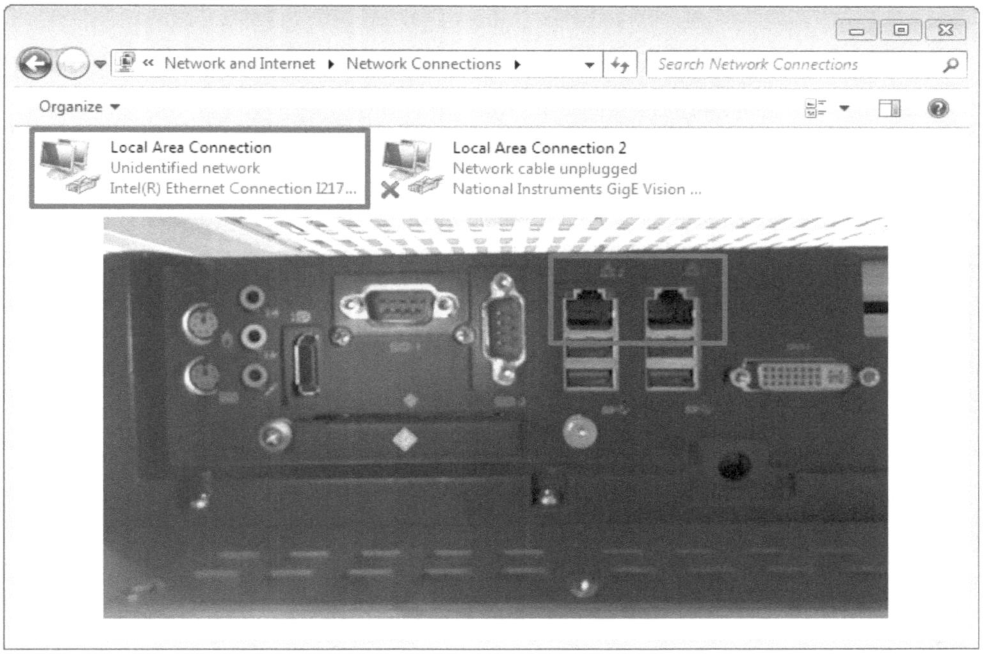

- 로컬 영역 연결 속성 변경한다.
- [인터넷 프로토콜 버전 4]를 선택한 후 IP어드레스와 서브넷 마스크를 입력한다.

인터넷 네트워크를 사용하기 위한 정보 등록

PC1 : 192.168.1.11

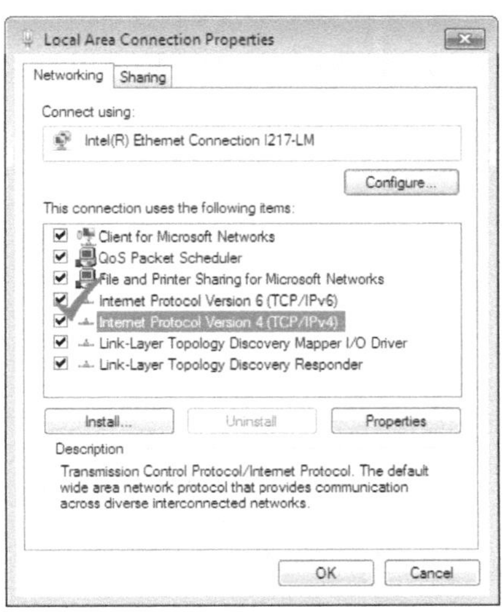

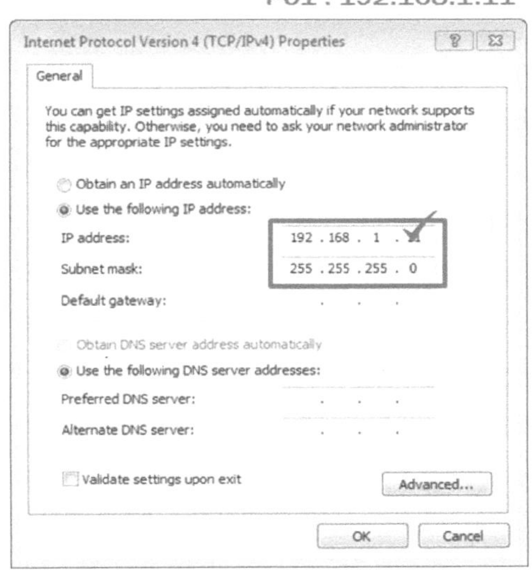

- 조별로 구성된 장치별 IP 어드레스를 확인하여 입력한다.

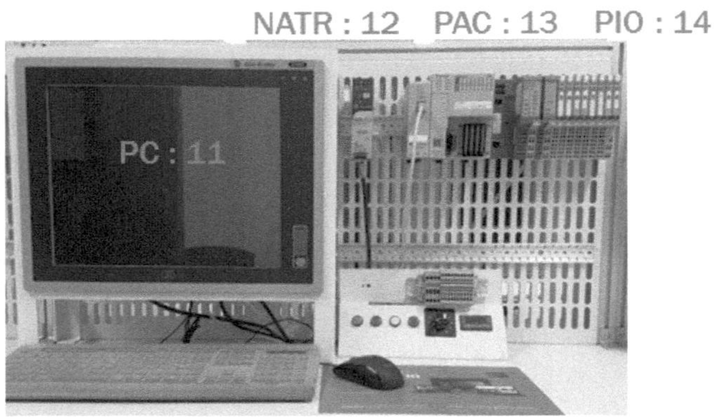

6조	5조
160	130
170	140
180	150

4조	3조
100	70
110	80
120	90

2조	1조
40	10
50	20
60	30

10

PC : 192.168.1.11
NATR : 192.168.1.12
PAC : 192.168.1.13
P/IO : 192.168.1.14

PC : 192.168.1.15
NATR : 192.168.1.16
PAC : 192.168.1.17
P/IO : 192.168.1.18

5.1.2 네트워크 용어

(1) IP 주소 (IP Address)

- 글로벌한 인터넷상에서 네트워크에 연결되어 있는 특정 디바이스의 인터페이스에 대한 유일한 식별자(identifier)
- 디바이스의 위치를 나타내는 식별자(locator) 역할을 하는 주소. 송수신 IP 데이터 그램의 헤드 부분에 지정
- IP 버전 4(IPv4)에서는 32비트로 구성
- IP 버전 6(IPv6)에서는 128비트로 구성
- IPv4에서 주소는 32비트의 2진수 형태이며, 0~255 범위의 4개의 숫자와 마침표로도 표기 예) 211.244. 110.000

전 세계 IP 주소는 미국의 Inter NIC이 총괄 관리하고, 우리나라는 한국 인터넷 정보 센터(KRNIC)가 Inter NIC으로부터 주소를 할당받아 관리하고 있다.

IPv4의 주소는 네트워크 설계 시 융통성을 부여하기 위해 네트워크 주소와 네트워크 내의 주 컴퓨터 주소로 나누어지며, 주 주소의 길이에 따라 클래스 A, B, C의 3종류로 나누어진다.

IPv6는 IPv4 주소의 부족과 기능 및 성능을 개선한 차세대 IP 주소 규격이다.

(2) 맥어드레스 (MAC Address)

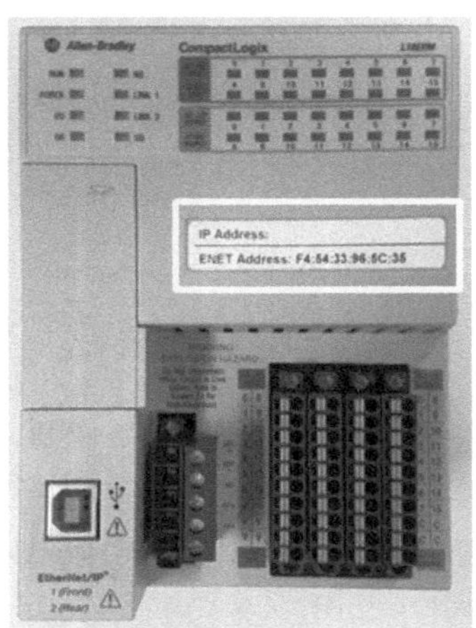

그림 5-3 예) F4:54:33:95:F5:FC

- 통신을 위해 랜카드 등에 부여된 일종의 주소다.
- MAC는 미디어 액세스 컨트롤(media access control)의 약자다.
- 랜카드와 모뎀, 스마트폰 등 네트워크에 사용되는 모든 장비에 존재하는 고유 번호로 12자리의 16진수로 표시한다.
- 스마트폰에서 위치정보를 전송할 때는 위도·경도와 함께 맥 어드레스를 함께 보낸다. IP와 달리 부품을 교체하지 않는 한 바뀌지 않는다.

(3) 서브넷 마스크 (Subnet Mask)

할당받은 IP 주소의 호스트와 네트워크 부분을 구분지어줄때 쓰이는 식별 방법

서버넷 마스크를 사용하는 이유

브로드캐스트 영역(네트워크)을 나누어 주기 위함이다. 한 네트워크에 수많은 호스트가 있을 경우 원활한 통신이 불가능해진다. 이를 해결하기 위해서는 네트워크를 적절하게 나누어주어야 한다.

또한 네트워크를 적절하게 구분지어 IP 주소를 아끼는 효과가 있다.

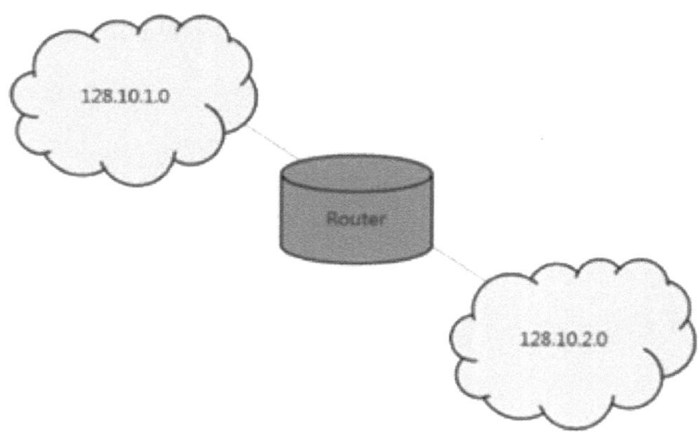

128로 시작하는 IP 주소는 B 클래스로서 디폴트 서브넷 마스크는 [255.255.0.0]이다. 그러므로 [128.10] 까지가 네트워크 부분이고 [1.0] 까지가 호스트 부분이다. 한마디로 네트워크 대역이 같은 IP 주소끼리는 라우터가 없어도 통신이 가능하다.

그러나 그림에서 알 수 있듯이 [128.10.1.0]과 [128.10.2.0]은 라우터를 통해서 통신을 하고 있다. 다시 말해 두 IP는 서로 다른 네트워크 대역을 가지고 있다. 이렇게 두개의 IP가 서로 다른 네트워크 대역을 가지고 있다는 것을 알려주기 위해서 서브넷 마스크를 사용하는 것이다.

따라서 양측 네트워크의 디폴트 마스크인 [255.255.0.0]을 [255.255.255.0]으로 변경하면 각각의 네트워크 대역이 [128.10.1]과 [128.10.2]로 구분되어 된다.

(4) 게이트웨이 (Gateway)

복수의 컴퓨터와 근거리 통신망(LAN ; local area network) 등을 상호 접속할 때 컴퓨터와 공중 통신망, LAN과 공중 통신망 등을 접속하는 장치를 가리킨다.

실제로는 미니컴퓨터 등이 사용되고 있으며, 게이트웨이 프로세서(gateway processor)라고도 불린다.

일반적으로 컴퓨터와 단말기를 공중 통신망을 경유하여 접속할 경우에는 게이트웨이로서는 대규모 장치를 필요로 하지 않는다.

그러나 네트워크 간 통신을 행할 때에는 통신 속도의 제어, 트래픽 제어, 네트워크 사이에서의 컴퓨터 어드레스의 변환 등 복잡한 처리를 행하기 때문에 게이트웨이 프로세서로서는 적지 않게 미니컴퓨터 정도의 능력을 갖는 장치가 필요하게 된다.

요즘은 원래의 정의 대신에 「라우터(router)」라는 용어가 대신 사용된다.

게이트웨이는 자체 프로세서와 메모리를 가지고 있으며, 프로토콜 변환이나 대역폭 변환을 한다.

일반적으로 게이트웨이는 근거리 통신망 프로토콜이 하나 이상 설치되어 있는 큰 규모의 네트워크에서 볼 수 있는데, 예를 들어 키네틱 사의 패스트패스(fastpath)라는 애플토크(AppleTalk)와 이더넷(Ethernet) 네트워크를 연결할 수 있다.

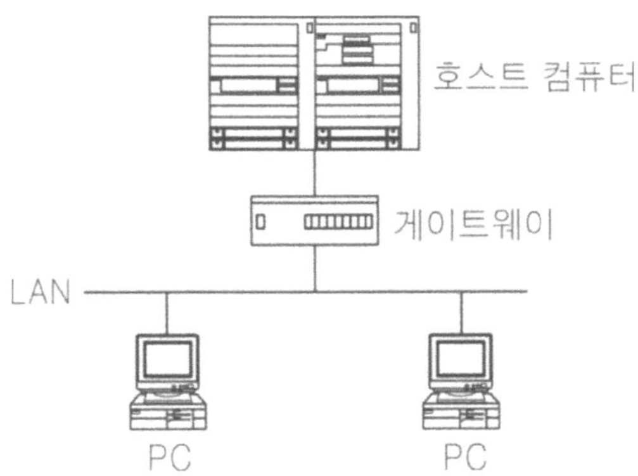

(5) DNS 서버 (Domain Name System server)

도메인 이름에서 IP 주소를 추출하는 역할을 하는 서버이다.

DNS 서버는 분산형 데이터베이스로, 어떤 DNS 서버에서 IP 주소를 알지 못하면 상위의 DNS 서버를 검색하게 된다.

인터넷을 경유하여 메일을 주고받기 위해서는 메일 서버 이름을 DNS 서버에 등록해야 한다.

인터넷 네트워크를 사용하기 위한 정보 등록

PC1 : 192.168.1.11

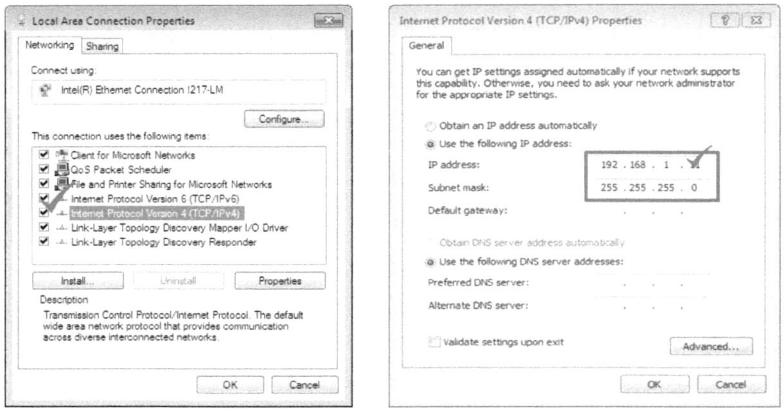

(6) EtherNet/IP 네트워크 통신

TCP/IP, UDP 등 표준 인터넷 프로토콜 위에 공통 산업용 프로토콜(CIP)을 배치해 완전한 제어, 구성 및 데이터 수집 서비스를 제공한다.

- 듀얼 내장 EtherNet/IP 네트워크 포트

다음과 같은 EtherNet/IP 네트워크 토폴로지 지원 :

- DLR (Device Level Ring) 네트워크 토폴로지
- 리니어 네트워크 토폴로지
- 스타 네트워크 토폴로지
- EtherNet/IP 네트워크를 통한 통합 모션 지원
- EtherNet/IP 애플리케이션 프로토콜을 지원하지 않는 Ethernet 장비와 통신하기 위한 소켓 인터페이스
- DLR (Device Level Ring) 네트워크 토폴로지 EtherNet/IP 네트워크 통신
- 자동 장비의 상호 연결을 위해 설계된 단일 fault tolerant 링 네트워크

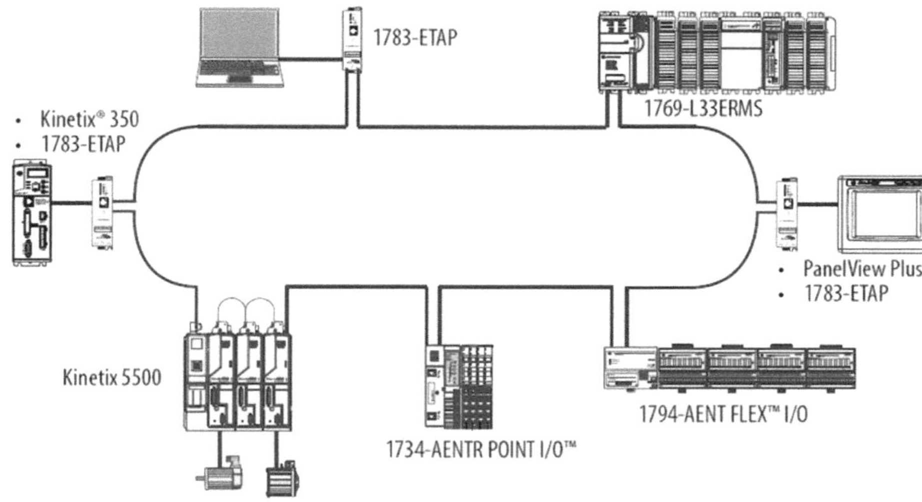

리니어 네트워크 토폴로지 EtherNet/IP 네트워크 통신

- EtherNet/IP 네트워크에서 데이지 체인된 장비의 집합

리니어 네트워크 토폴로지에 연결할 수 있는 장비는 임베디드 스위치 기술을 이용하기 때문에 스타 네트워크 토폴로지에서처럼 별도의 스위치가 필요하지 않다.

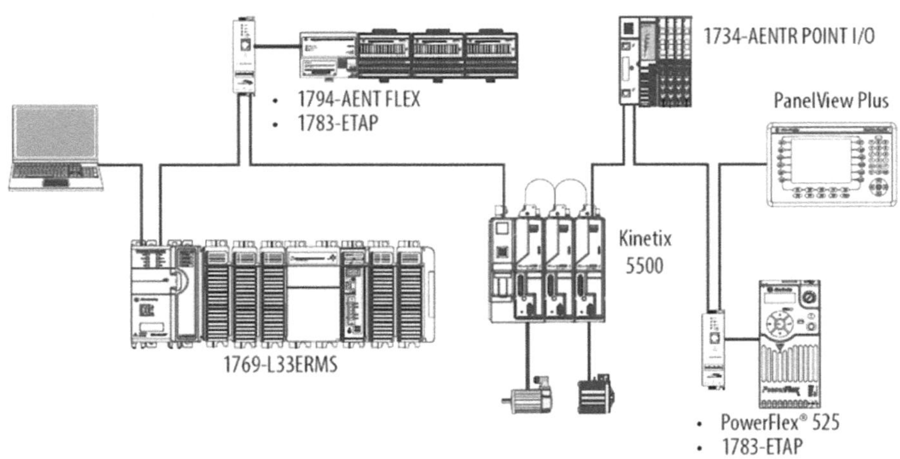

스타 네트워크 토폴로지 EtherNet/IP 네트워크 통신

- Ethernet 스위치를 통해 서로 연결된 여러 개의 장비를 포함하는 전통적인 EtherNet/IP 네트워크 방식

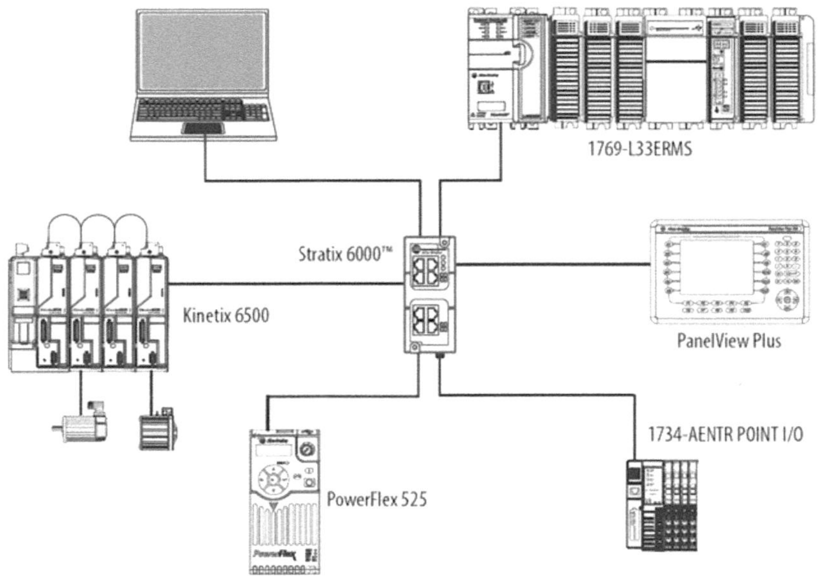

(7) USB 케이블을 통해 컨트롤러에 연결

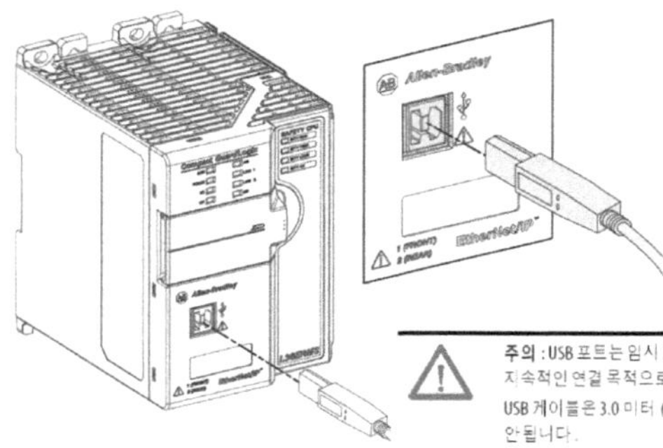

주의 : USB 포트는 임시 로컬 프로그래밍용으로만 사용해야 하고, 지속적인 연결 목적으로 사용하면 안 됩니다.
USB 케이블은 3.0 미터 (9.84 피트)를 넘으면 안 되고, 허브가 있으면 안 됩니다.

1) RSLinx 연결 상태 확인

- RSLinx Classic 아이콘을 실행한다.
- 항목에 [USB] 메뉴가 나타나면 정상적으로 연결이 되었음을 알 수 있다.

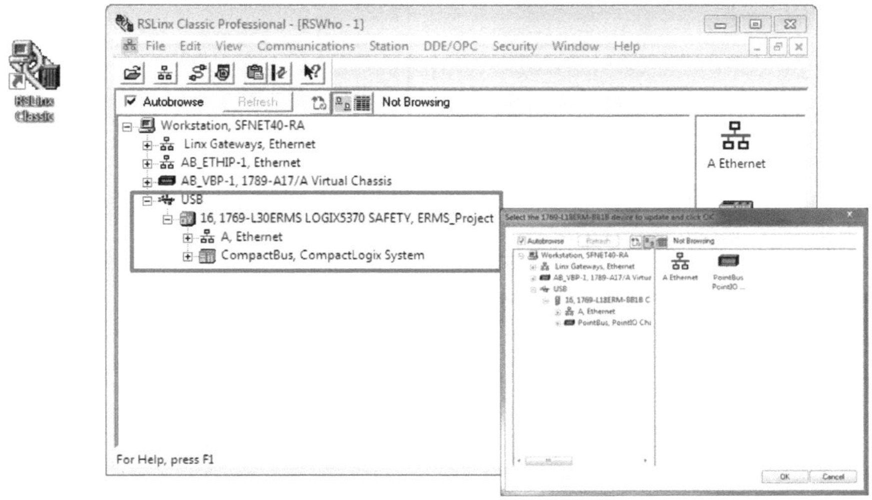

- 마우스 오른쪽을 클릭 후 [Module Configuration]을 클릭한다.

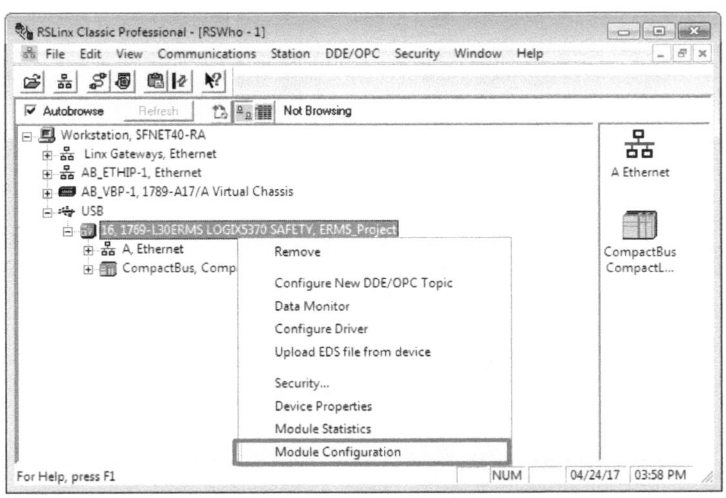

• [General] 항목을 확인 후 [Port Configuration]을 클릭한다.

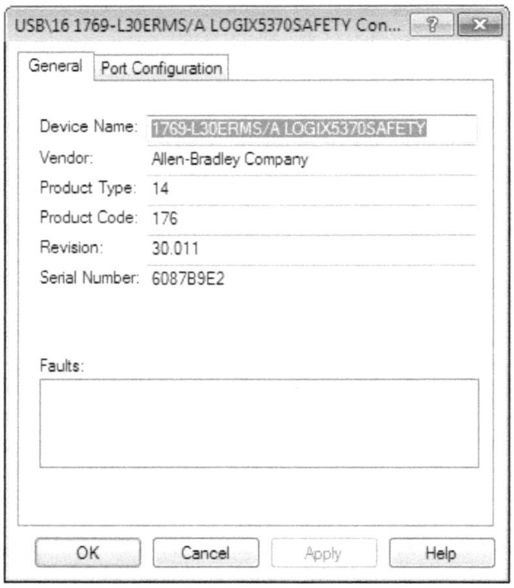

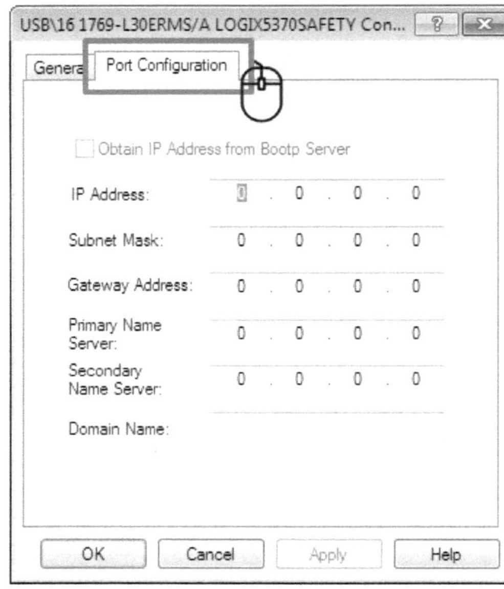

• [Port Configuration] 설정을 한다.
• 설정 내용은 다음을 참고한다.

PAC : 192.168.1.13

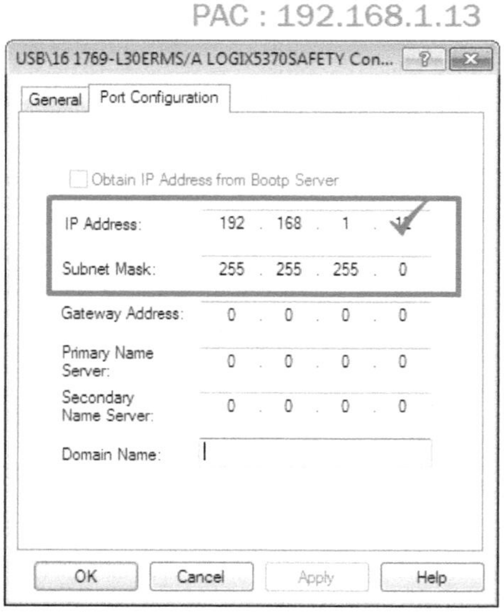

PC : 192.168.1.11
NATR : 192.168.1.12
PAC : 192.168.1.13
P/IO : 192.168.1.14

PC : 192.168.1.15
NATR : 192.168.1.16
PAC : 192.168.1.17
P/IO : 192.168.1.18

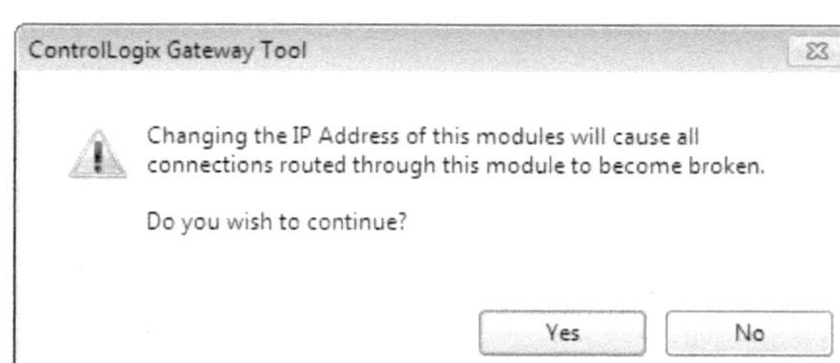

2) EtherNet/IP 네트워크에 컨트롤러 연결

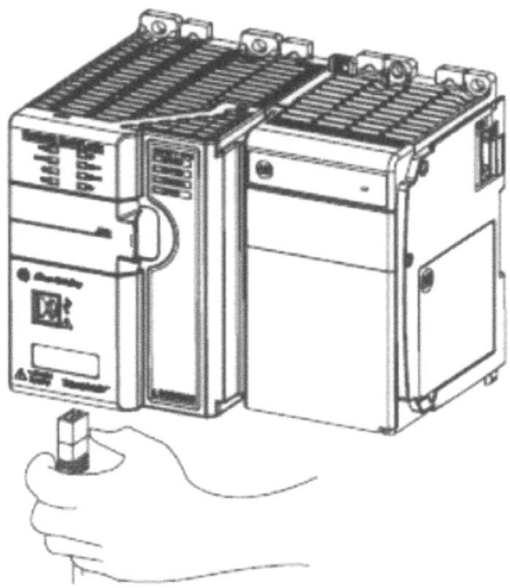

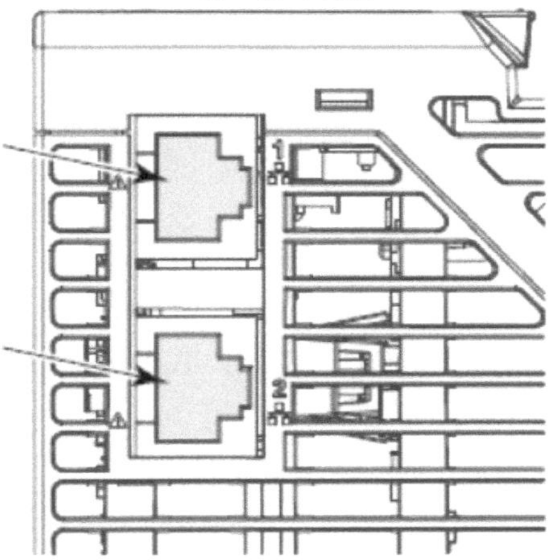

- DLR(Device Level Ring) 네트워크 토폴로지 - 컨트롤러의 포트 2개가 모두 연결 설정 방법에 관한 요건이 있는 네트워크에 연결된다.
- 리니어 네트워크 토폴로지 - 컨트롤러의 포트 2개가 모두 연결 설정 방법에 관한 요건이 있는 네트워크에 연결된다.
- 스타 네트워크 토폴로지 - 컨트롤러의 포트 1개가 네트워크에 연결된다.

컨트롤러 설정

- IP 주소 설정
- IP 주소 변경
- 컨트롤러 펌웨어 로드
- 컨트롤러의 작동 모드 선택

태스크를 완료하려면 컴퓨터에 다음과 같은 소프트웨어가 설치되어야 한다.

- RSLinx® Classic
- Studio 5000® 환경
- BOOTP-DHCP 서버 (RSLinx Classic 과 함께 설치)
- ControlFLASH□(Studio 5000 환경과 함께 설치)

5.1.3 BOOTP / DHCP Tool을 이용한 IP 설정

Bootstrap Protocol (BOOTP) server

Dynamic Host Configuration Protocol (DHCP) server

PAC가 DHCP서버가 알려준 네트워크 정보를 이용하여 자동으로 IP 설정을 하는 방법을 동적 IP 설정이라고 한다.

- BOOTP -DHCP TOOL을 실행한다.
- BOOTP -DHCP TOOL을 실행시 다음과 같은 창이 나타나면 접근을 허락 후 진행한다.

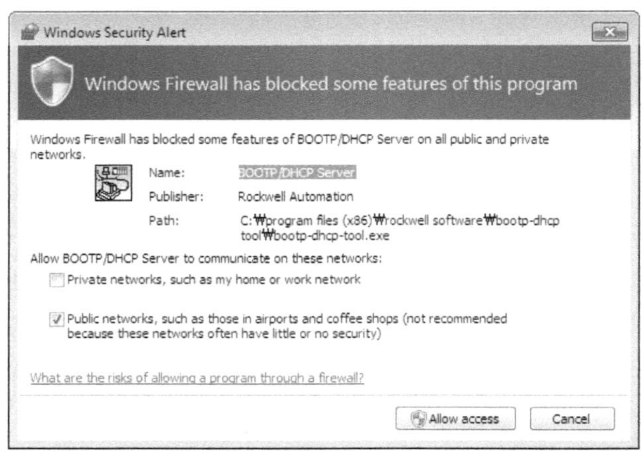

- [I accept the agreement]를 클릭하고 [ENTER]를 클릭한다.

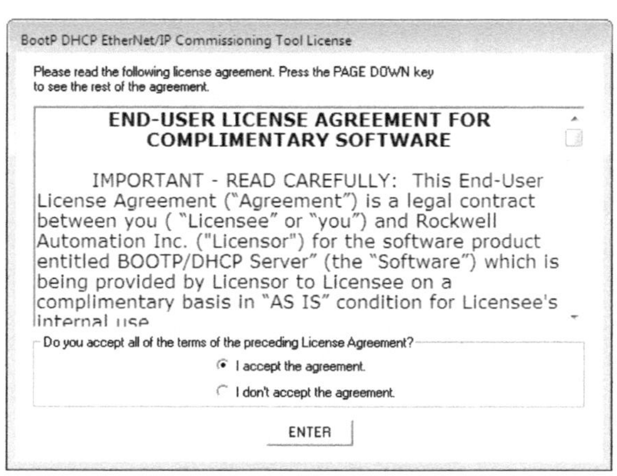

- 다음과 같은 창이 나타난 뒤 [Network Settings]를 아래의 그림을 보고 참고하여 진행한다.

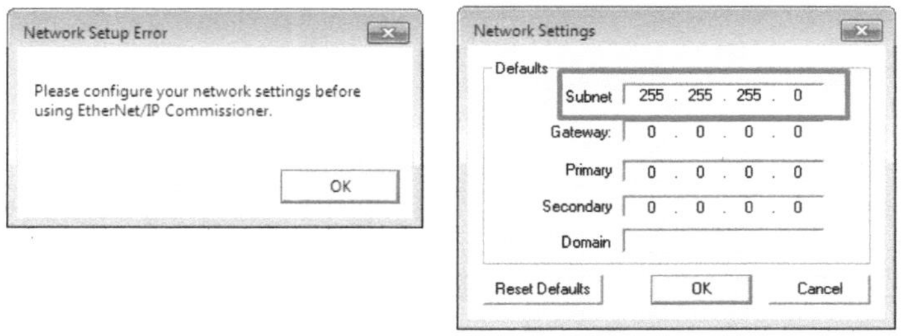

- 연결된 PAC의 주소를 확인한다.

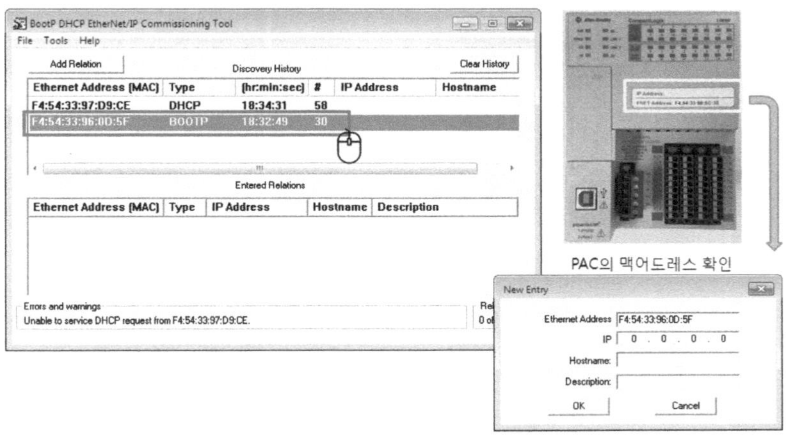

- PAC의 맥 어드레스 확인과 장비의 IP 어드레스를 세팅한다.

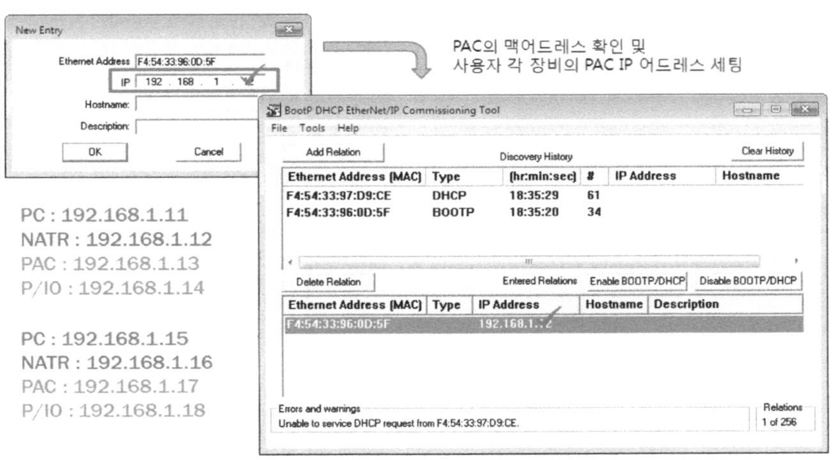

• IP 어드레스가 PAC에 적용된 것을 확인할 수 있다.

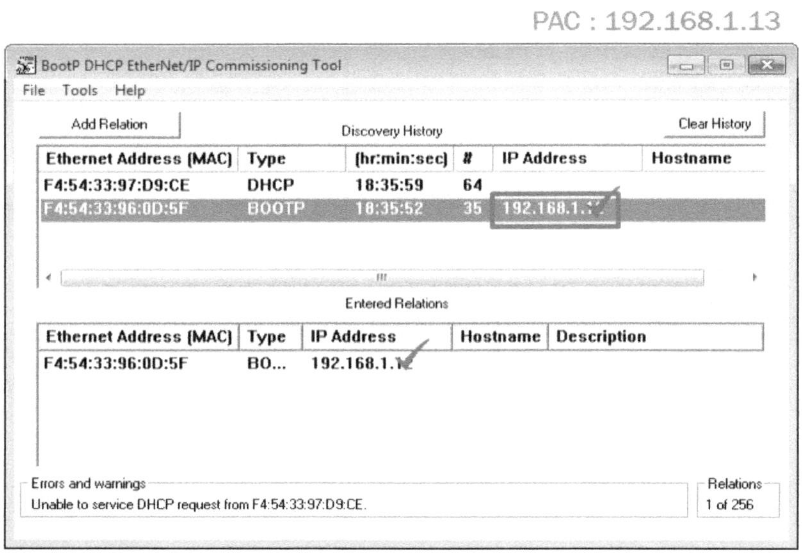

• 아래의 그림을 참고하여 다음을 진행한다.

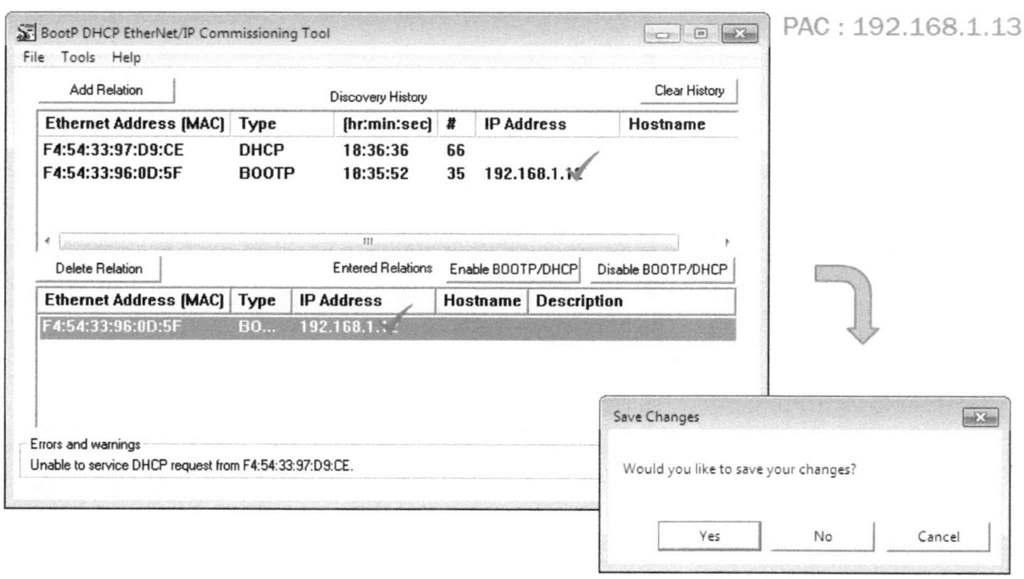

- cmd를 이용한 IP 주소 조회 및 ping 테스트를 진행한다.
- [시작] - [cmd] -[ipconfig] - ping 도메인주소(www.google.com)

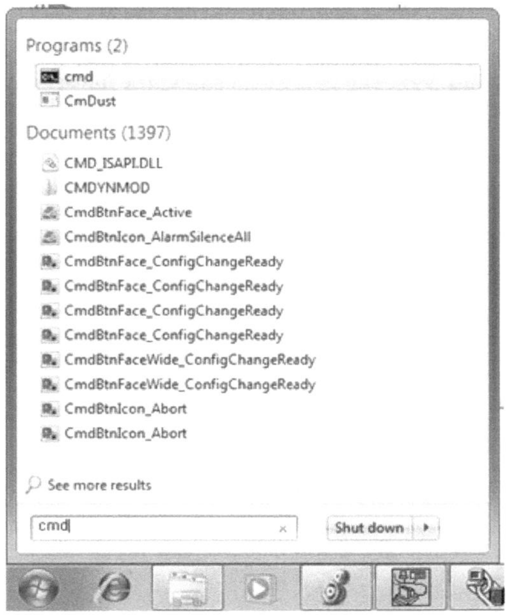

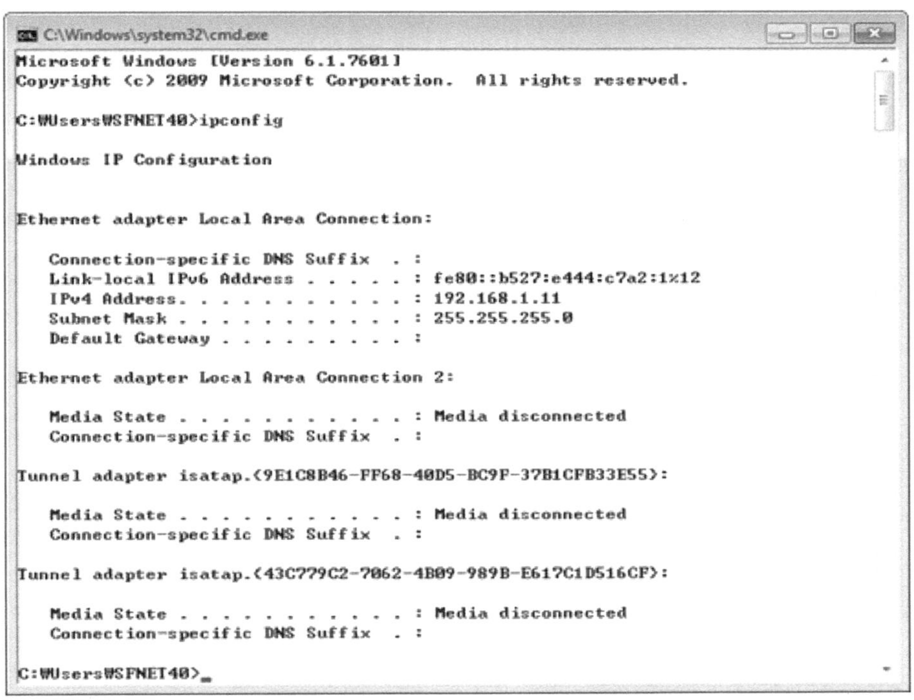

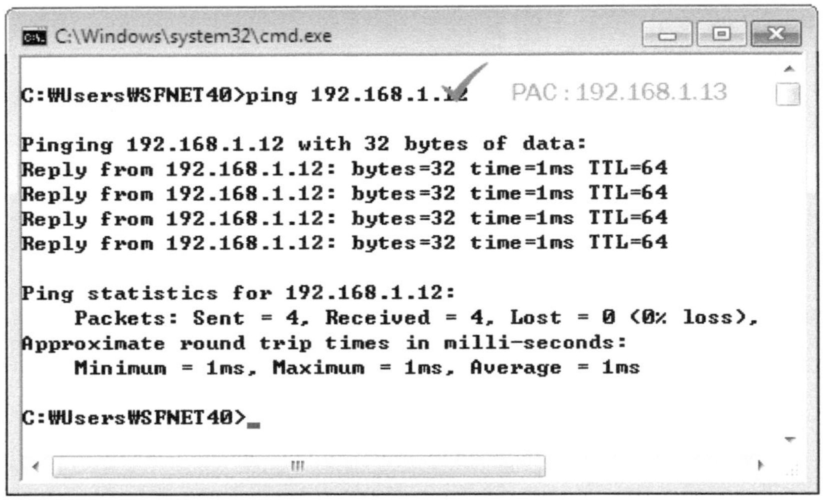

- RSLinx 실행을 실행 후 [RSWho]를 클릭한다.
- [Communications] - [Configure Drivers...]를 클릭한다.

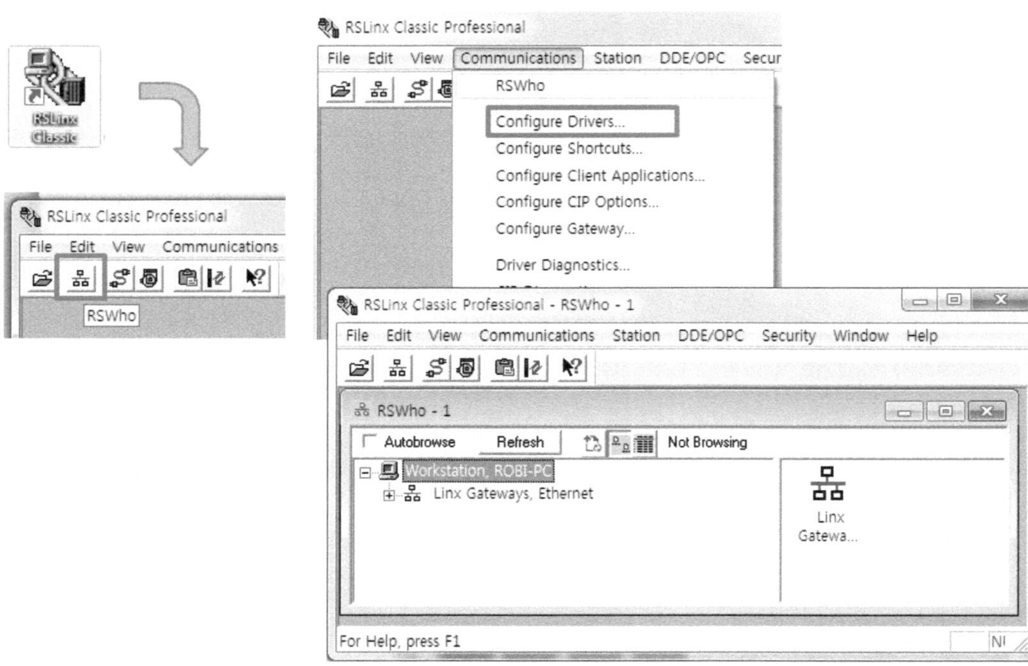

- Logix 프로세스와 통신하는데 사용할 EtherNet/IP 드라이버를 추가한다.
- 상단 도구모음에서 [Configure Drivers]를 실행하거나 메뉴의 [Communications] - [Configure Drives...]를 클릭하여 [Driver Type]을 선택 후 추가를 한다.

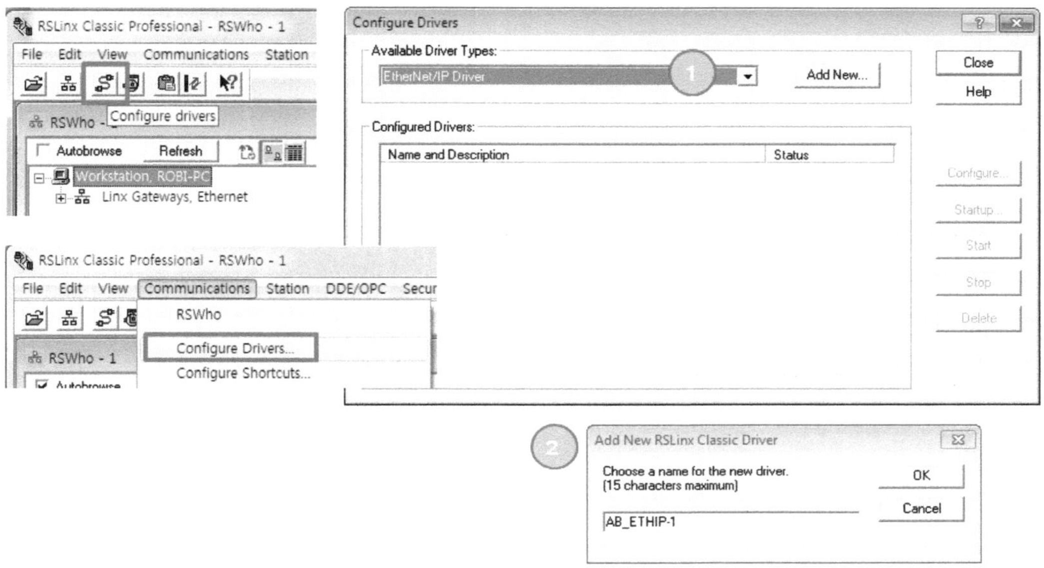

- [EtherNet/IP Settings] 항목에 [Intel(R) Ethernet Connection I217-LM]을 클릭한다.

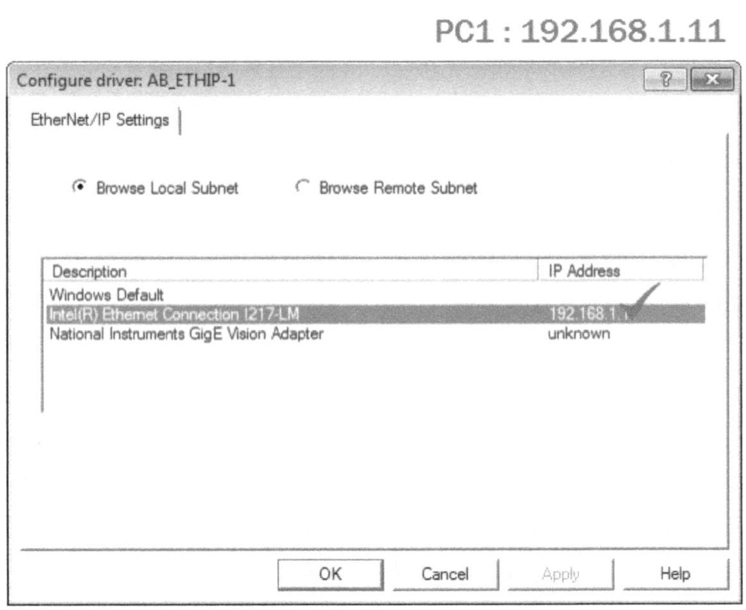

- 아래의 그림을 참고하여 다음을 진행한다.

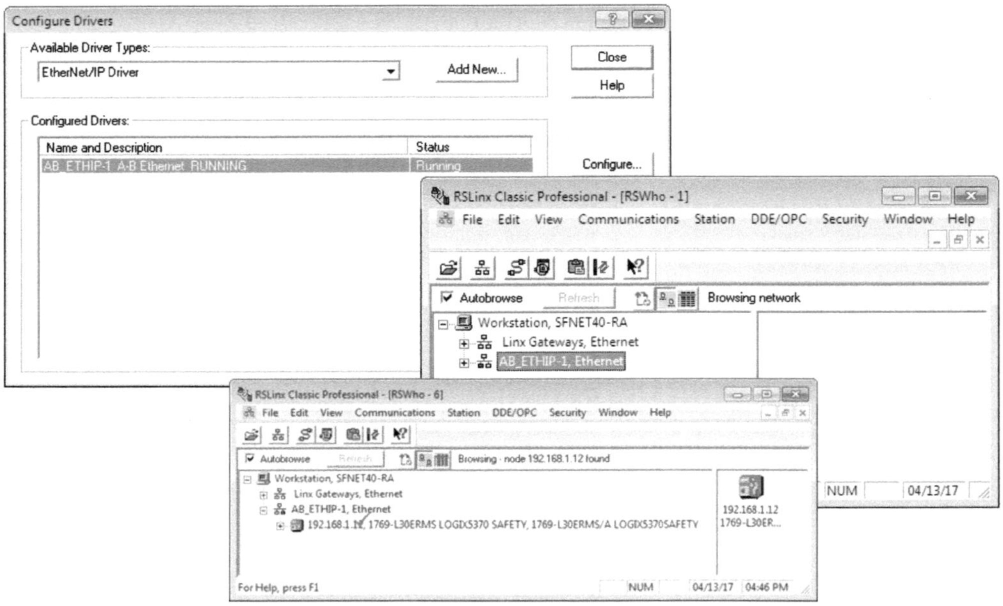

- 항목 선택 후 마우스 오른쪽을 클릭 후 [Configure Driver]를 선택하여 확인한다.

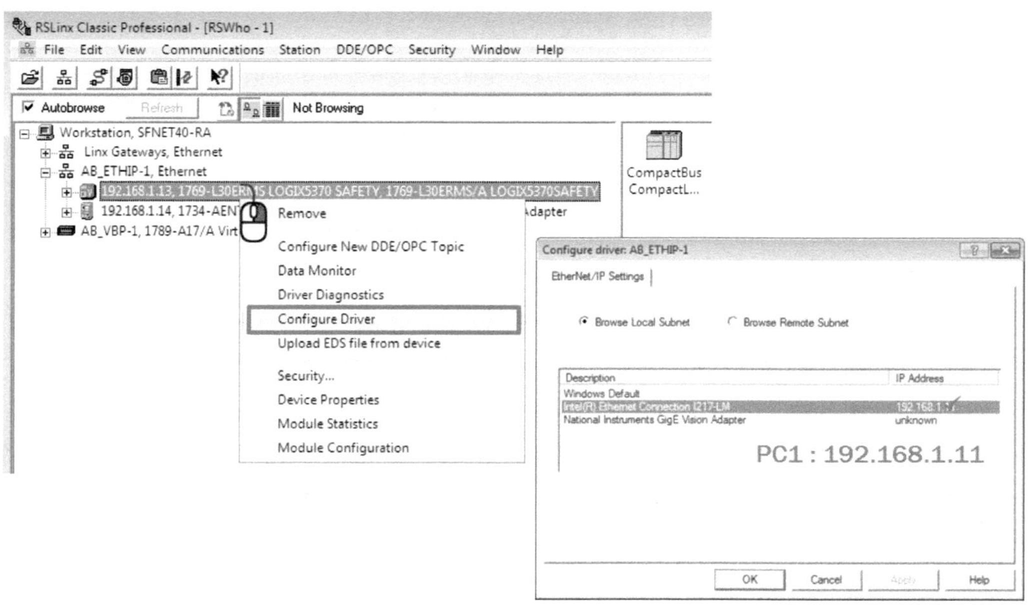

5.1.4 ControlFLASH 소프트웨어를 사용한 펌웨어 로드

- 공장 초기화 되어있는 장치의 펌웨어를 업데이트하기 위해 사용자가 사용하는 툴 버전에 맞도록 최초 한번은 실행해야 한다. 이후 버전 업그레이드 시 아래 동작을 반복하면 된다.
- ControlFLASH를 실행 후 [Next]를 클릭하여 진행한다.

- 사용자가 사용하는 PAC의 Catalog 번호를 확인한 후 선택한다.
- [Enter the catalog number of the target device : 1769-L18ERM-BB1B] 항목을 선택한다.

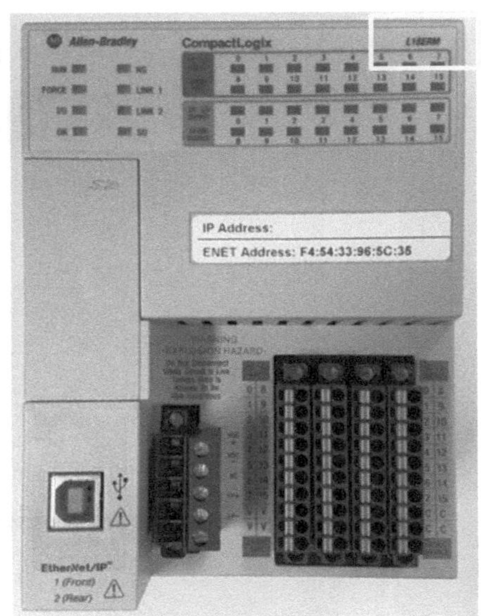

- 컨트롤러를 업데이트하려는 동일한 버전을 선택하고 [Next]를 클릭한다.

- 현재 버전과 새로운 버전이 맞는지 확인한 후 [Finish] 버튼을 클릭한다.

- 선택된 디바이스에 업데이트를 할 것인지 물어보면 [Yes]를 클릭하여 적용한다.

- 이후 펌웨어 업데이트 완료시까지 진행을 하면 된다.

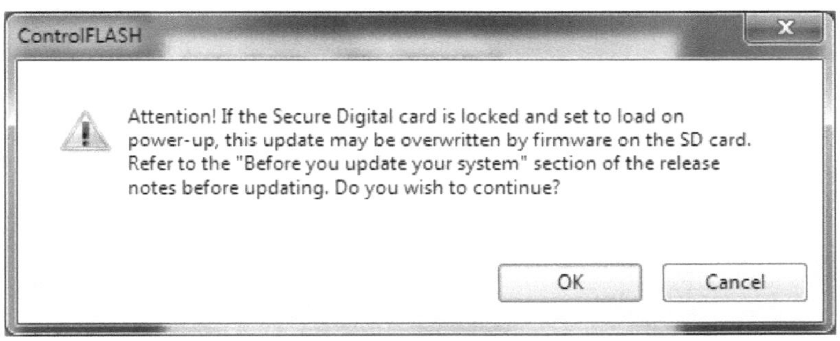

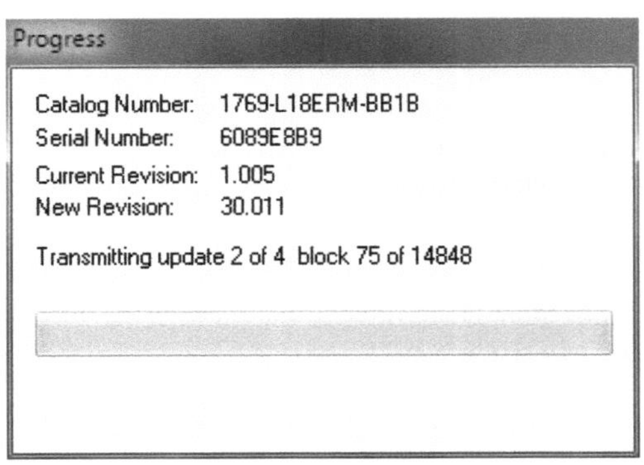

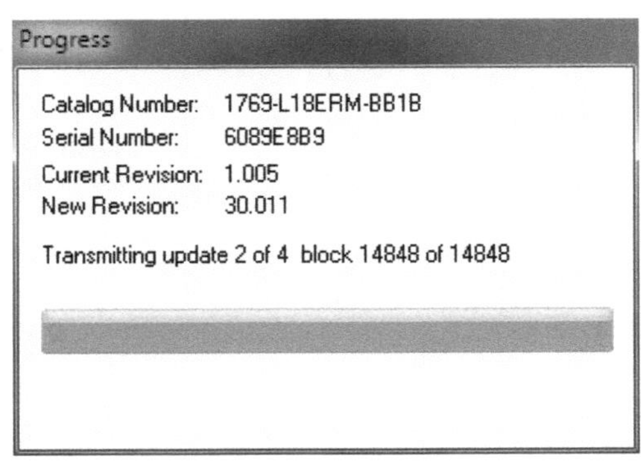

5.1.5 POINT IO 네트워크 설정

- Dynamic Host Configuration Protocol (DHCP) server

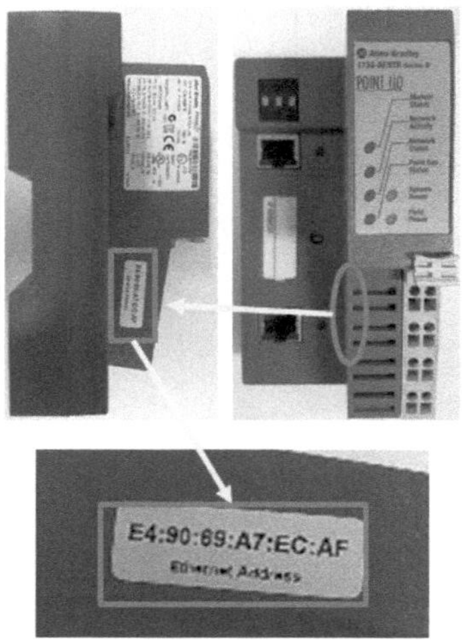

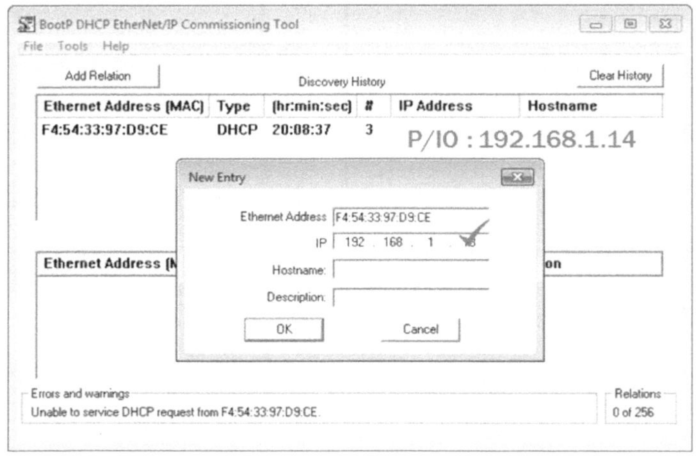

PC : 192.168.1.11
NATR : 192.168.1.12
PAC : 192.168.1.13
P/IO : 192.168.1.14

PC : 192.168.1.15
NATR : 192.168.1.16
PAC : 192.168.1.17
P/IO : 192.168.1.18

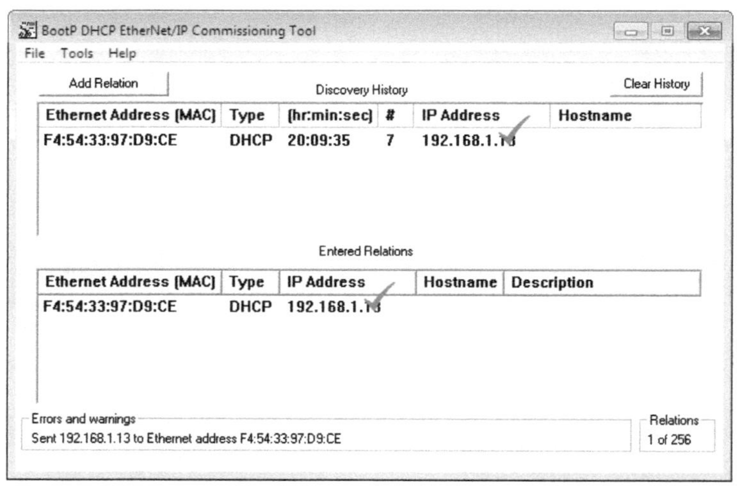

기존 IP 정보 - 공장초기화 및 새 IP 지정

- Digital Switch를 888로 설정하고 리부팅을 하면 공장초기화가 된다.
- 리부팅 후 다시 Digital Switch를 999로 설정하고 리부팅하면 새 IP 지정이 가능하다.

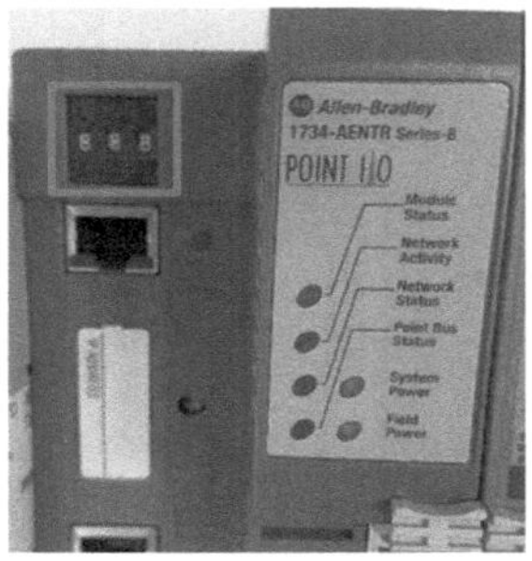 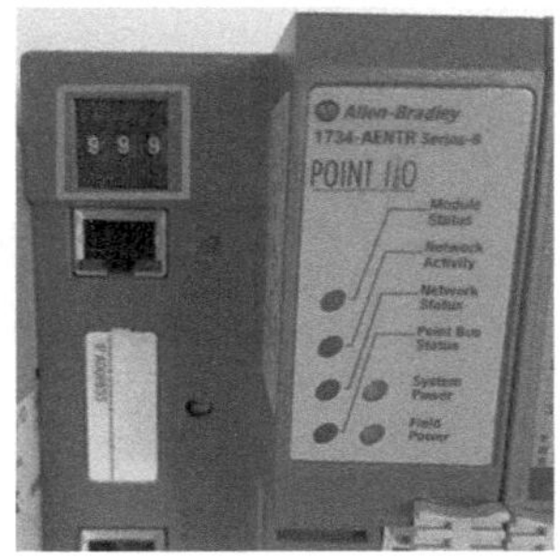

<table>
<tr><th>모드 스위치 위치</th><th colspan="2">설명</th></tr>
<tr><td>Run</td><td colspan="2">다음과 같은 태스크를 수행할 수 있다.
• 프로젝트 업로드
• 프로그램 실행 및 출력 활성화
다음과 같은 태스크는 수행할 수 없다.
• 컨트롤러 펌웨어 업데이트
• 태스크, 프로그램 또는 루틴의 생성 또는 삭제
• 태그 생성 또는 삭제 또는 온라인 수정
• 컨트롤러로 프로그램 가져오기
• 컨트롤러의 포트 구성, 고급 포트 구성 또는 네트워크 구성 설정의 변경
• DLR(Device Level Ring) 네트워크 토폴로지에서의 작동을 위해 직접 설정된 컨트롤러 구성 파라미터의 변경</td></tr>
<tr><td>Prog</td><td colspan="2">다음과 같은 태스크를 수행할 수 있다.
• 컨트롤러 펌웨어 업데이트
• 출력 비활성화
• 프로젝트 업로드/다운로드
• 태스크, 프로그램 또는 루틴의 생성, 수정 및 삭제
• 컨트롤러의 포트 구성, 고급포트 구성 도는 네트워크 구성 설정의 변경
다음과 같은 태스크는 수행할 수 없다.
• 컨트롤러를 이용한 태스크 실행(스캔)</td></tr>
<tr><td rowspan="4">Rem</td><td colspan="2">다음과 같은 태스크를 수행할 수 있다.
• 프로젝트 업로드/다운로드
• 컨트롤러의 포트 구성, 고급 포트 구성 또는 네트워크 구성 설정의 변경
• 애플리케이션을 통해 Remote Program(리모트 프로그램), Remote Test(리모트 테스트) 및 Remote Run(리모트 실행) 모드로 변경</td></tr>
<tr><td>Remote Run</td><td>• 컨트롤러가 태스크 실행(스캔)
• 출력 활성화
• 온라인 수정</td></tr>
<tr><td>Remote Program</td><td>• 컨트롤러 펌웨어 업데이트
• 출력 비활성화
• 태스크, 프로그램 또는 루틴의 생성, 수정 및 삭제
• 프로젝트 다운로드
• 온라인 수정
• 컨트롤러가 태스크를 실행(스캔)하지 않음</td></tr>
<tr><td>Remote Test</td><td>• 출력이 비활성화된 상태로 태스크 실행
• 온라인 수정</td></tr>
</table>

5.1.6 Logix 프로젝트 작성

(1) New Project 실행

- Studio 5000 실행 후 [New Project]를 생성한다.

- [Logix]를 선택 후 [CompactLogix 5370 Controller] - [1769-L18ERM-BB1B]를 선택 후 프로젝트를 저장할 위치와 프로젝트명을 입력한 후 [Next]를 클릭한다.

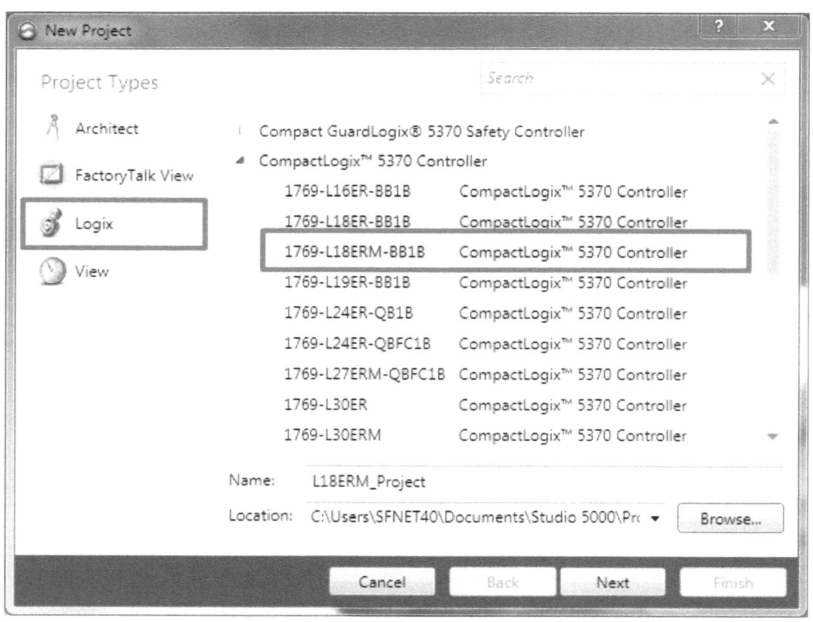

- 버전은 [30]을 선택 후 [Finish]를 선택한다.
- 주의할 사항은 에뮬레이터 컨트롤러의 펌웨어 버전은 24버전을 선택하였으나, 실제 Logix 프로세서의 펌웨어 버전과 사용하는 Studio 5000 프로그램의 버전을 꼭 확인하여 매칭 한 후 작성한다.

- [Logix Designer]가 정상적으로 실행되면 아래의 그림과 같다.

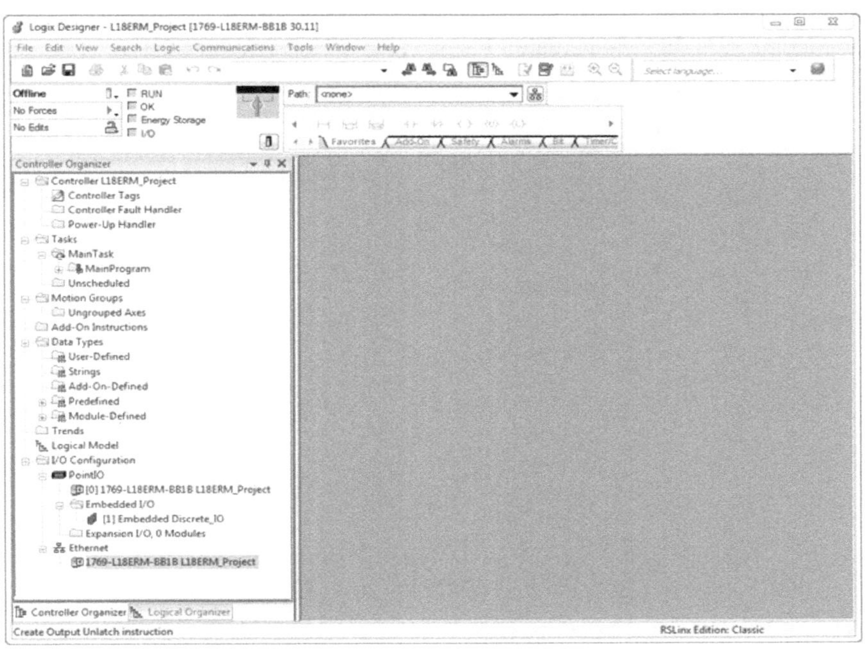

- POINT IO 하드웨어 세팅은 아래의 그림과 같다.

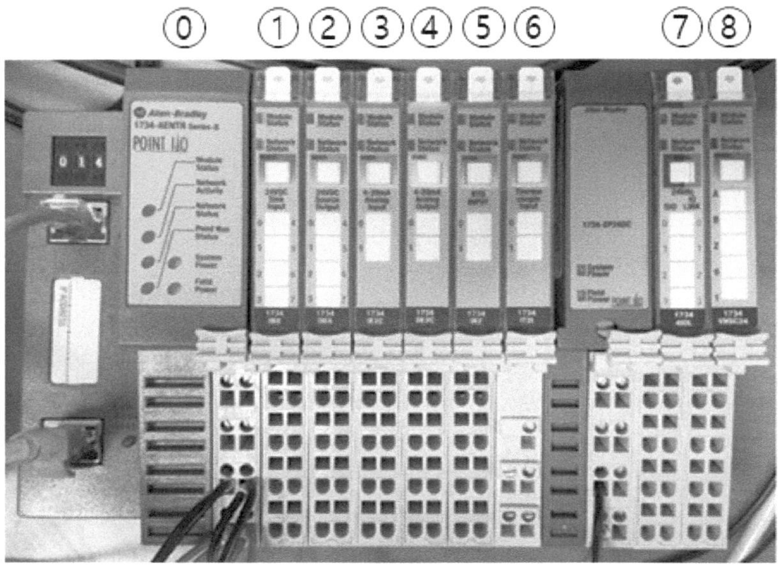

- [I/O Configuration] [Ethernet] - [New Module]을 클릭하면 [Select Module Type] 창이 나타난다.
- Catalog의 검색창에서 1734를 입력하면 관련 제품이 나타난다. 이후 위 POINT IO 하드웨어의 0번 슬롯에 장착된 1734-AENTR (1734 Ethernet Adapter, 2-Port, Twisted Pair Media) 선택 한 후 [Create] 버튼을 클릭하여 모듈을 생성한다.
- 아래의 그림을 따라 진행한다.

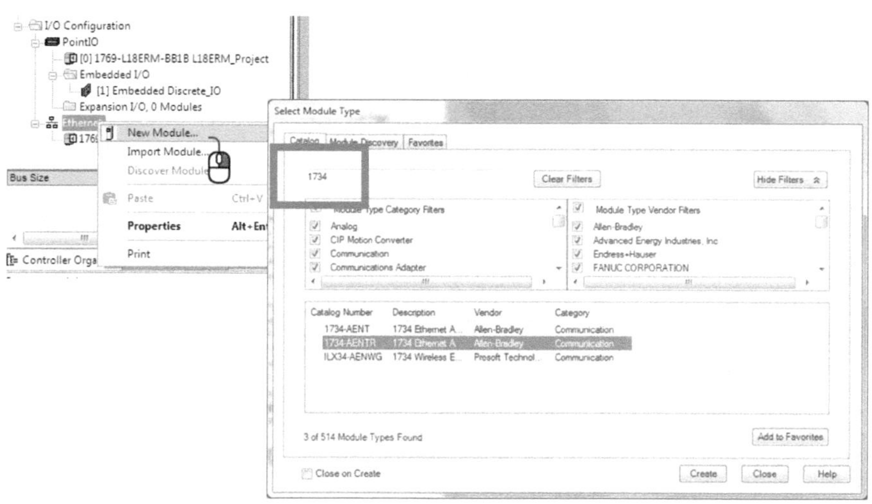

- [New Module]에 [General] 항목에서 사용자 POINT I/O 모듈의 [Ethernet Address]를 변경 후 Module Definition 항목의 [Change] 버튼을 클릭한다.

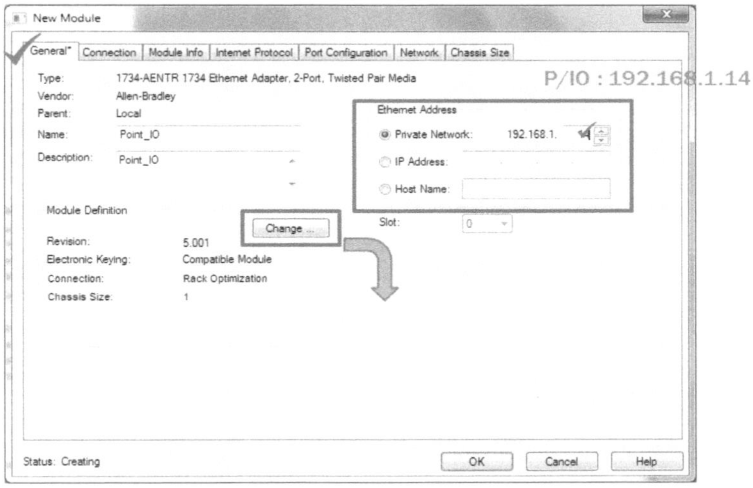

- 실제 사용하고 있는 POINT I/O의 옆면 부분에 사용하는 Series와 Revision을 확인한 후 아래의 그림처럼 입력한다.
- 또한 하드웨어의 총 슬롯 수는 0~8번 까지 9개의 Size를 가지고 있으므로 Chassis size에 9를 입력한다. 이후 [OK]버튼을 클릭하면 새로운 모듈이 생성됨을 알 수 있다.

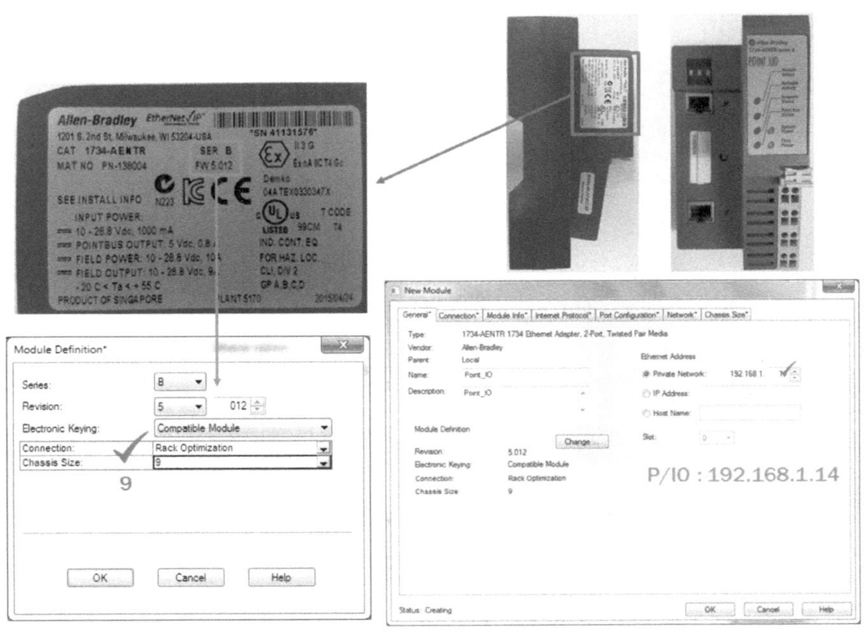

- 앞서 생성한 1734 Ethernet 모듈에서 [I/O Configuration] - [Ethernet] -[1734-AENTR/B Point_IO]를 마우스 오른쪽을 클릭하여 [New Module]을 클릭한다.

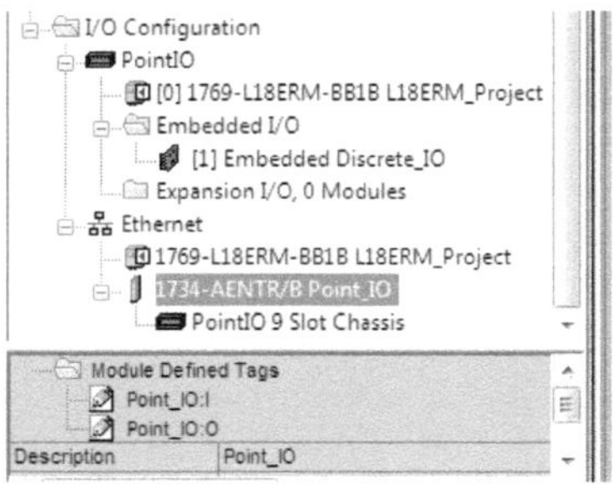

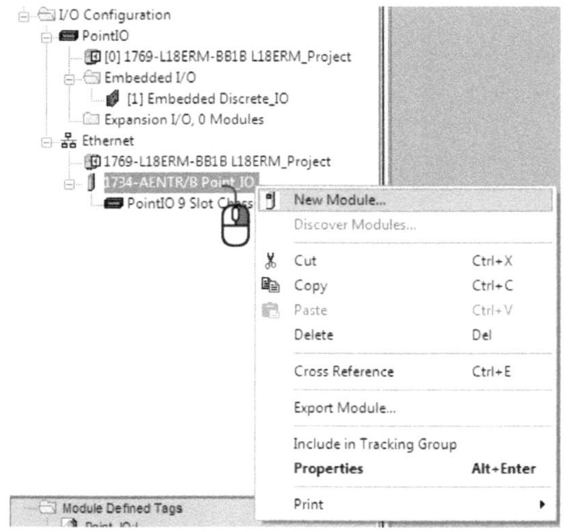

※ 1734-EP24DC - 외부 전원이므로 모듈 추가할 필요는 없음.

POINT I/O 24V DC Expansion Power Supply

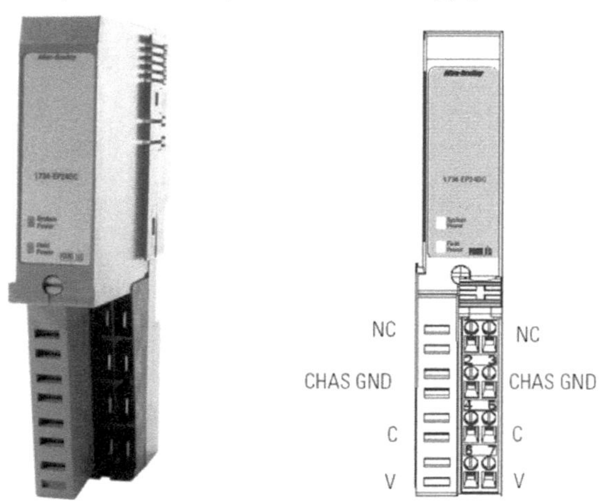

- 1번 슬롯에 장착된 디지털 입력 모듈을 Catalog 검색창에서 새 모듈[1734-IB8]을 검색하여 추가한다.

  TYPE : 1734-IB8 8Point 10 V-28 V DC Input. Sink

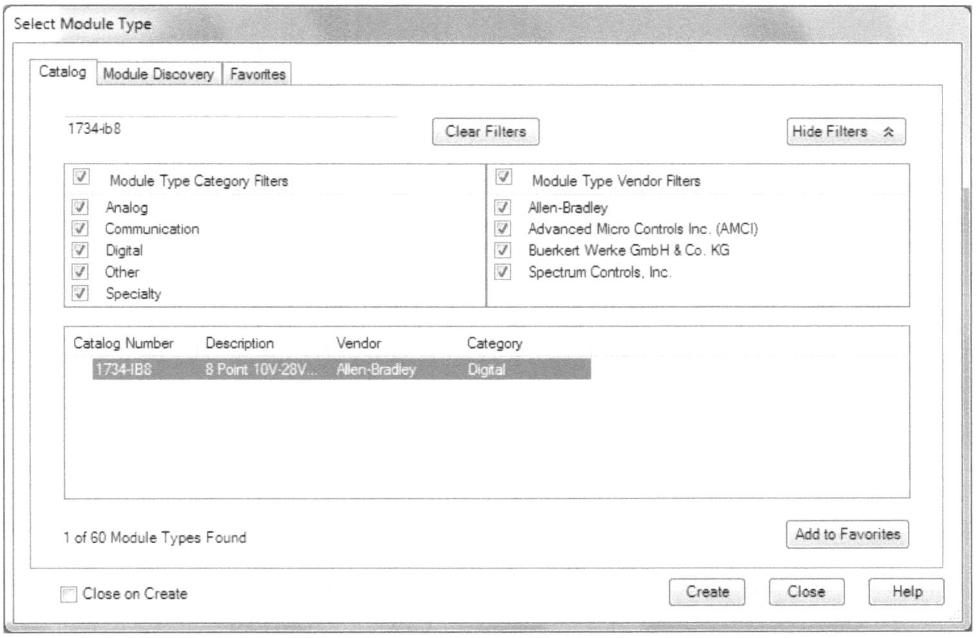

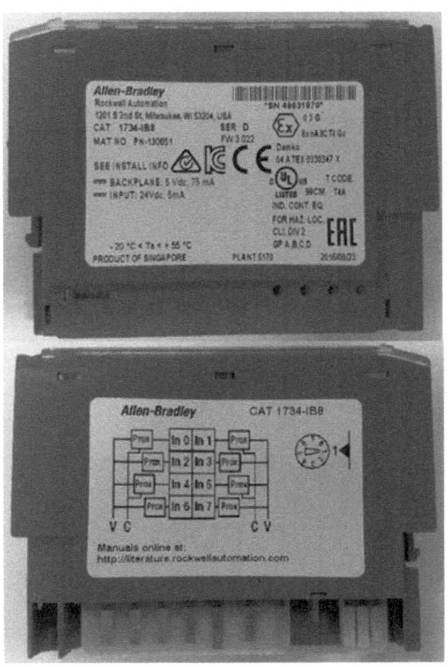

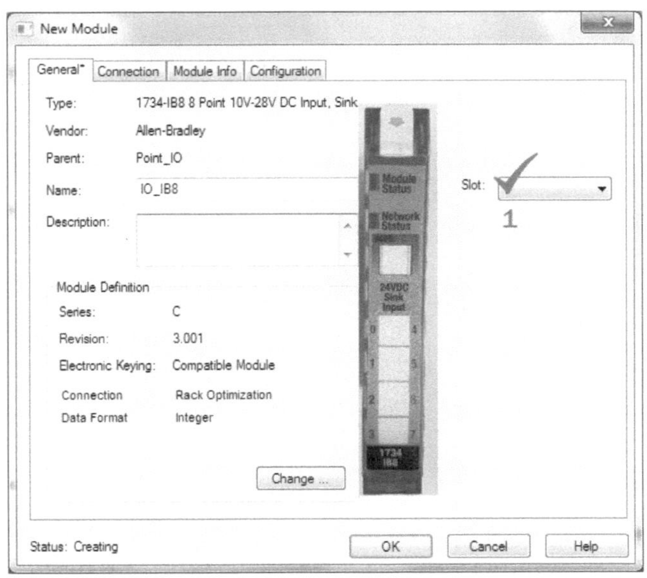

- 마찬가지로 2번 슬롯에 장착된 디지털 출력 모듈을 Catalog 검색창에서 새 모듈 [1734-OB8]을 검색하여 추가한다.

  TYPE : 1734-0B8 8Point Relay Output N.O/N.C

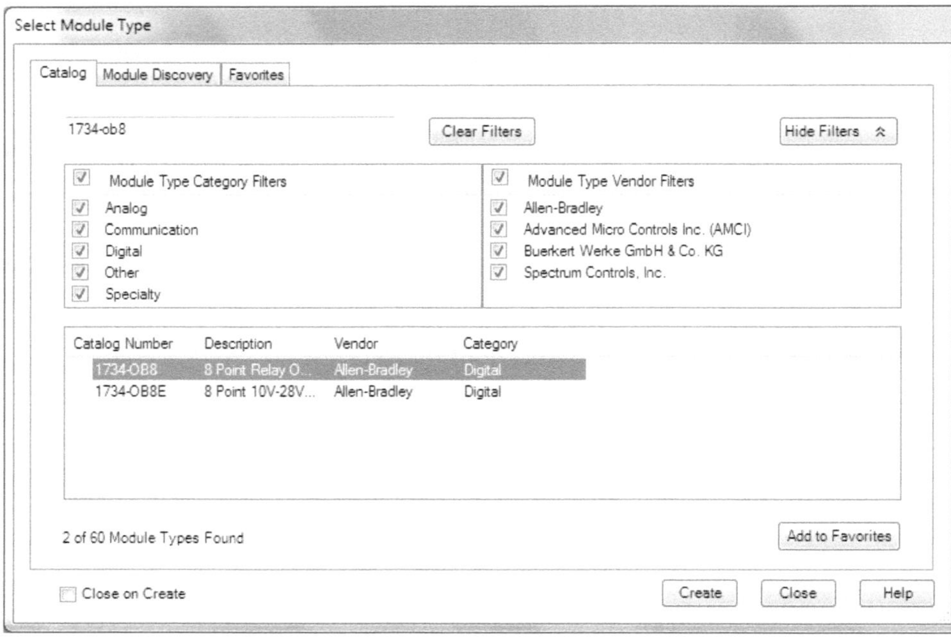

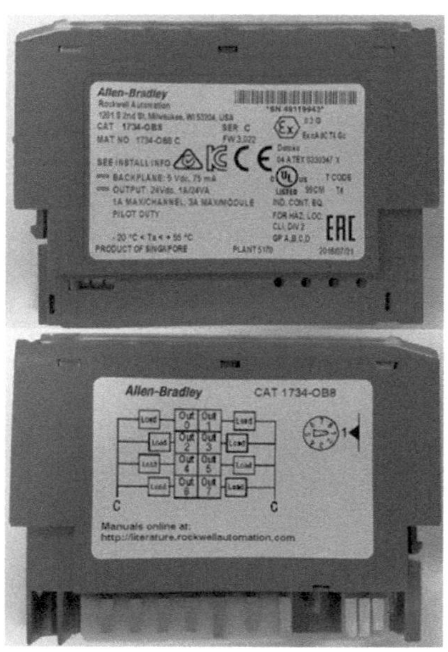

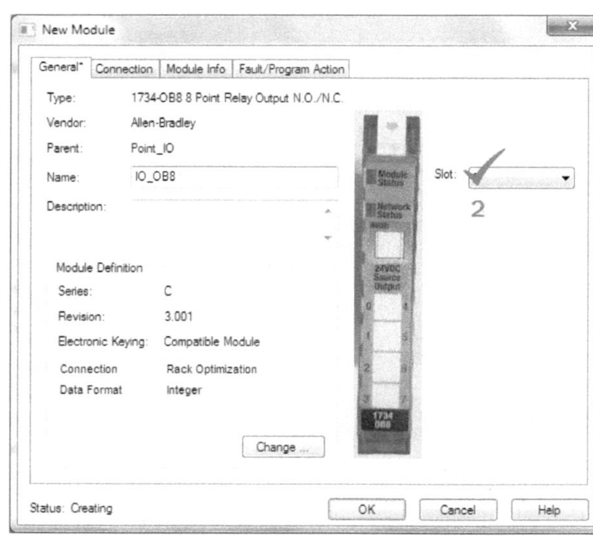

- 3번 슬롯에 장착된 아날로그 입력 모듈을 Catalog 검색창에서 새 모듈[1734-IE2C]를 검색하여 추가한다.

  TYPE : 1734-IE2C 2Channel analog Current Input

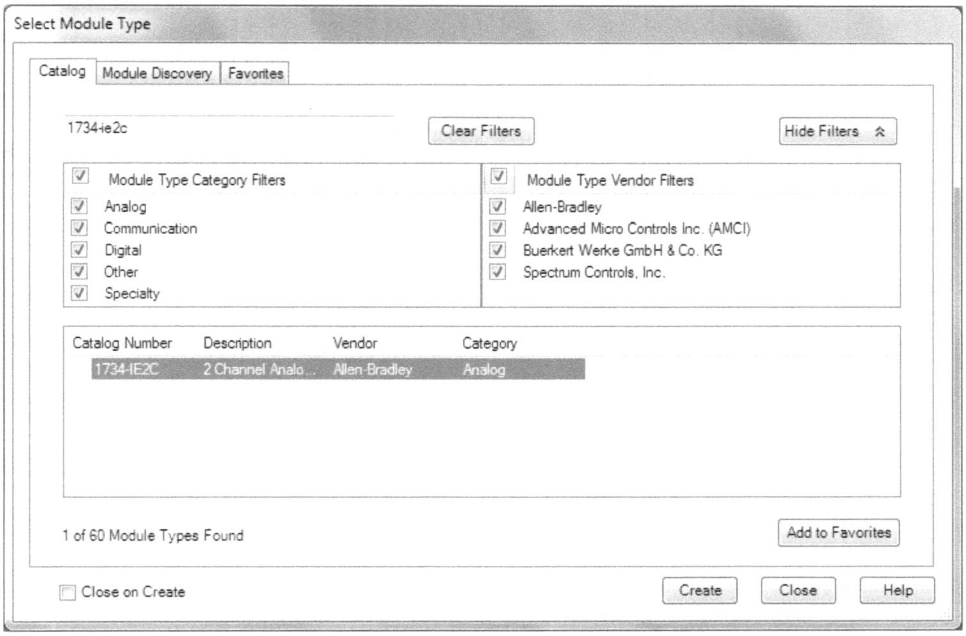

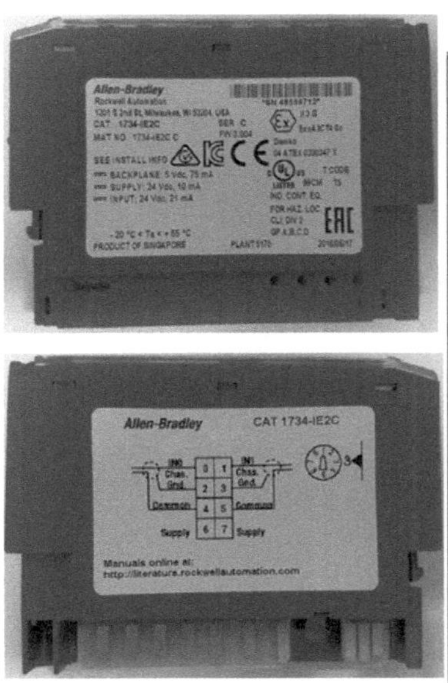

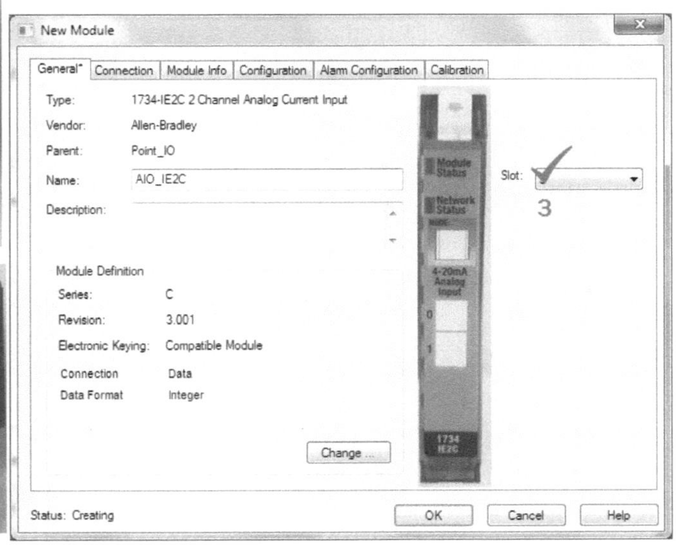

- 4번 슬롯에 장착된 아날로그 출력 모듈을 Catalog 검색창에서 새 모듈[1734-OE2C]를 검색하여 추가한다.

  TYPE : 1734-0E2C 2Channel Analog Current Output

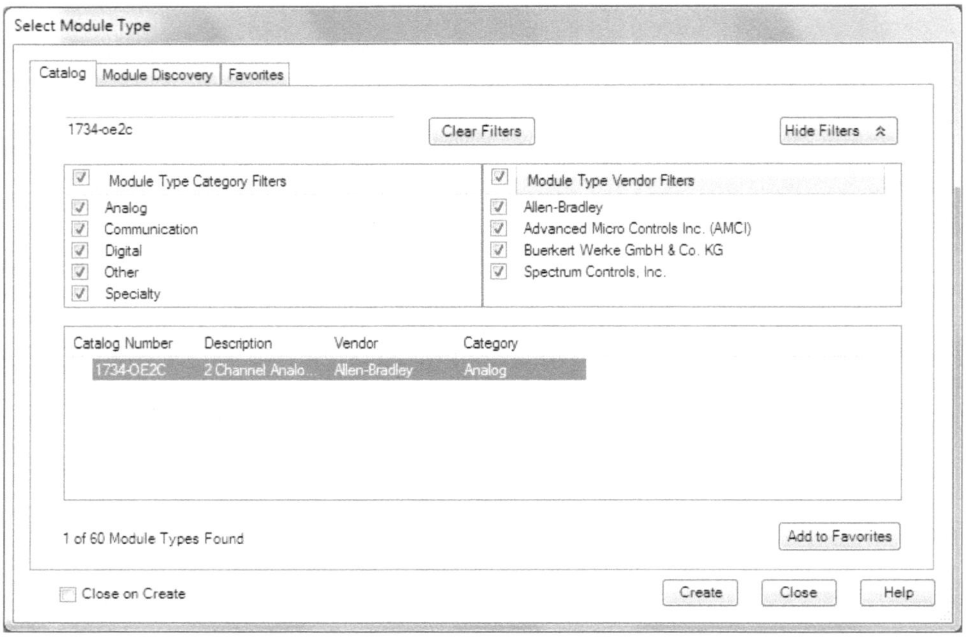

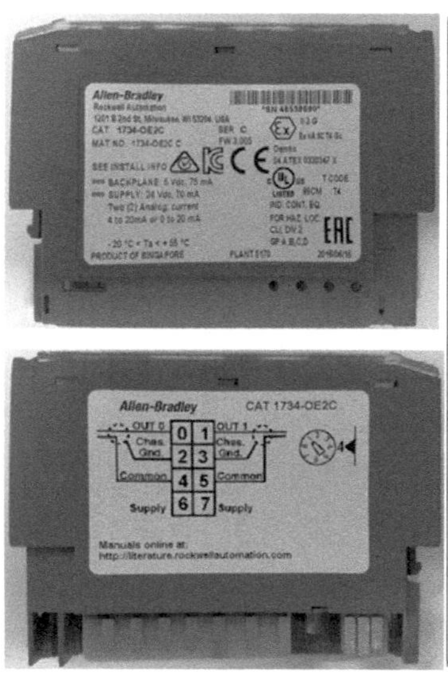

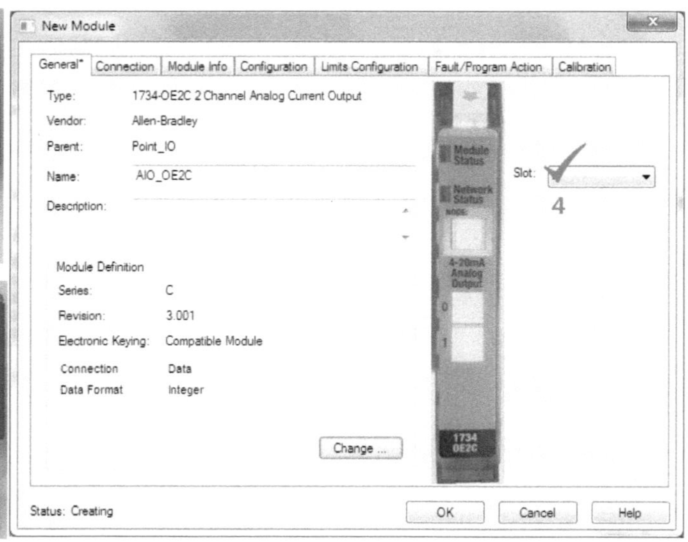

- 5번 슬롯에 장착된 RTD 입력 모듈을 Catalog 검색창에서 새 모듈[1734-IR2]를 검색하여 추가한다.

  TYPE : 1734 IR2 2Channel RTD Input

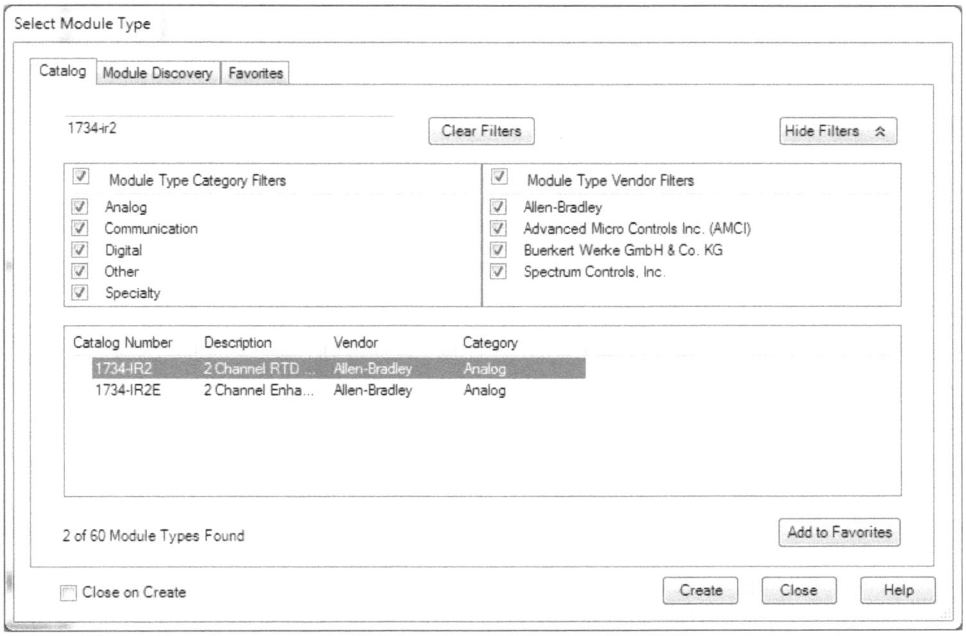

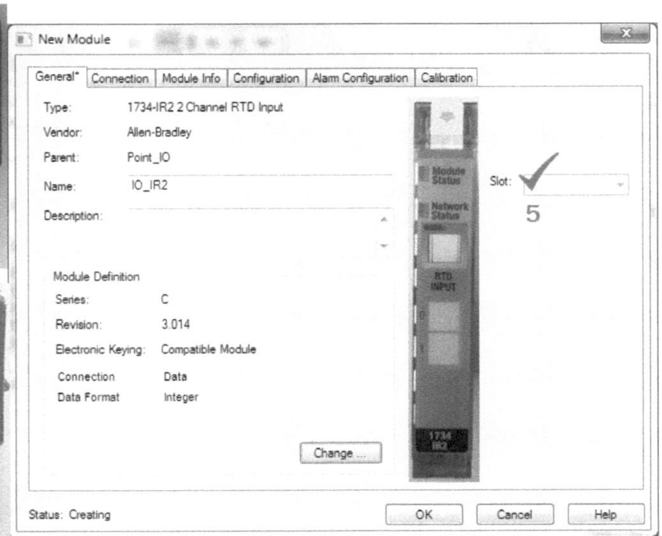

- 6번 슬롯에 장착된 Thermocouple 입력 모듈을 Catalog 검색창에서 새 모듈[1734-IT2I]를 검색하여 추가한다.

  TYPE : 1734-IT2I 2Channel Thermocouple Input Isolated

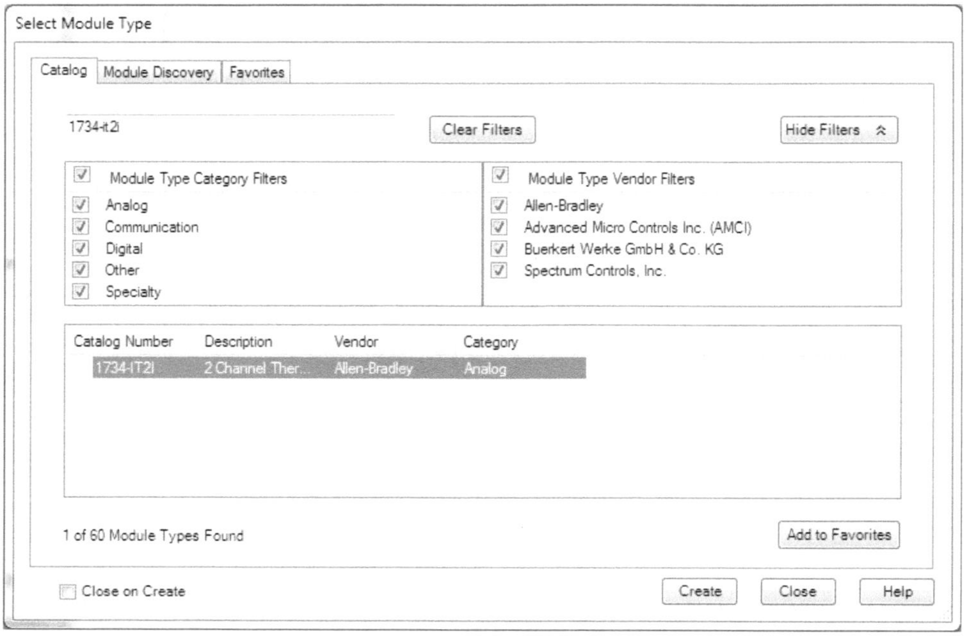

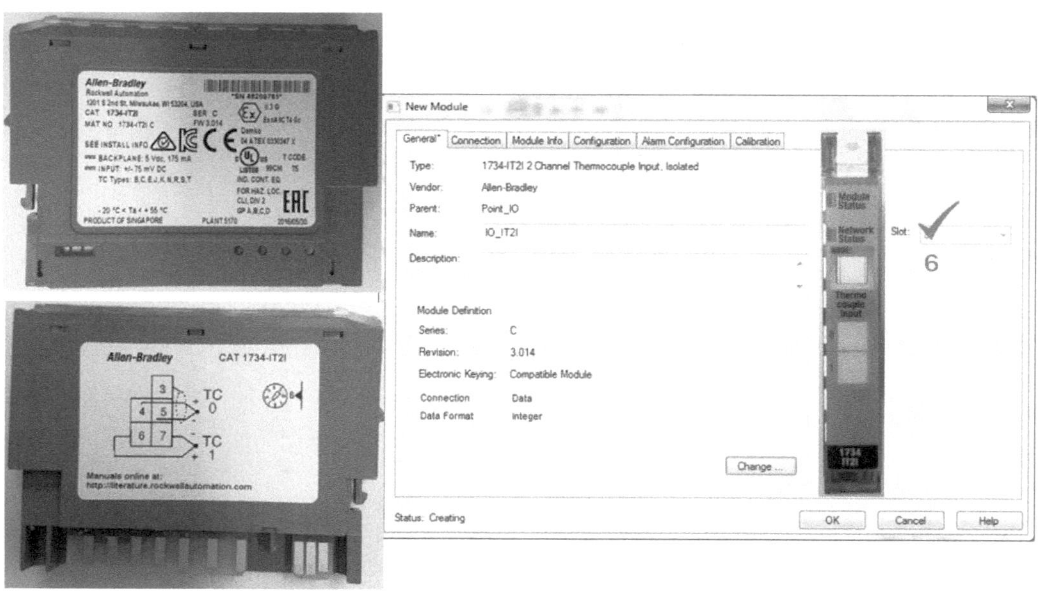

- 7번 슬롯에 장착된 IO-LINK 모듈을 Catalog 검색창에서 새 모듈[1734-4IOL]을 검색하여 추가한다.

  TYPE : 1734-4IOL 4Channel IO-LINK Master

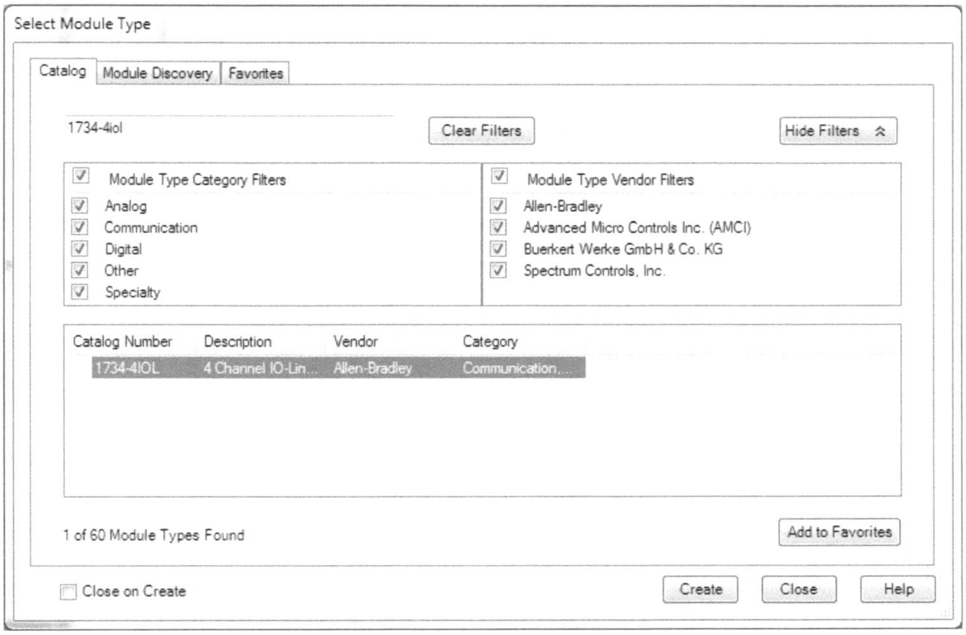

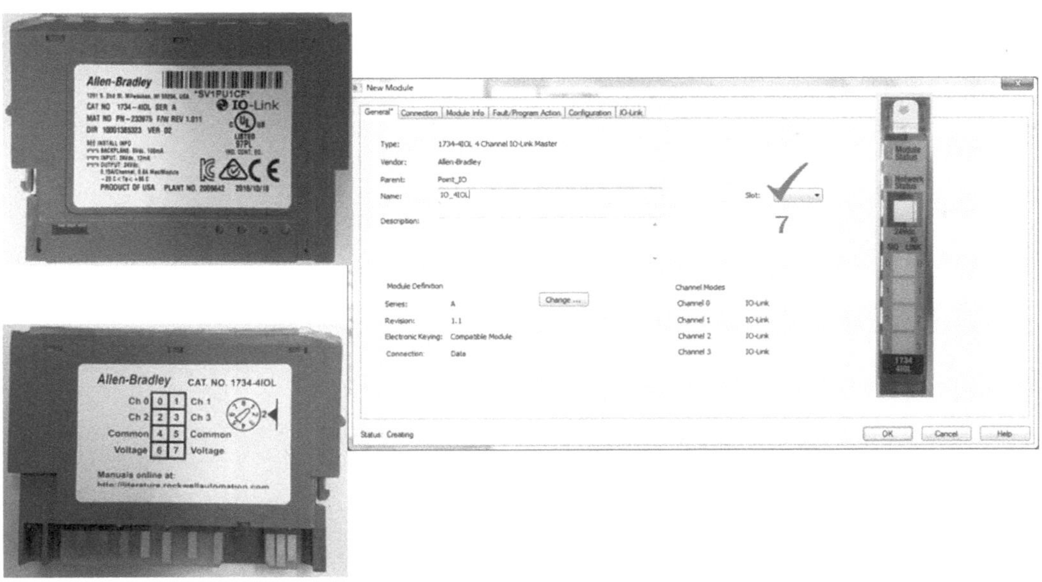

- 8번 슬롯에 장착된 고속카운터 모듈을 Catalog 검색창에서 새 모듈[1734-VHSC24]를 검색하여 추가한다.

  TYPE : 1734-VHS24 1Channel 15-24 V DC Very high Speed Counter

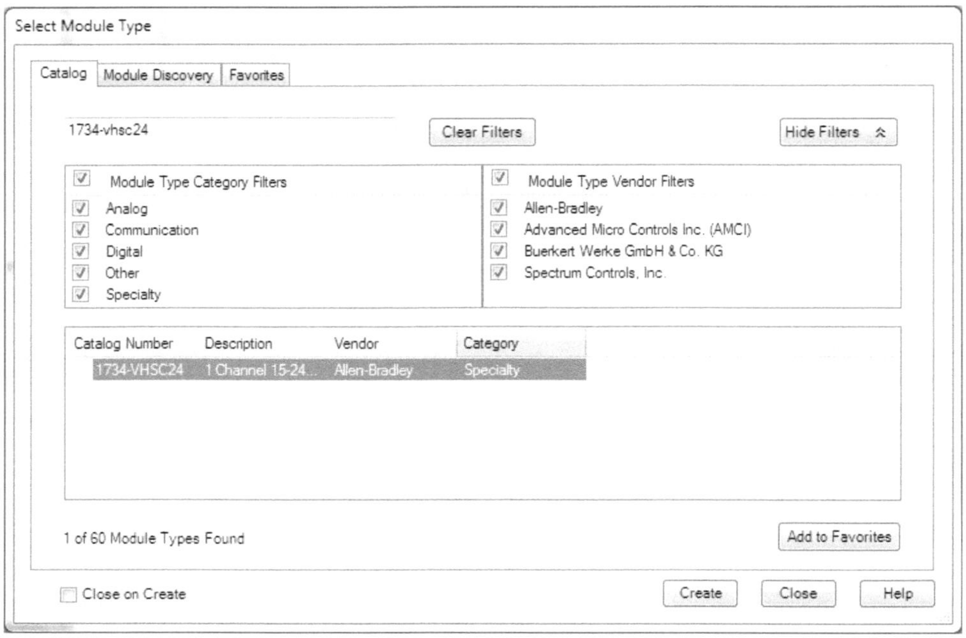

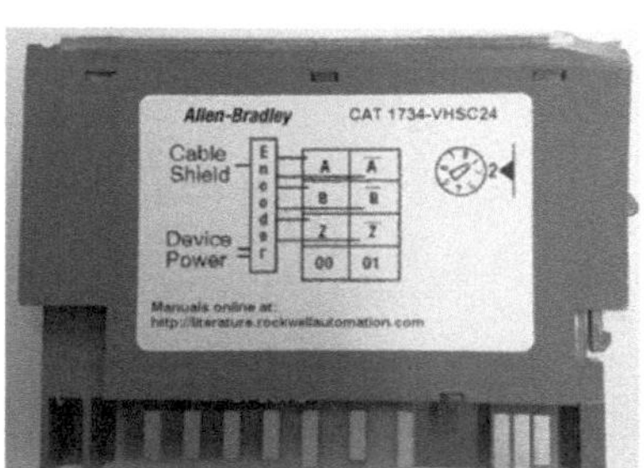

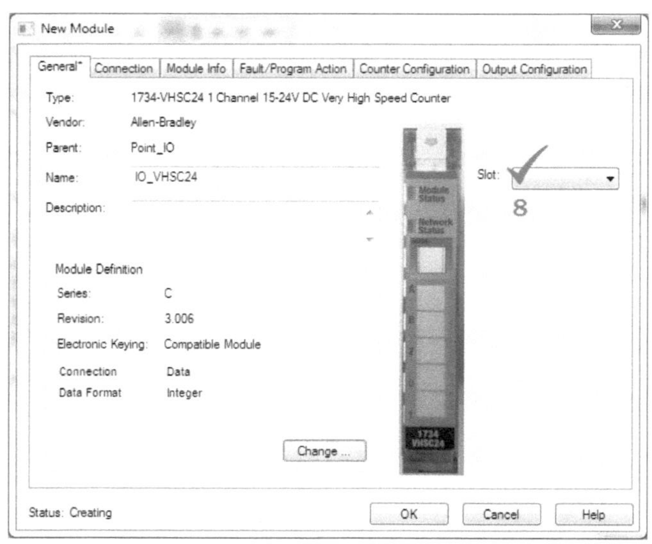

- 동작 프로그램을 작성한다.
- 아래의 그림을 참고하여 작성한다.

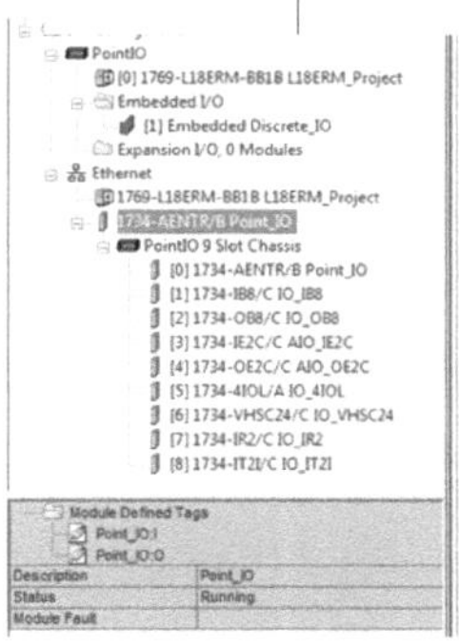

- 프로그램을 작성하였으면 메뉴 [Communications] - [Who Active], 또는 Path : 도구모음의 [Who Active] 아이콘을 클릭하여 전송하고자 하는 Logix 프로세서를 확인하고 프로그램을 다운로드 진행한다.

  ※ 참고로 Logix 프로세서의 IP주소는 다를 수 있다.

- 마지막에 컨트롤러가 리모트 RUN 모드로 돌아갈지 묻는 메시지가 나타나면 [YES]를 선택한다.

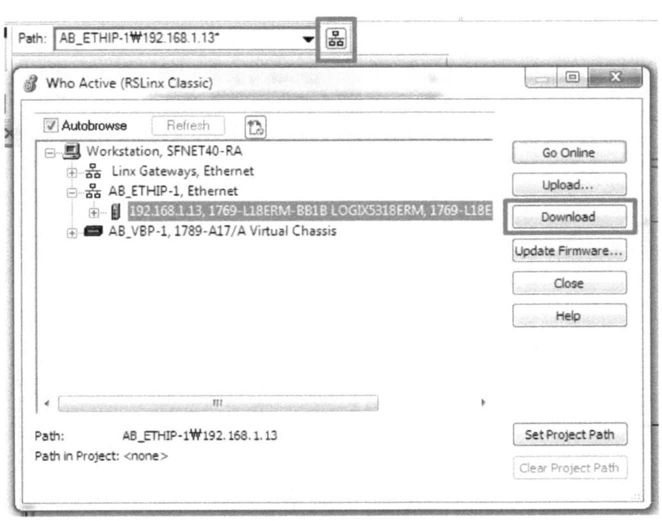

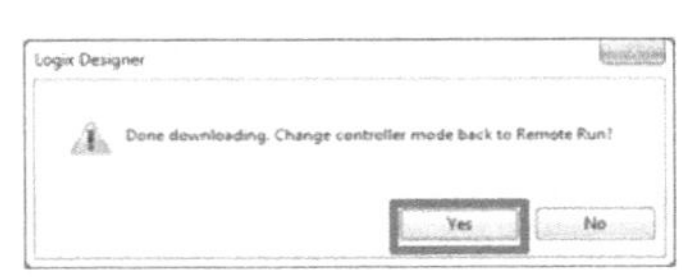

- 처음 다운로드 후에 장착된 모듈의 Size가 맞지 않다면 [I/O Not Responding] 경고등이 들어오게 된다.

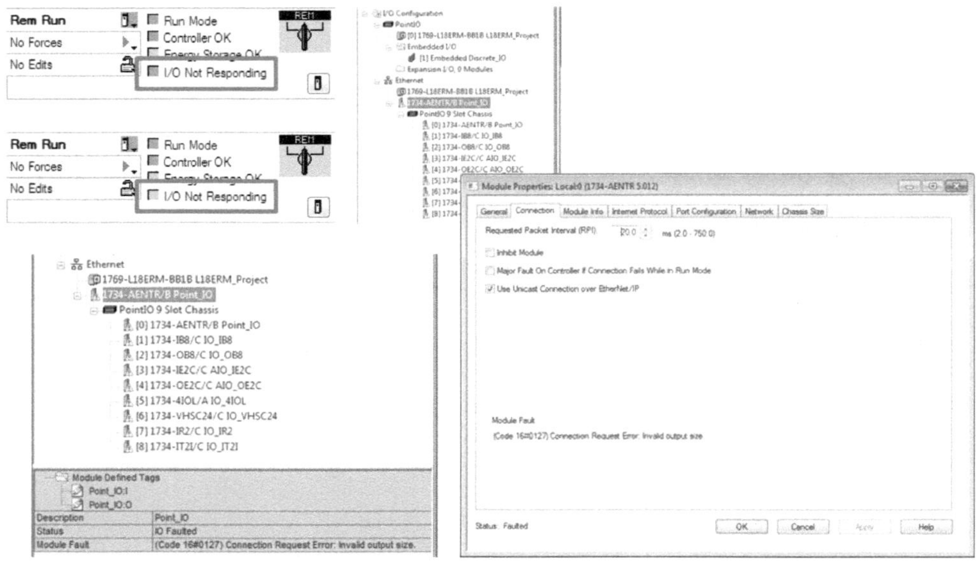

- 1734 모듈의 특성 창으로 들어가서 마지막 [Chassis Size] 탭을 클릭한다.
- [Set Chassis Size in Module] 버튼을 클릭하여 매칭시킨 후 확인한다.

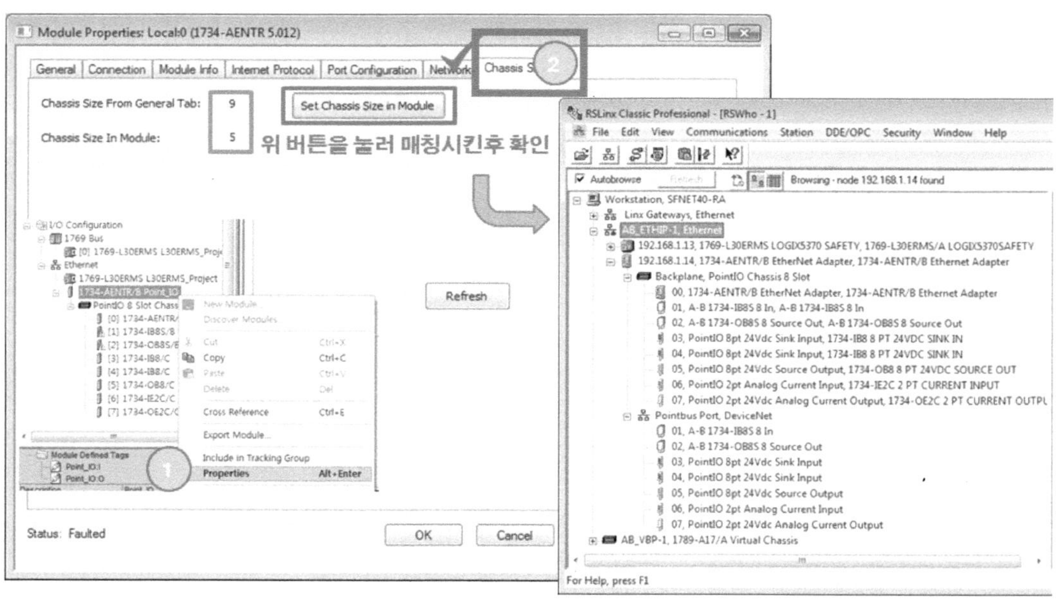

- [I/O OK]가 되어 정상적으로 확인이 되면 모니터링을 진행하여 정상동작여부를 확인한다.

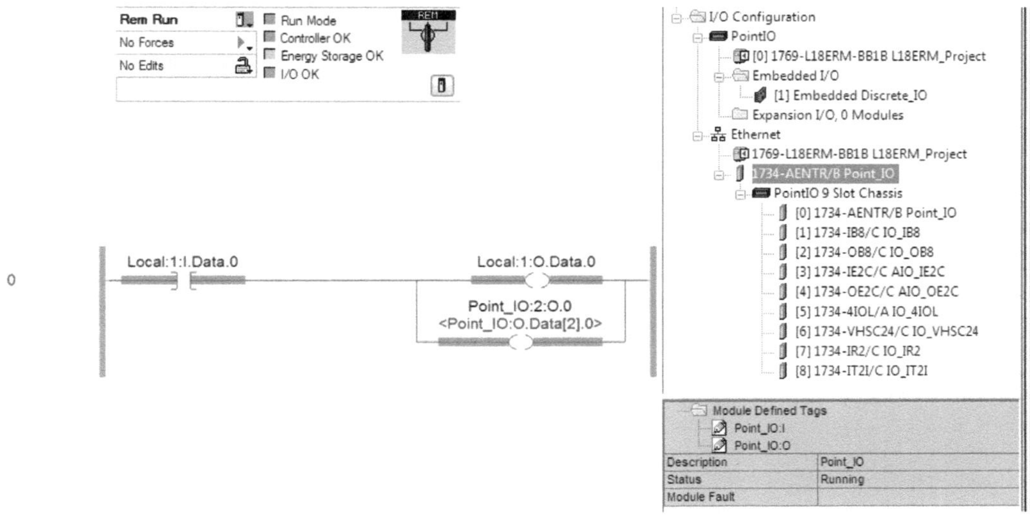

Chap 6.

기본 회로 구성

6.1 하드웨어 I/O Tag 주소 표현 규칙

6.1 하드웨어 I/O Tag 주소 표현 규칙

6.1.1 메뉴

(1) Standard 메뉴

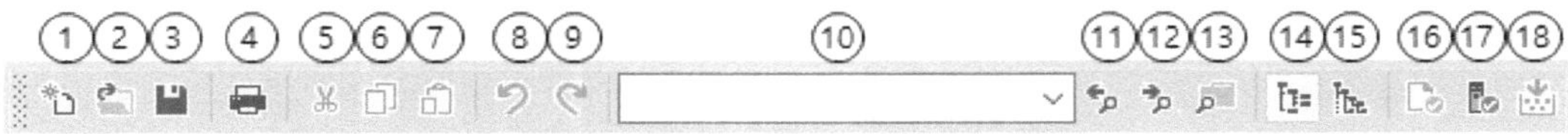

번호	명칭	설명
①	New	새 프로젝트 생성
②	Open	프로젝트 열기
③	Save	프로젝트 저장
④	Print	프로젝트 인쇄
⑤	Cut	선택한 내용 잘라내기
⑥	Copy	선택한 내용 복사
⑦	Paste	선택한 내용 붙여넣기
⑧	Undo	이전실행
⑨	Redo	다시실행
⑩	Find	찾을 문자열 내용을 입력하는 칸
⑪	Find Previous	커서 이전(위) 위치방향으로 찾기
⑫	Find Next	커서 다음(아래) 위치방향으로 찾기
⑬	Find All	모두 검색하여 [Search Results] 창에 표시
⑭	Toggle Controller Organizer Window	프로젝트의 모든 네트워크에 대한 내용을 표시하는 창
⑮	Toggle Local Organizer Window	프로젝트의 Task 단위에 대한 내용을 표시하는 창
⑯	Verify Routine	활성화된 루틴의 구문 확인
⑰	Verify Controller	컨트롤러 전체의 구문 확인
⑱	Build Controller	
⑲	Zoom in	화면 확대
⑳	Zoom out	화면 축소

(2) COMMUNICATIONS 메뉴

번호	명칭	설명
①	Who Active	RSLinx에서 탐색한 정보를 선택하여 작업할 PLC 경로를 등록
②	Select Recent Path...	Studio 5000에서 이전에 작업한 경로를 보여주며 작업할 PLC 경로를 등록
③	Select Communication Software...	-
④	Go Online	경로가 등록된 PLC와 연결한다.
⑤	Upload...	PLC에 기록된 프로그램을 Studio 5000으로 읽기
⑥	Download	프로그램을 Studio 5000으로 기록
⑦	Program Mode	PLC 정지
⑧	Run Mode	PLC 동작
⑨	Test Mode	프로그램 동작상태 확인
⑩	Lock Controller	PLC에 기록된 프로그램을 읽지 못하게 한다.
⑪	Clear Faults	에러 상태 초기화
⑫	Go To Faults	에러 내용 확인

6.1.2 단축키

(1) 단축키 사용 설정

- 상단 메뉴 [Tools] - [Option]을 클릭한다.

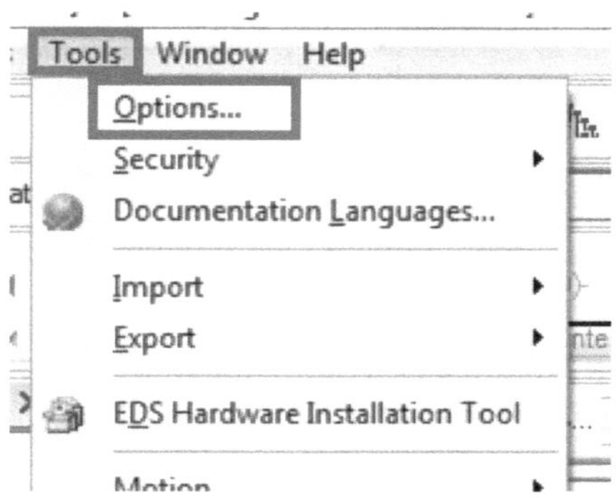

- [Workstation Option] 창이 나타나면 왼쪽 [Categories] 목록에 [Ladder Editor]를 클릭한다.

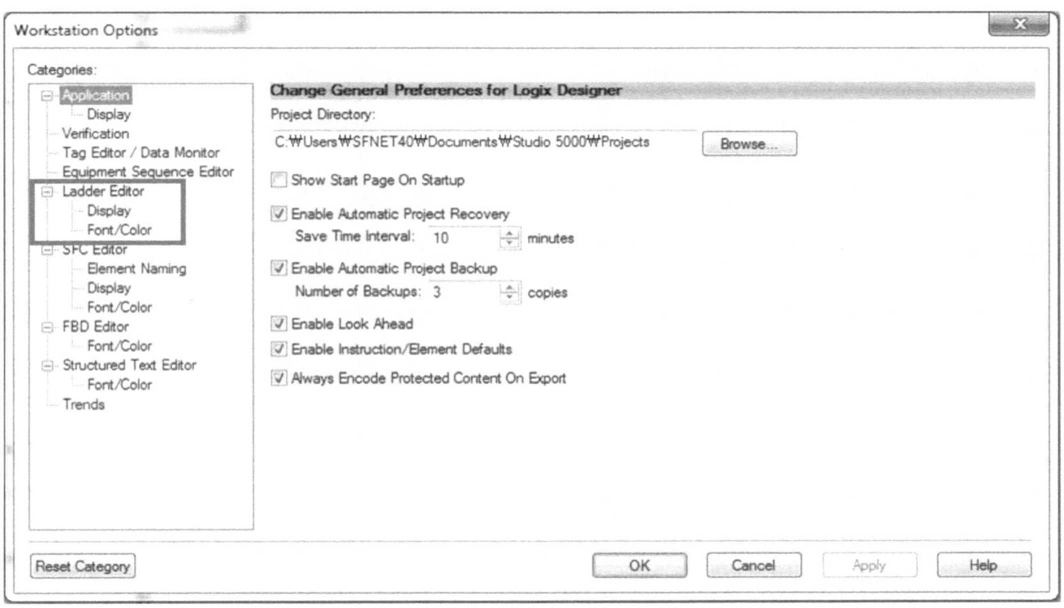

- [Change Ladder Editor preferences] 아래 목록 중 [Enable Quick Key]를 클릭하여 체크가 되도록 한다.

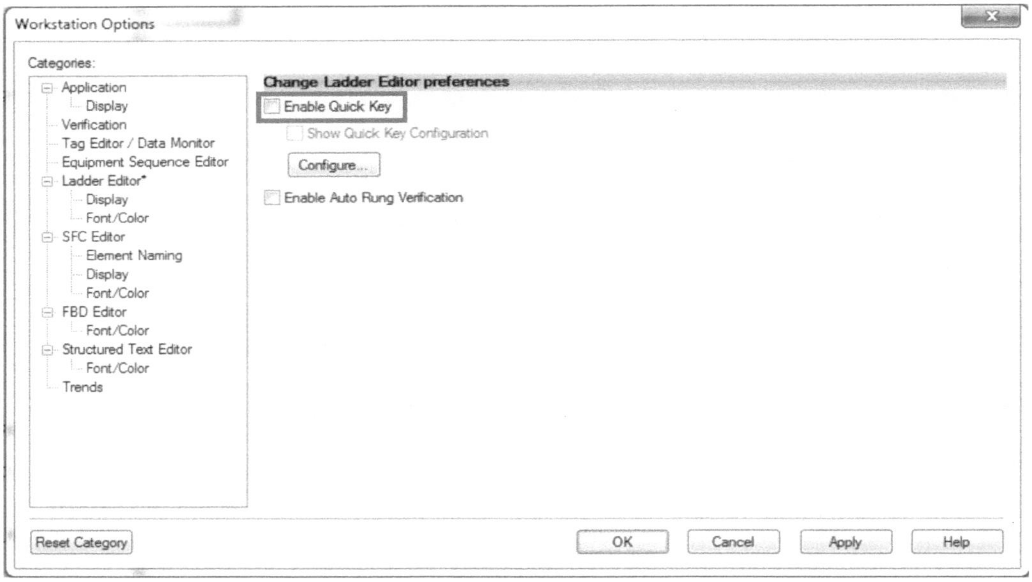

- [Enable Quick Key]를 체크 한 후 [Apply]를 누른 뒤 [OK]를 클릭하여 설정을 종료한다.

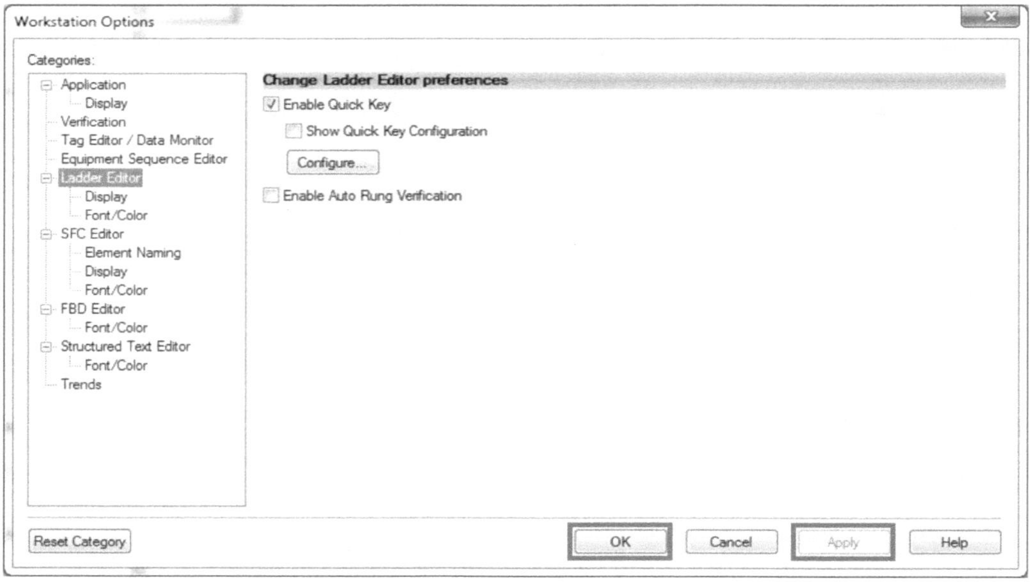

(2) 기본 단축키

기능	단축키	비고
A접점	X	
B접점	F	
코일	O	
주석	Ctrl + D	
회로 분기	B	
온라인 편집 시작	Ctrl + Shift + S	
온라인 편집 종료	Ctrl + Shift + F	
접점 BIT 토글	Ctrl + T	

6.1.3 I/O 주소에 따르는 포맷

위치	내용
위치(Location)	네트워크 위치 LOCAL = 컨트롤러와 동일한 섀시 또는 DIN 레일 ADAPTER_NAME = 원격 통신 어댑터나 브릿지 모듈을 구분한다.
슬롯(Slot)	섀시 또는 DIN 레일에서 I/O 모듈의 슬롯 번호
타입(Type)	데이터 타입 I = 입력 O = 출력 C = 구성 S = 상태
멤버(Member)	I/O 모듈에서 나오는 특정 데이터. 모듈에 저장할 수 있는 데이터의 타입에 따라 달라짐 • 디지털 모듈의 경우 주로 데이터 멤버에 입력 또는 출력 비트 값이 저장된다. • 아날로그 모듈의 경우 주로 채널 멤버(CH#)에 채널 데이터가 저장된다.
하위 멤버(SubMember)	멤버에 대한 구체적인 데이터
비트(Bit)	디지털 I/O 모듈의 특정 포인트. I/O 모듈의 크기에 따라 달라짐(32 포인트 모듈의 경우 0...31)

6.1.4 비트 명령과 논리 회로

(1) 기본 비트 명령

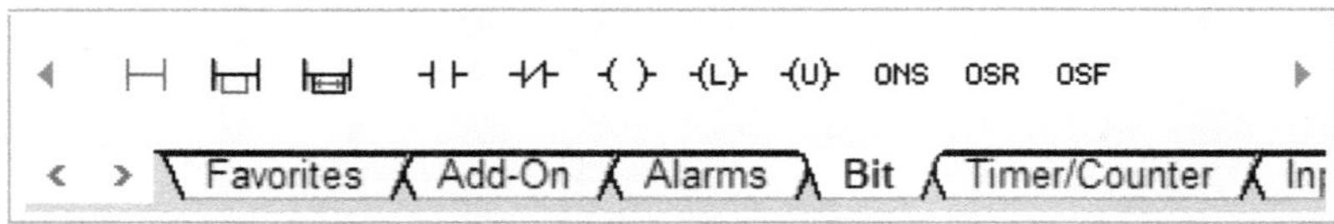

① XIC(Examine If Closed) - NO 접점, a 접점

② XIO(Examine If Open) - NC 접점, b 접점

③ OTE(Output Energize) - 출력 코일

④ OTL(Ouput Latch) - Set 출력 코일

⑤ OTU(Output Unlatch) - Reset 출력 코일

(2) 논리 (AND, OR, NAND, NOR, XOR, NOT)

- 릴레이의 사용 목적은 불대수 또는 디지털 논리를 구성하는 것이다. AND, OR, NAND, NOR, XOR, NOT 논리에 대한 논리표, 논리식 및 시퀀스 회로에 대한 등가 관계와 PLC 래더도를 나타내었다.

AND		
입력 A	입력 B	출력 X
0	0	0
0	1	0
1	0	0
1	1	1

$A \cdot B = X$

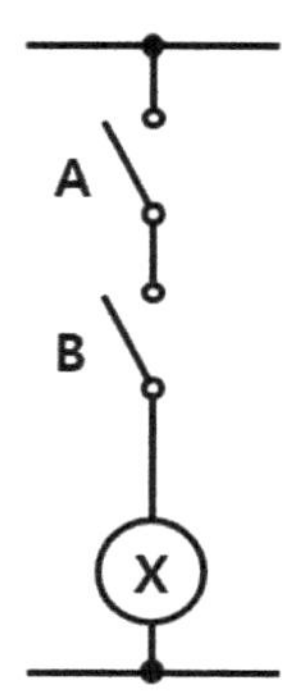

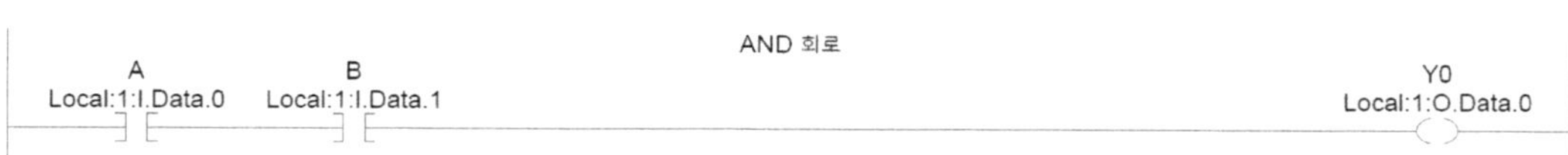

OR		
입력 A	입력 B	출력 X
0	0	0
0	1	1
1	0	1
1	1	1

$A + B = X$

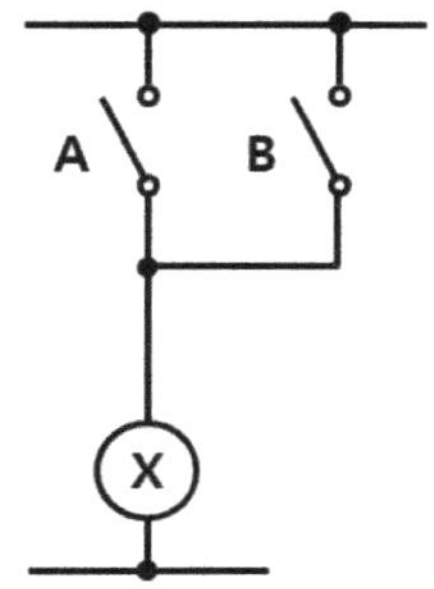

NAND		
입력 A	입력 B	출력 X
0	0	1
0	1	1
1	0	1
1	1	0

$\overline{A \cdot B} = X$

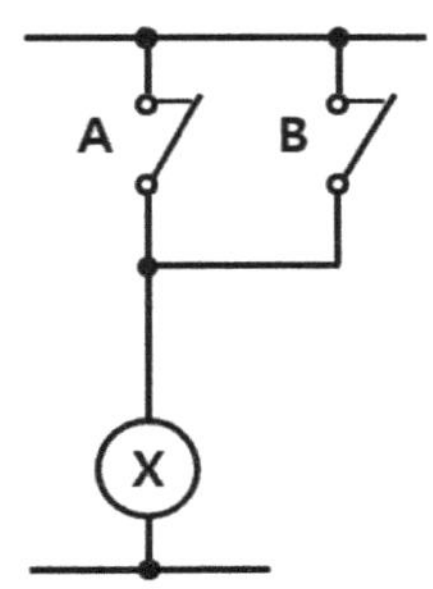

NOR		
입력 A	입력 B	출력 X
0	0	1
0	1	0
1	0	0
1	1	0

$\overline{A + B} = X$

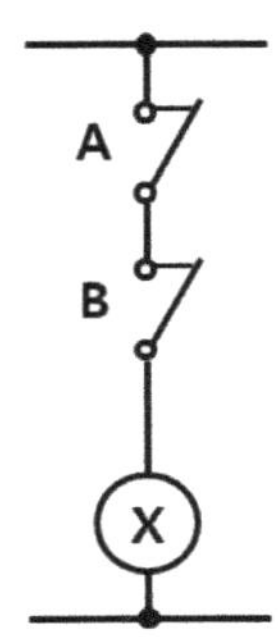

XOR		
입력 A	입력 B	출력 X
0	0	0
0	1	1
1	0	1
1	1	1

$$(A \cdot \overline{B}) + (\overline{A} \cdot B) = X$$

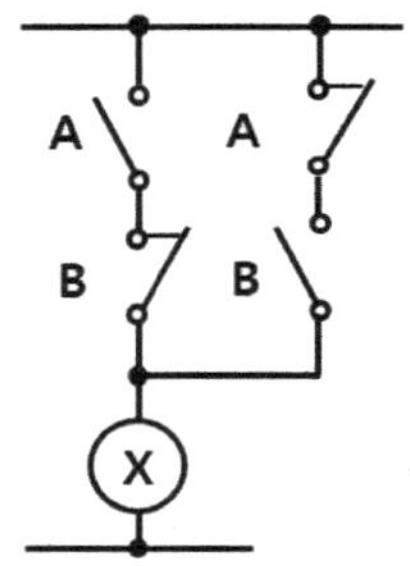

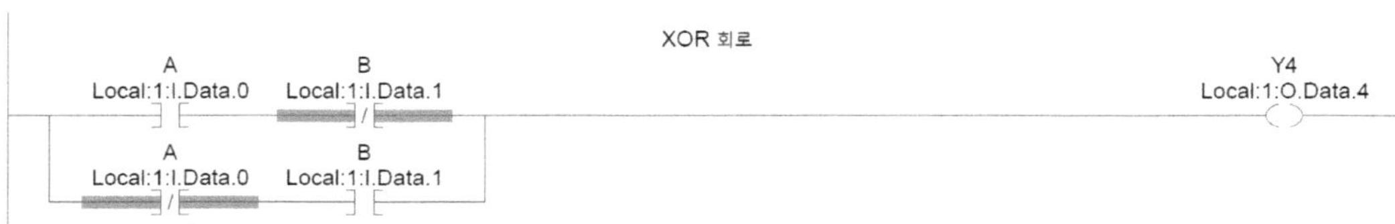

NOT	
입력 A	출력 X
0	1
1	0

$$\overline{A} = X$$

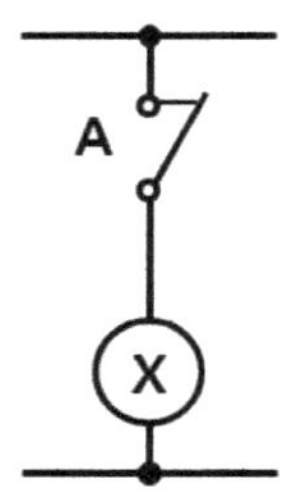

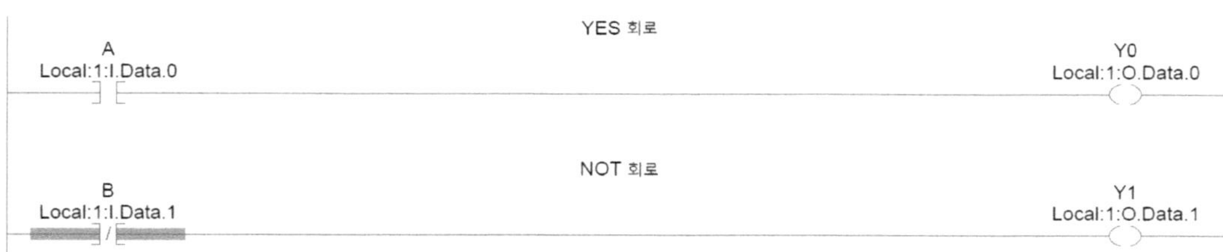

(3) ONS / OSR / OSF

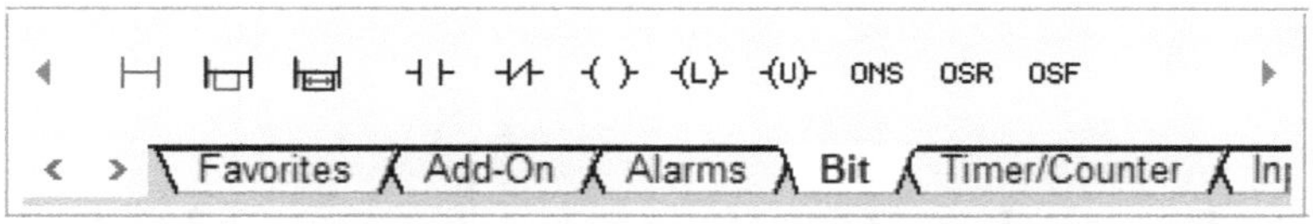

① ONS : 렁이 참으로 될 때마다 한 스캔동안 출력을 내보낸다.

인에이블이고 저장비트가 클리어 되어 있으면 ONS명령은 렁의 나머지 부분을 인에이블한다. 디스에이블이거나 저장비트가 세트되어 있으면 ONS명령을 렁의 나머지 부분을 디스에이블한다.

② OSR : 렁이 참으로 될 때마다 한 스캔동안 비트를 세트한다.

인에이블이고 저장비트가 클리어 될 때 OSR명령은 출력비트를 세트한다. 인에이블이고 저장비트가 세트되어 있거나 디스에이블 되었을 때 OSR명령이 출력비트를 클리어한다.

③ OSF : 렁이 거짓으로 될 때마다 한 스캔동안 비트를 세트한다.

디스에이블이고 저장비트가 세트되어 있으면 OSF명령은 출력비트를 세트한다. 디스에이블이고 저장비트가 세트되어 있거나 또는 인에이블 되어 있으면 OSF명령은 출력 비트를 클리어한다.

- Storage Bit : 내부 저장 비트, 명령이 수행되는 마지막 시간에 Rung-Condition-in을 저장한다.
- Output Bit : 세트되는 비트

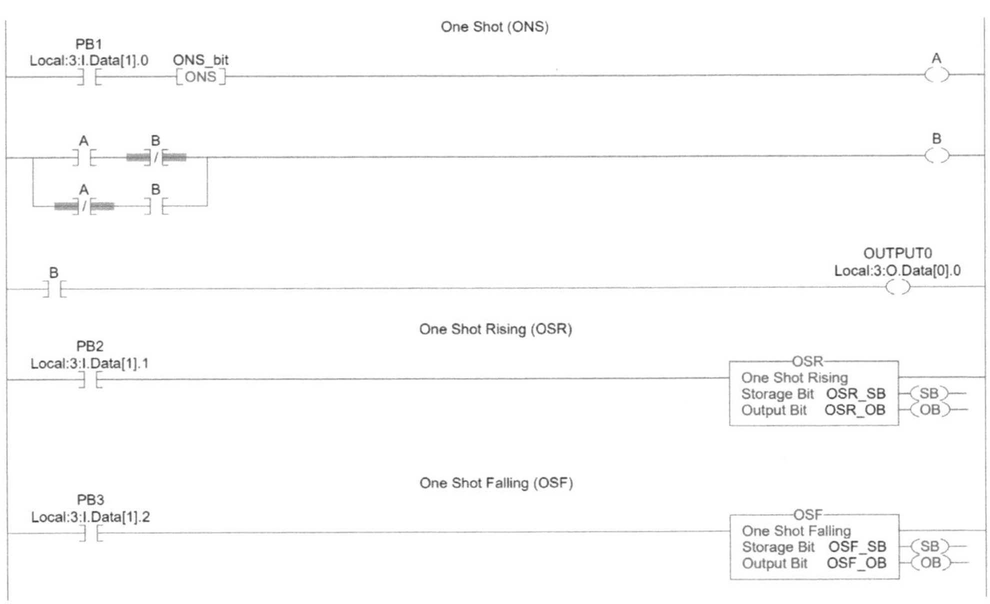

6.1.5 기본회로

(1) 자기유지회로

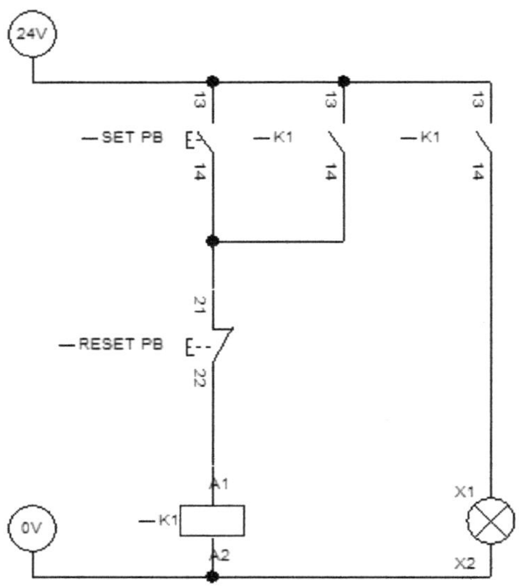

(a) OFF 우선 자기유지 회로

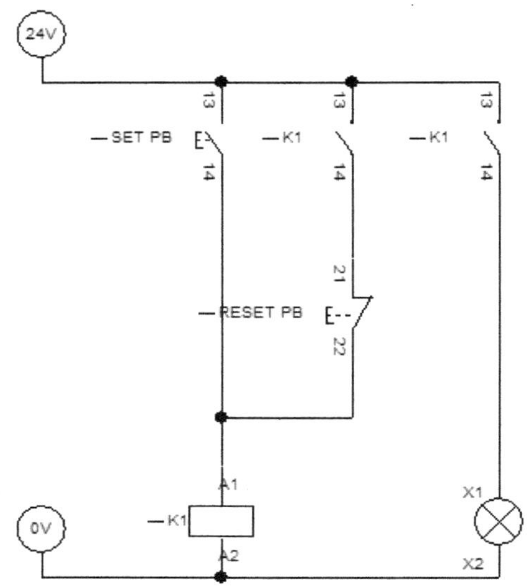

(b) ON 우선 자기유지 회로

1) 프로그램 래더

(2) 인터록회로

전기 기기의 보호나 작업자의 안전을 위해 전기기기의 동작 상태를 나타내는 접점을 사용하여 관련된 전기기기의 동작을 금지하는 회로를 구성해 보자.

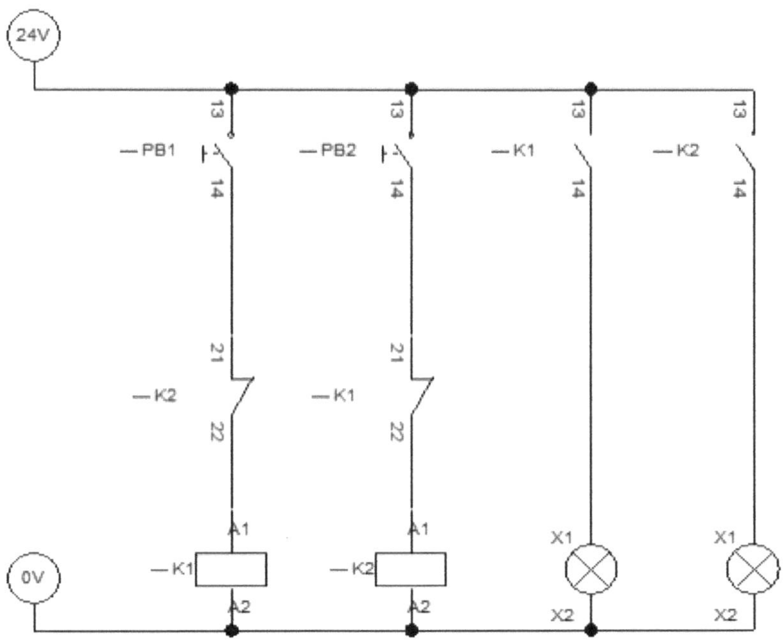

1) 프로그램 래더

(3) 자기유지 응용회로

자기유지 회로의 Output_Latch 신호에 대한 병렬로 구성된 Set 부분과 Reset 부분이 서로 직렬로 이루어진 회로를 Set는 Latch로 Reset은 Unlatch로 구분한 등가 래더도를 구성해 보자.

1) 프로그램 래더1

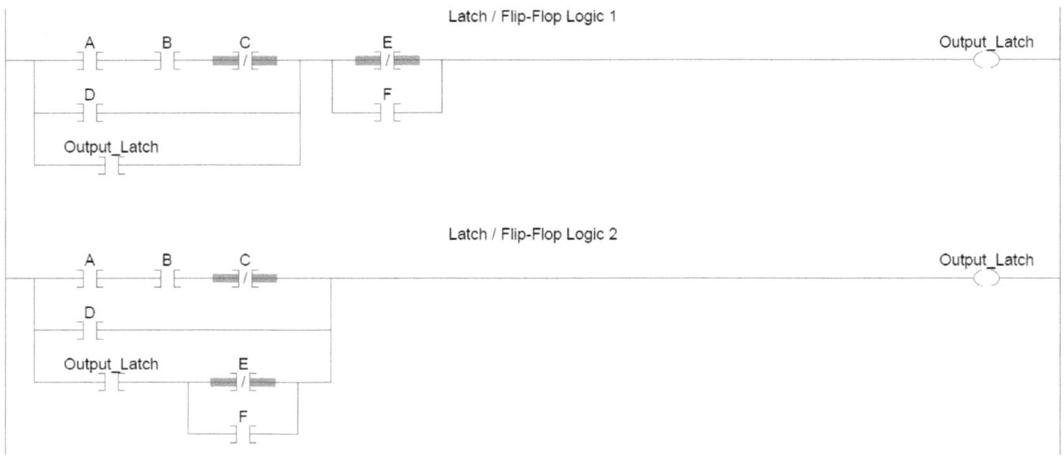

2) 프로그램 래더2

6.1.6 드모르간의 정리(De Morgan's theorem)

드모르간의 정리 3가지 기본 함수를 이용하여 디지털 논리를 등가 래더도로 만들어보자.

1. $\overline{\overline{X}} = X$
2. $\overline{X+Y} = \overline{X} \cdot \overline{Y}$
3. $\overline{X \cdot Y} = \overline{X} + \overline{Y}$

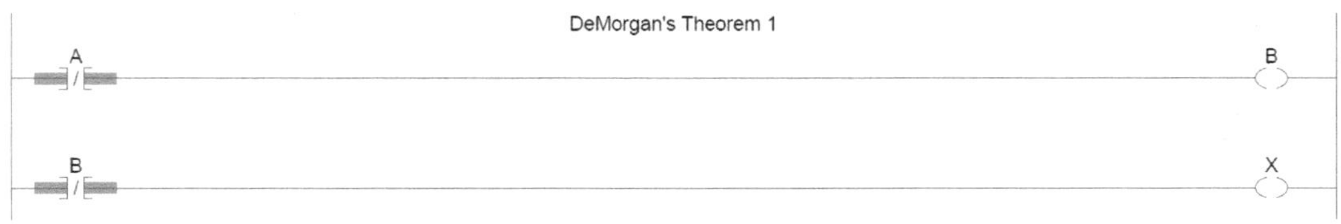

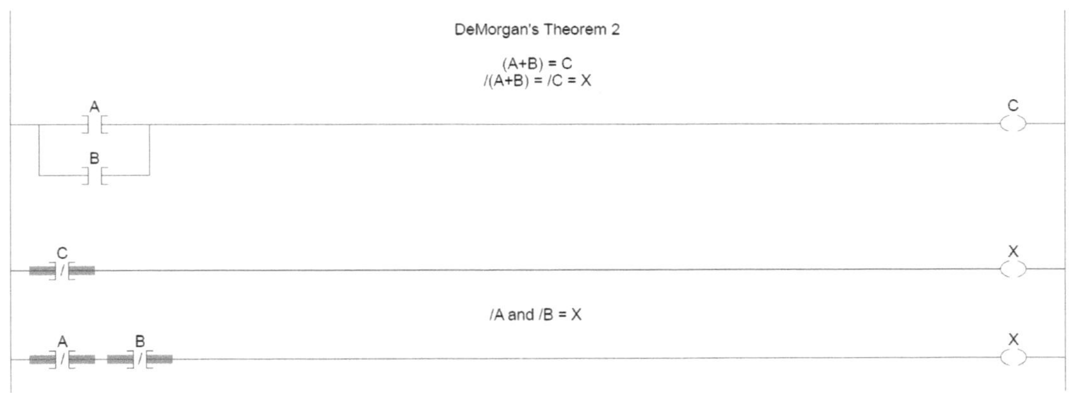

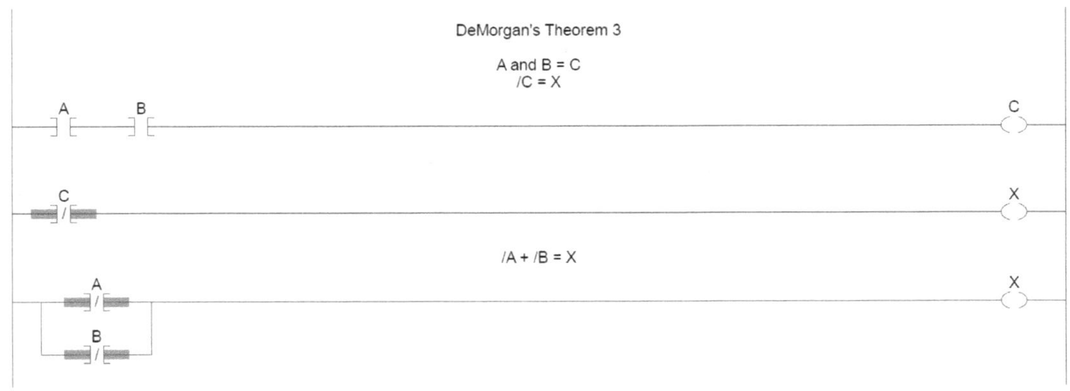

6.1.7 타이머와 카운터

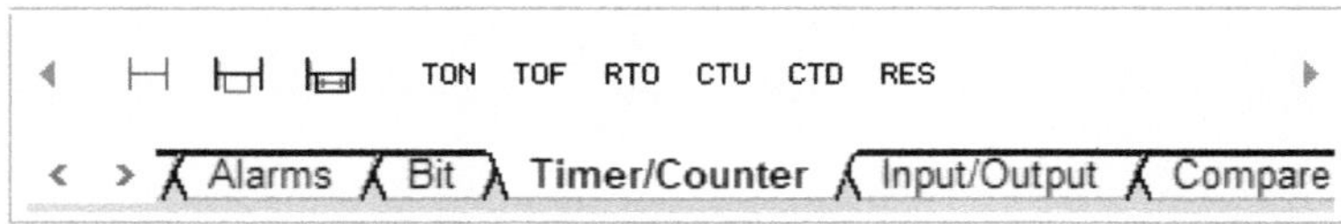

(1) 타이머

1) TON (Timer On Delay)

TON 명령이 인에이블 되었을 때 적산하는 비자기 유지형 타이머이다(Rung-Condition-Out이 참이다).

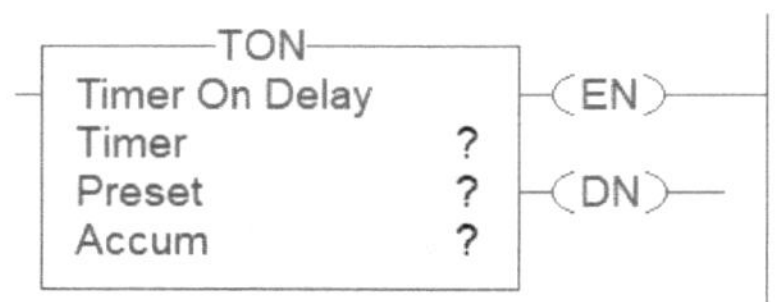

- Timer : 타이머구조
- Preset : 지연할 시간의 길이(적산시간)
- Accum : 타이머가 적산을 한 전체시간
- .EN : 인에이블 비트는 TON 명령이 인에이블 되었다는 것을 나타낸다.
- .TT : 타이밍비트는 타이밍 동작이 진행 중이라는 것을 나타낸다.
- .DN : 완료비트는 .ACC가 .PRE보다 크거나 같을 때 세트된다.
- .PRE : 프리세트 값은 명령이 .DN비트를 세트하기 전에 적산된 값이 도달해야만 하는 값 1 msec(단위)을 말한다.
- .ACC : 적산값은 TON명령이 인에이블 되고나서부터 경과된 시간을 msec의 숫자로 나타낸 값을 말한다.

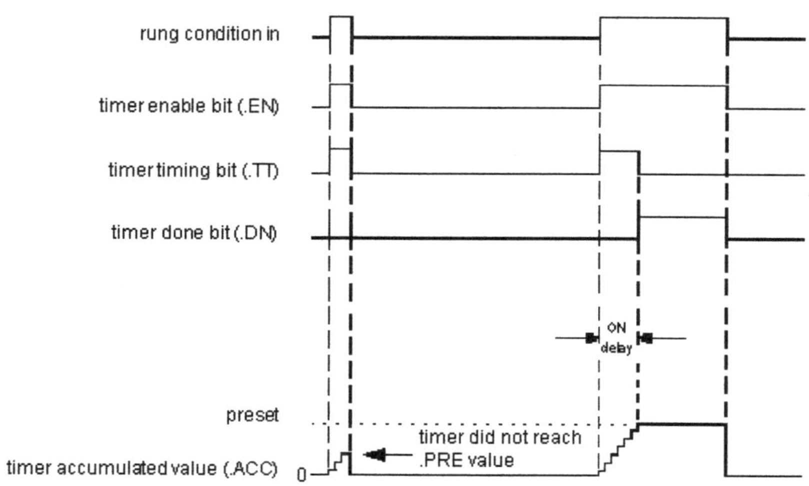

2) TOF (Timer Off Delay)

TOF 명령이 인에이블 되었을 때 적산하는 비자기유지형타이머이다(Rung-Condition-In이 거짓이다).

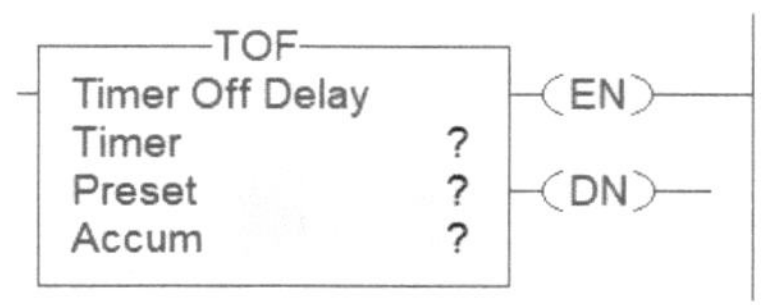

- Timer : 타이머구조
- Preset : 지연할 시간의 길이(적산시간)
- Accum : 타이머가 적산을 한 전체시간
- .EN : 인에이블 비트는 TOF 명령이 인에이블 되었다는 것을 나타낸다.
- .TT : 타이밍비트는 타이밍 동작이 진행 중이라는 것을 나타낸다.
- .DN : 완료비트는 .ACC가 .PRE보다 크거나 같을 때 클리어된다.
- .PRE : 프리세트 값은 명령이 .DN비트를 클리어하기 전에 적산된 값이 도달해야만 하는 값 1 msec(단위)을 말한다.
- .ACC : 적산값은 TON명령이 인에이블 되고나서부터 경과된 시간을 msec의 숫자로 나타낸 값을 말한다.

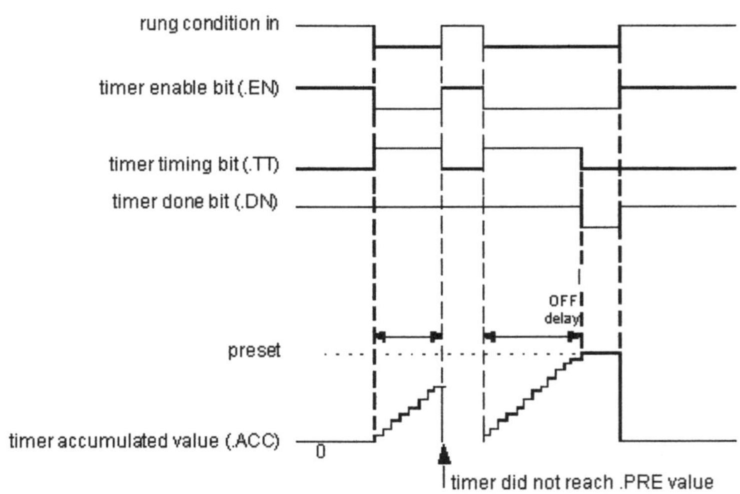

3) RTO

RTO 명령이 인에이블 될 때 시간을 적산하는 자기유지형 타이머이다.

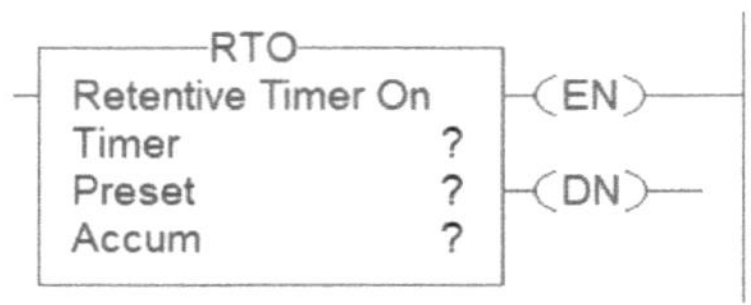

- Timer : 타이머구조
- Preset : 지연할 시간의 길이(적산시간)
- Accum : 타이머가 적산을 한 전체시간
- .EN : 인에이블 비트는 RTO 명령이 인에이블 되었다는 것을 나타낸다.
- .TT : 타이밍비트는 타이밍 동작이 진행 중이라는 것을 나타낸다.
- .DN : 완료비트는 .ACC가 .PRE보다 크거나 같을 때 세트된다.
- .PRE : 프리세트 값은 명령이 .DN비트를 세트하기 전에 적산된 값이 도달해야만 하는 값 1 msec(단위)을 말한다.
- .ACC : 적산값은 RTO명령이 인에이블 되고나서부터 경과된 시간을 msec의 숫자로 나타낸 값을 말한다.

4) 타이머 기본회로

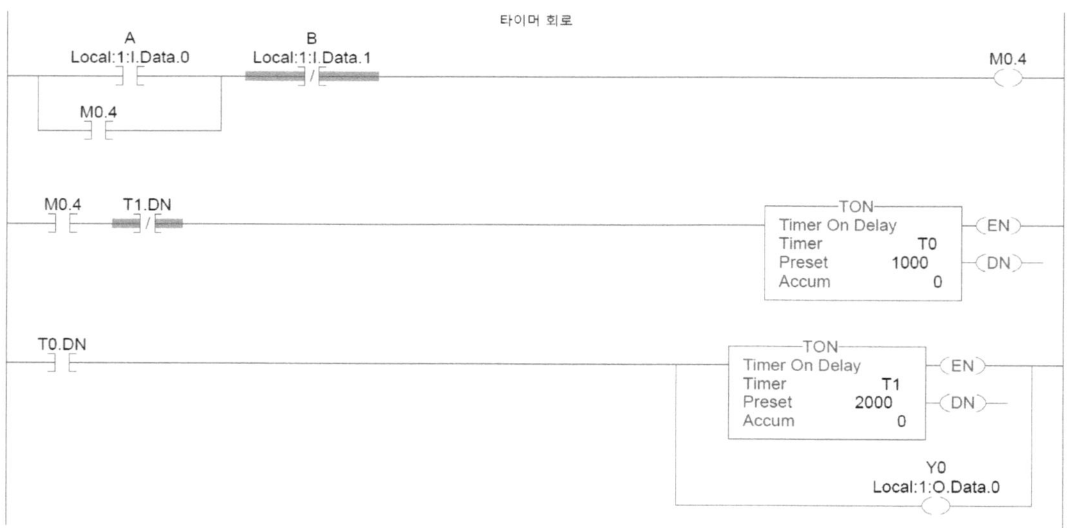

(2) 카운터

1) CTU

CTU 명령은 올라가는 것을 카운트한다.

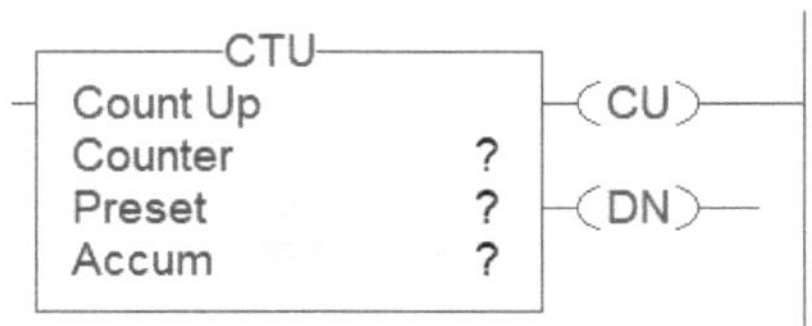

- Counter : 카운터구조
- Preset : 카운트 해야하는 값
- Accum : 카운터가 카운트한 회수 초기값은 일반적으로 0이다.
- .CU : 카운트 업 인에이블 비트는 CTU 명령이 인에이블 되었다는 것을 나타낸다.
- .DN : 완료비트는 .ACC 〉=.PRE 라는 것을 나타낸다.
- .OV : 오버플로우 비트는 카운터가 상한치 2,147,483,647을 초과했다는 것을 나타낸다.
- .UN : 언더플로우 비트는 카운터가 하한치 -2,147,483,648을 초과했다는 것을 나타낸다.
- PRE : 프리세트 값은 명령이 .DN 비트를 세트하기 전까지 도달해야하는 누적된 값을 말한다.
- .ACC : 누적된 값은 명령이 카운트 한 천이 횟수를 말한다.

2) CTD

CTU 명령은 올라가는 것을 카운트한다.

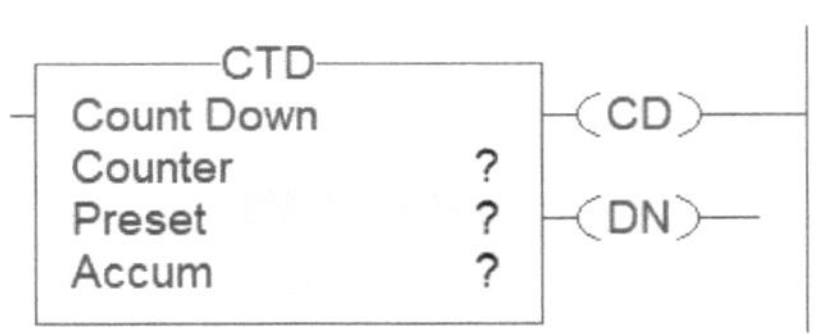

- Counter : 카운터구조
- Preset : 카운트 해야하는 값
- Accum : 카운터가 카운트한 회수 초기값은 일반적으로 0이다.
- .CD : 카운트 다운 인에이블 비트는 CTD 명령이 인에이블 되었다는 것을 나타낸다.
- .DN : 완료비트는 .ACC 〉=.PRE 라는 것을 나타낸다.
- .OV : 오버플로우 비트는 카운터가 상한치 2,147,483,647을 초과했다는 것을 나타낸다.
- .UN : 언더플로우 비트는 카운터가 하한치 -2,147,483,648을 초과했다는 것을 나타낸다.
- .PRE : 프리세트 값은 명령이 .DN 비트를 세트하기 전까지 도달해야하는 누적된 값을 말한다.
- .ACC : 누적된 값은 명령이 카운트 한 천이 횟수를 말한다.

3) RES

RES 명령은 타이머, 카운터 또는 컨트롤 구조를 리셋트한다.

RES 명령은 다음을 클리어 한다. - TIMER -> .ACC값 - COUNTER -> .ACC값 - CONTROL -> .POS값

4) 카운터 기본회로

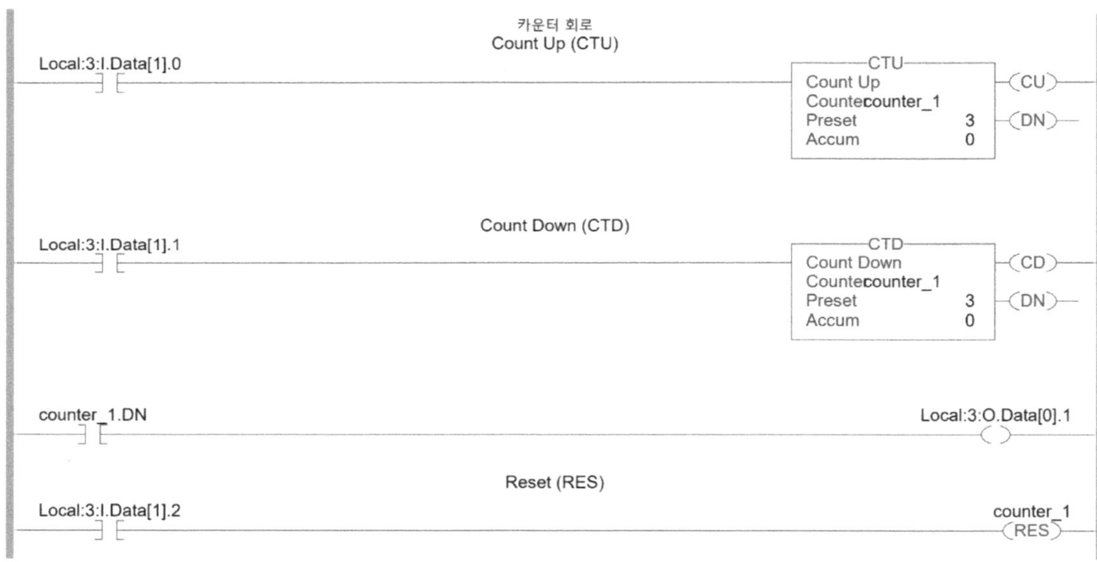

Chap 7.
명령어

7.1 명령어 활용

7.1 명령어 활용

7.1.1 데이터 타입

Logix 5000에서 기본적으로 지원하는 변수타입은 다음과 같다.

CIP Data Types

This table provides descriptions of the CIP Data Type related to the CIP Motion Control Axis.

Data Type Name	Data Type Code (in hex)	Description	Range
BOOL	C1	Boolean	0 = FALSE; 1 = TRUE
SINT	C2	Short Integer	-128 SINT 127
INT	C3	Integer	-32768 INT 32767
DINT	C4	Double Integer	-2^{31} DINT $(2^{31} - 1)$
LINT	C5	Long Integer	-2^{63} LINT $(2^{63} - 1)$
USINT	C6	Unsigned Short Integer	0 USINT 255
UINT	C7	Unsigned Integer	0 UINT 65536
UDINT	C8	Unsigned Double Integer	0 UDINT $(2^{32} - 1)$
ULINT	C9	Unsigned Long Integer	0 ULINT $(2^{64} - 1)$
REAL	CA	Single Precision Float	See IEEE 754
LREAL	CB	Double Precision Float	See IEEE 754
BYTE	D1	bit string – 8-bits	N/A
WORD	D2	bit string – 16-bits	N/A
DWORD	D3	bit string – 32-bits	N/A
LWORD	D4	bit string – 64-bits	N/A
SHORT STRING	DA	{length, 1-byte characters[n]}	N/A

7.1.2 기본 명령어

(1) 전송 / 변환 (MOV / MVM / CLR)

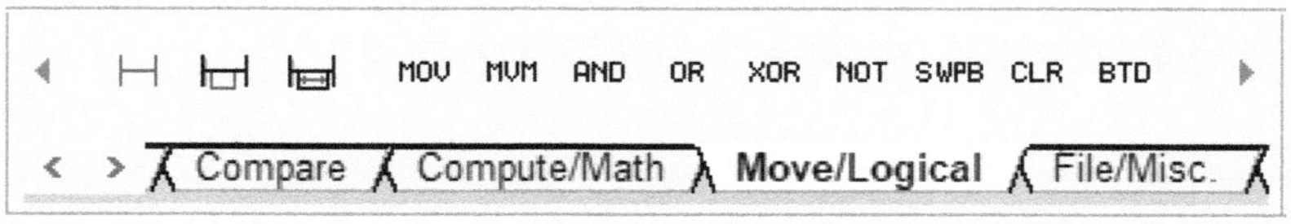

1) 전송 - MOV (Move)

MOV 명령은 소스를 목적지에 복사한다. 소스는 변경되지 않고 그대로 남아 있다.

Source	이동(복사)할 값
Destination	결과를 저장하는 태그

2) MVM (Masked Move)

MVM 명령은 소스를 목적지에 복사하고 데이터의 부분들을 마스크 되게 한다. 인에이블 될 때 MVM 명령은 소스 데이터 비트를 막거나 통과시키기 위해 마스크를 사용한다. 마스크에서 '1'은 데이터가 통과했다는 것을 의미한다. 마스크에서 '0'은 데이트 비트가 막혔다는 것을 의미한다.

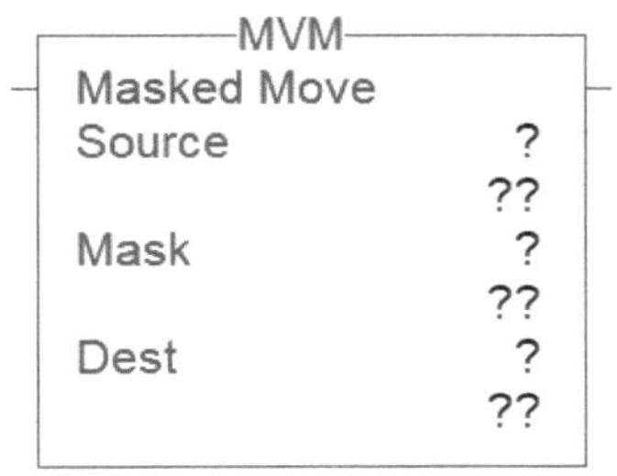

Source	이동(복사)할 값
Mask	마스크할 값
Destination	결과를 저장하는 태그

3) 초기화 - CLR (Clear)

CLR 명령은 목적지의 모든 비트들을 클리어 한다.

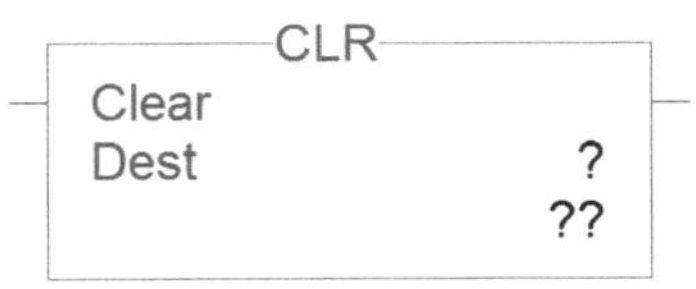

Destination	클리어할 태그

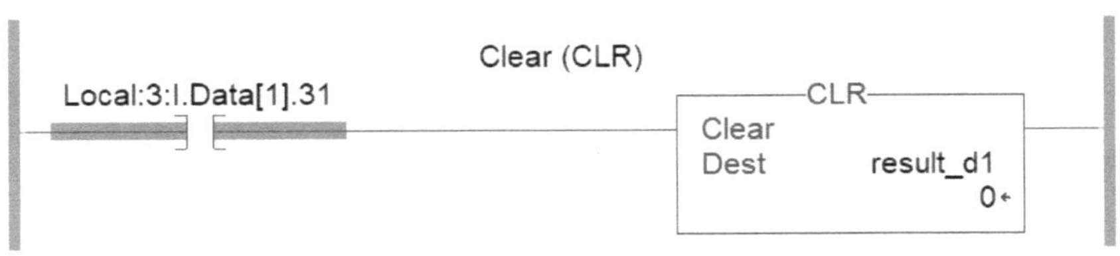

(2) 연산 변환 (TOD / FRD)

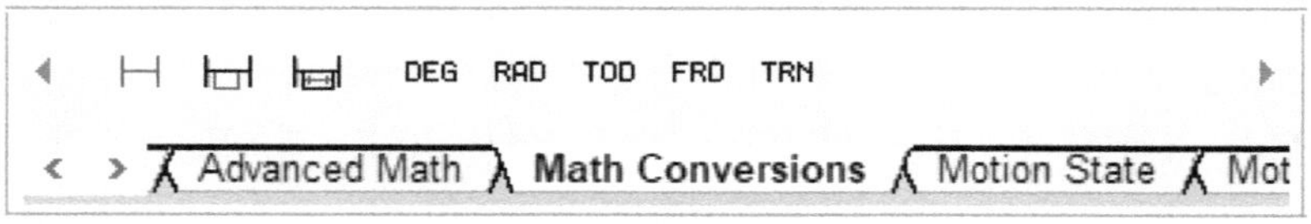

1) 정수를 BCD로 TOD (Convert to BCD)

TOD 명령어는 십진 값(0 Source 99,999,999)을 BCD 값으로 변환하고 결과를 목적지에 저장한다.

Source	BCD 로 변환할 값 0 Source 99,999,999
Destination	결과를 저장할 태그

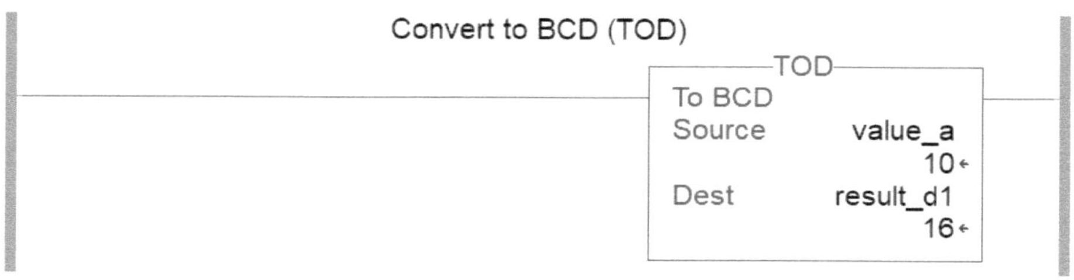

2) BCD를 정수로 변환 FRD (Convert to Integer)

FRD 명령어는 BCD 값(Source)을 십진 값으로 변환하고 결과를 목적지에 저장한다.

Source	십진수로 변환할 값
Destination	결과를 저장할 태그

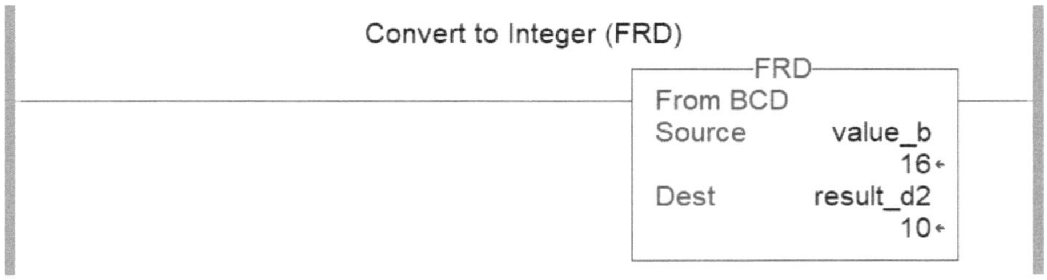

(3) 논리연산 (AND / OR / XOR / NOT)

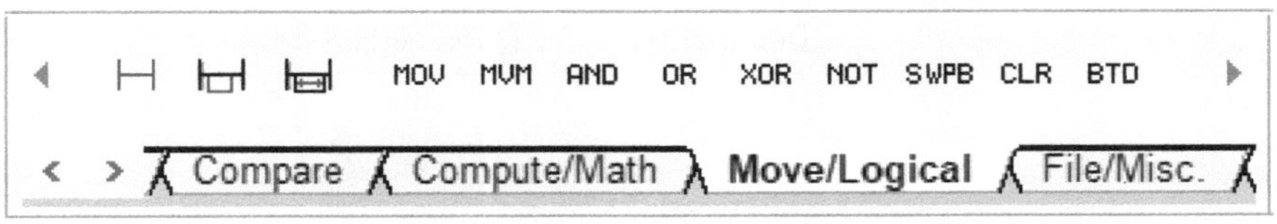

1) AND

소스A와 소스B에 있는 비트들을 사용하여 비트단위 AND 연산을 수행하고 그 결과를 목적지에 표시한다.

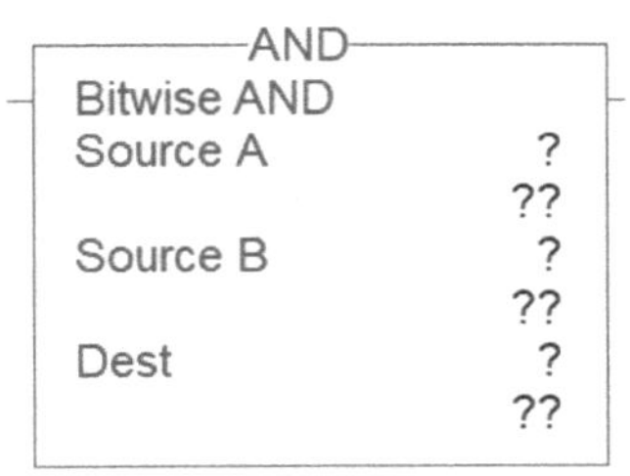

Source A	소스B와 AND할 값
Source B	소스A와 AND할 값
Destination	결과를 저장할 태그

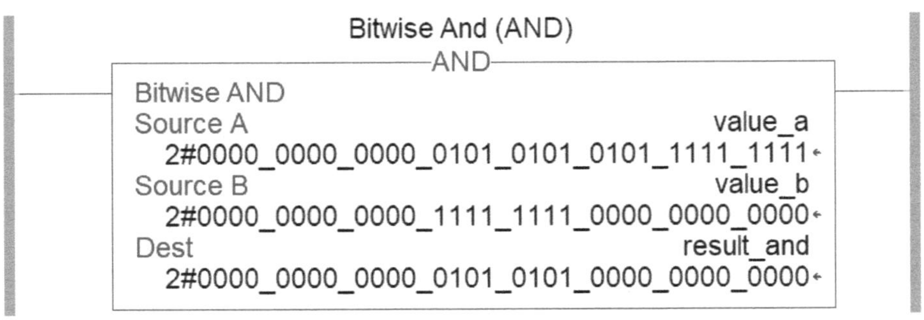

2) OR

소스A와 소스B에 있는 비트들을 사용하여 비트단위 OR 연산을 수행하고 그 결과를 목적지에 넣는다.

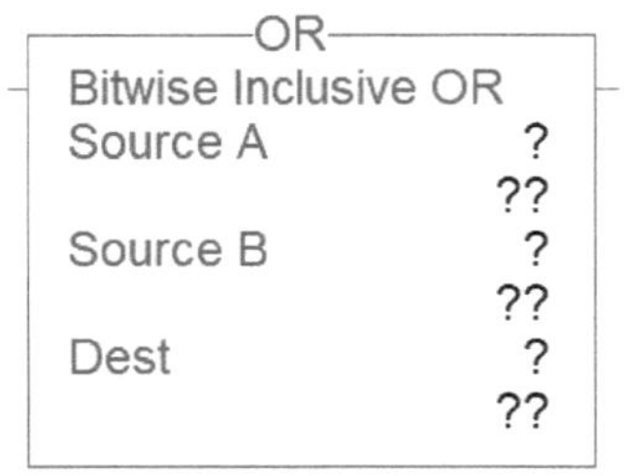

Source A	소스B와 OR할 값
Source B	소스A와 OR할 값
Destination	결과를 저장할 태그

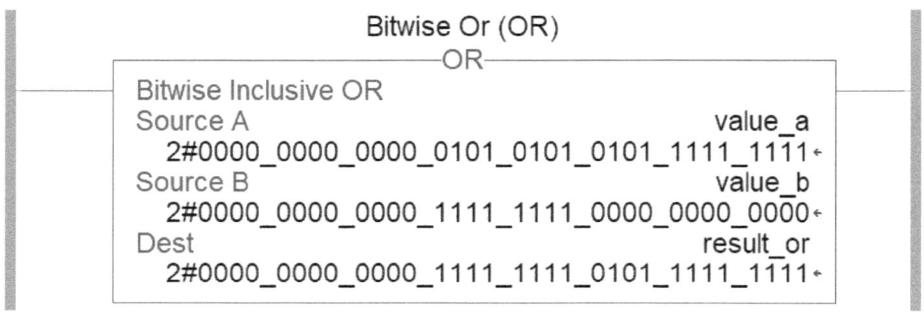

3) XOR

소스A와 소스B에 있는 비트들을 사용하여 비트단위 XOR 연산을 수행하고 그 결과를 목적지에 넣는다.

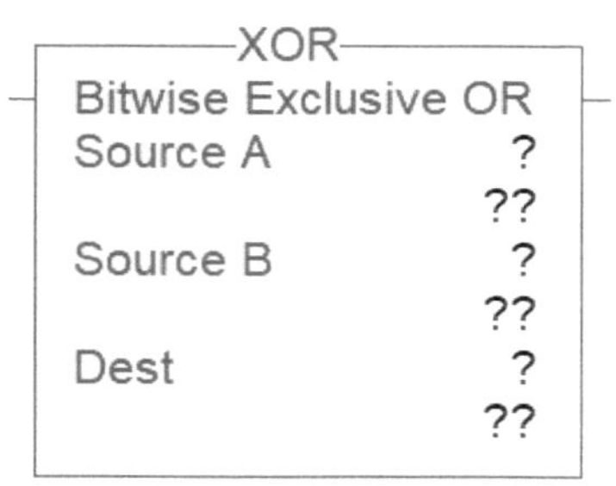

Source A	소스B와 XOR할 값
Source B	소스A와 XOR할 값
Destination	결과를 저장할 태그

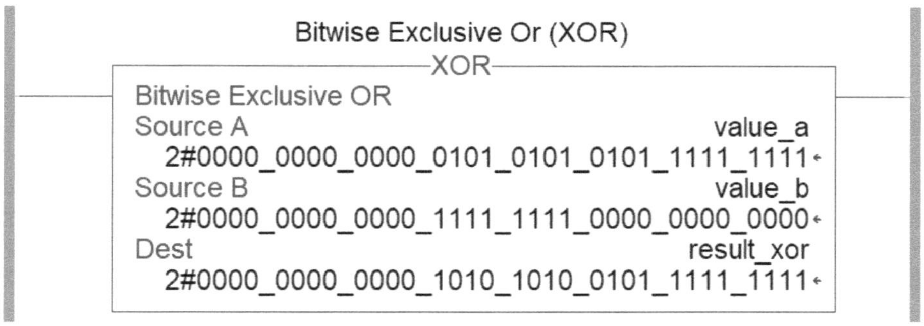

4) NOT

NOT 명령어는 Source의 비트별 반전 작업을 수행하여 그 결과를 목적지에 표시한다.

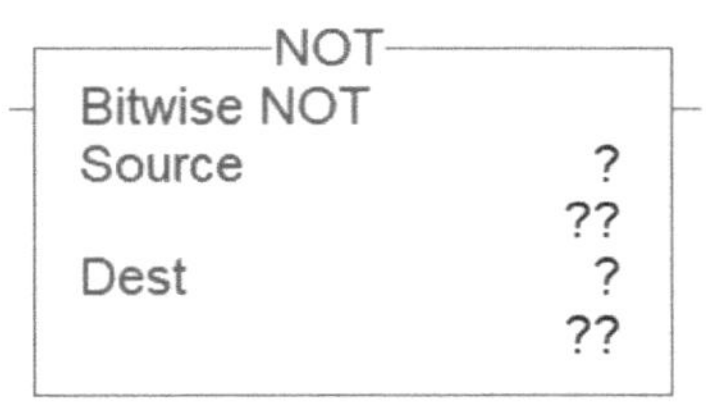

Source	논리부정 연산 수행할 값
Destination	결과를 저장할 태그

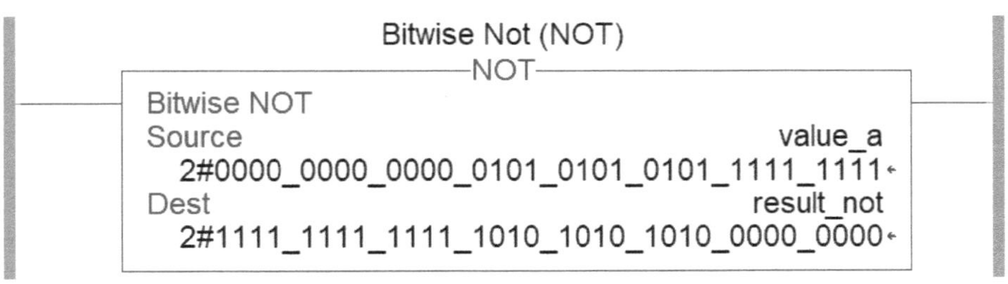

(4) 사칙연산 (ADD / SUB / MUL / DIV / MOD / NEG / ABS)

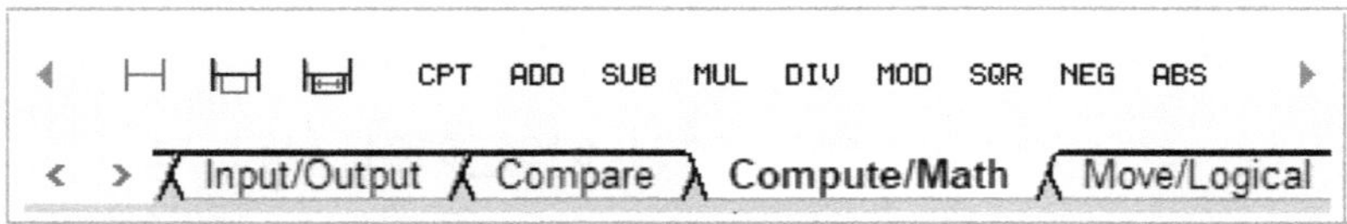

1) 더하기 – ADD

소스A를 소스B에 더하여 그 결과를 목적지에 넣는다.

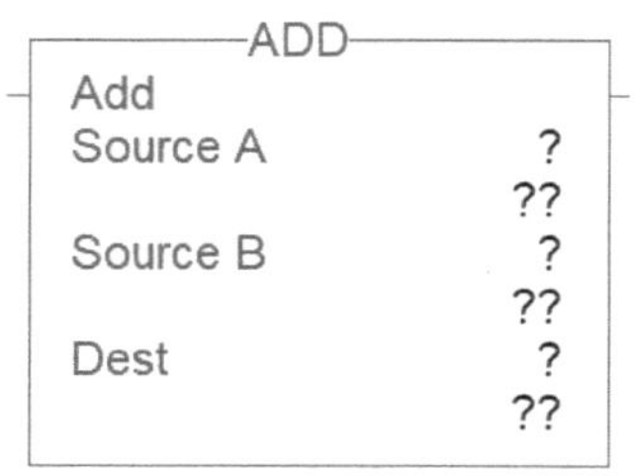

Source A	소스B에 더하기 위한 값
Source B	소스A에 더하기 위한 값
Destination	결과를 저장할 태그

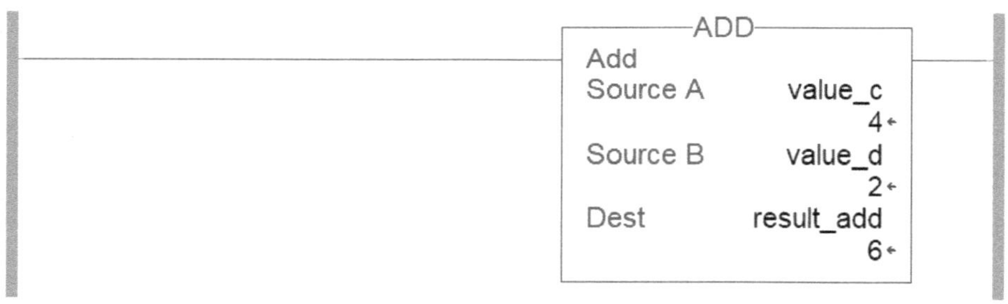

2) 빼기 – SUB

소스A를 소스B에 빼서 그 결과를 목적지에 넣는다.

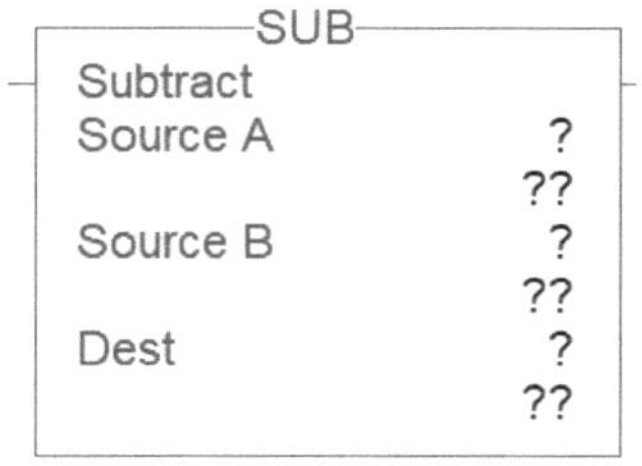

Source A	소스B에 빼기 위한 값
Source B	소스A에 빼기 위한 값
Destination	결과를 저장할 태그

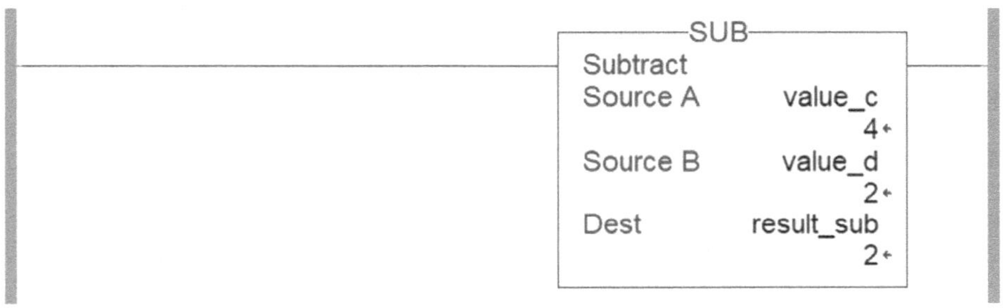

3) 곱하기 – MUL

소스A를 소스B와 곱해서 그 결과를 목적지에 넣는다.

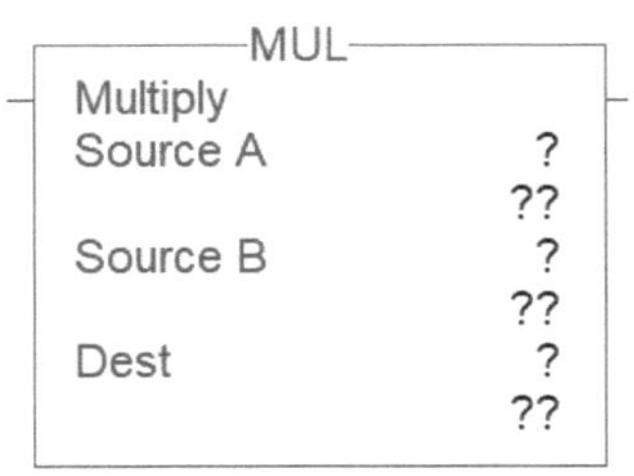

Source A	곱하여지는 값(피승수)
Source B	곱하는 값(승수)
Destination	결과를 저장할 태그

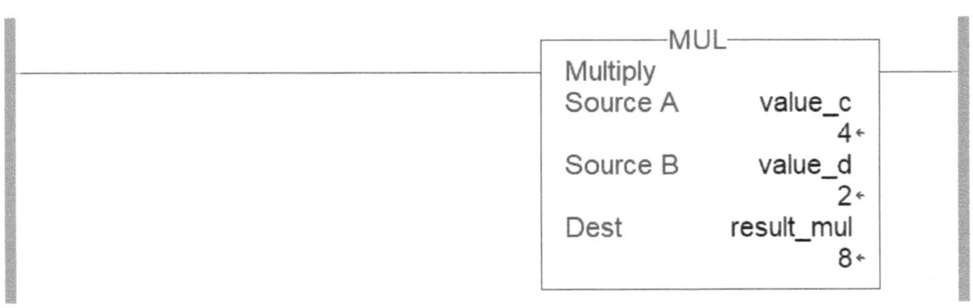

4) 나누기 – DIV

소스A를 소스B로 나누어서 그 결과를 목적지에 넣는다.

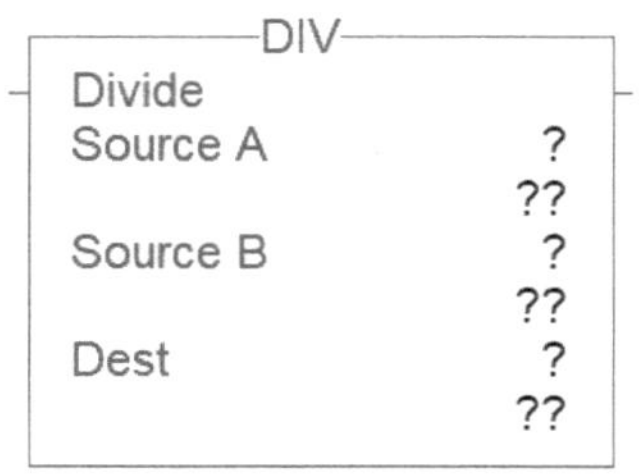

Source A	나누어지는 수의 값(피제수)
Source B	나누는 수의 값(제수)
Destination	결과를 저장할 태그

5) 나머지 – MOD

소스A를 소스B로 나누어서 그 나머지를 목적지에 넣는다.

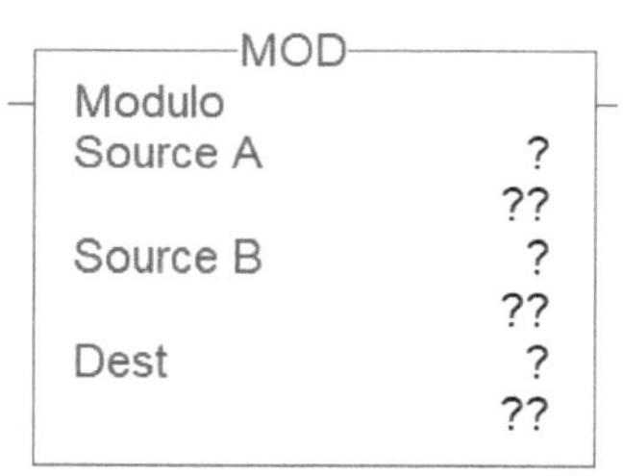

Source A	나누어지는 값(피제수)
Source B	나누는 값(제수)
Destination	결과를 저장할 태그

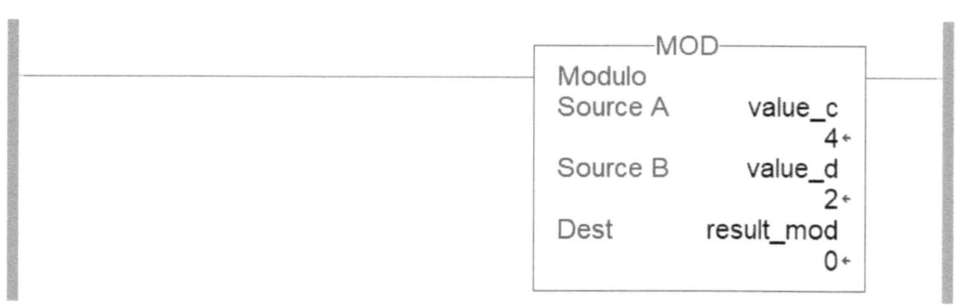

6) 부호반전 – NEG

소스의 부호를 바꾸어서 그 결과를 목적지에 넣는다.

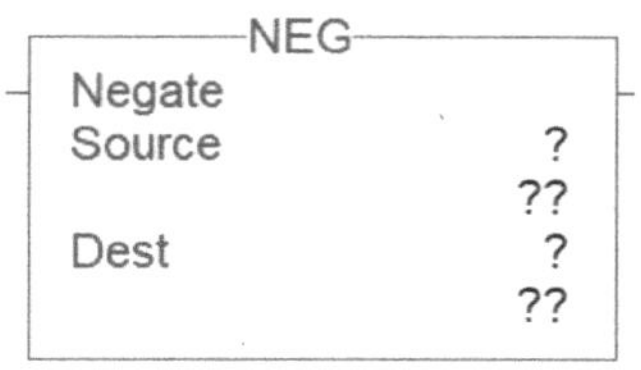

Source	반전하는 값
Destination	결과를 저장할 태그

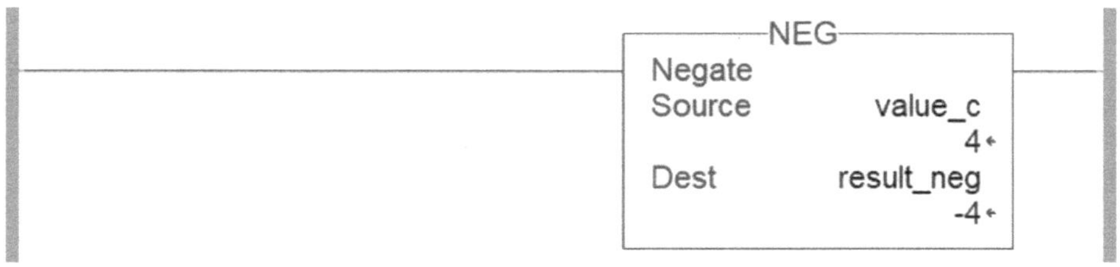

7) 절대치 – ABS

소스의 절대값을 취하여 그 결과를 목적지에 넣는다.

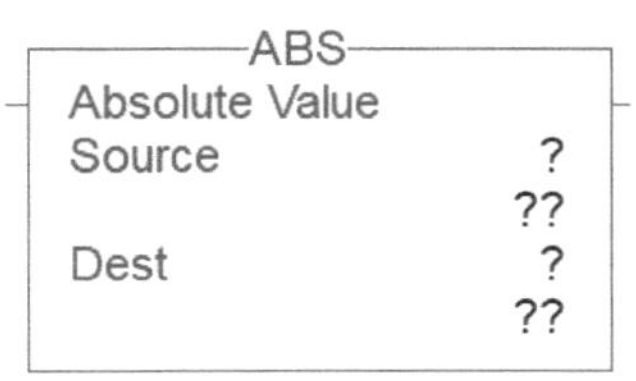

Source	절대값을 취할 값
Destination	결과를 저장할 태그

(5) 비교/판단 (CMP / EQU / NEQ / LES / GRT / LEQ / GEQ / LIM)

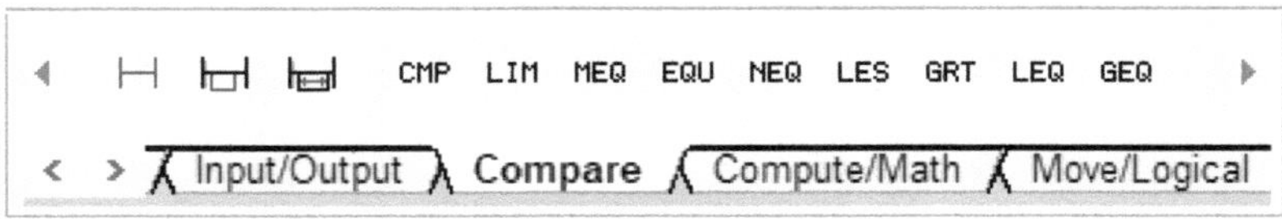

1) 비교 - CMP (Compare)

CMP 명령은 식에서 지정한 산술연산에 대해 비교를 수행한다.

Expression	연산자, 태그, 직접 값들을 사용하여 CMP의 식을 정의한다. 보다 복잡한 식의 부분을 정의하기 위해 괄호( )을 사용한다.

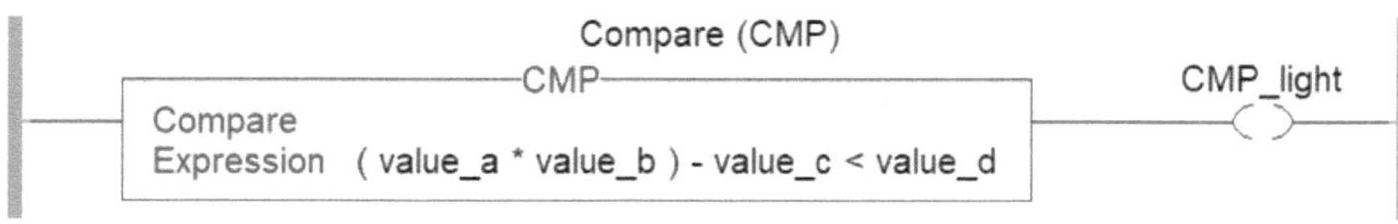

유효 연산자

연산자	설명	최적
+	더하기	DINT, REAL
−	빼기/부정	DINT, REAL
*	곱하기	DINT, REAL
/	나누기	DINT, REAL
=	같다	DINT, REAL
〈	보다 적다	DINT, REAL
〈=	작거나 같다	DINT, REAL
〉	크다	DINT, REAL
〉=	크거나 같다	DINT, REAL
〈〉	같지 않다	DINT, REAL
**	지수(x에 대한 y)	DINT, REAL
ABS	절대값	DINT, REAL
ACS	아크코사인	REAL
AND	비트형 AND	DINT
ASN	아크사인	REAL
ATN	아크탄젠트	REAL
COS	코사인	REAL

연산자	설명	최적
DEG	라디안을 각도로	DINT, REAL
FRD	BCD를 정수로	DINT
LN	자연대수	REAL
LOG	상용대수	REAL
MOD	나눈 몫	DINT, REAL
NOT	비트형 보수	DINT
OR	비트OR	DINT
RAD	각도를 라디안으로	DINT, REAL
SIN	사인	REAL
SQR	제곱근	DINT, REAL
TAN	탄젠트	REAL
TOD	정수를 BCD로	DINT
TRN	잘라내기	DINT, REAL
XOR	비트형 exclusiceOR	DINT

2) 리미트 – LIM (Limit Test)

Target값이 하한에서 상한의 범위 내에 있는지를 테스트한다.

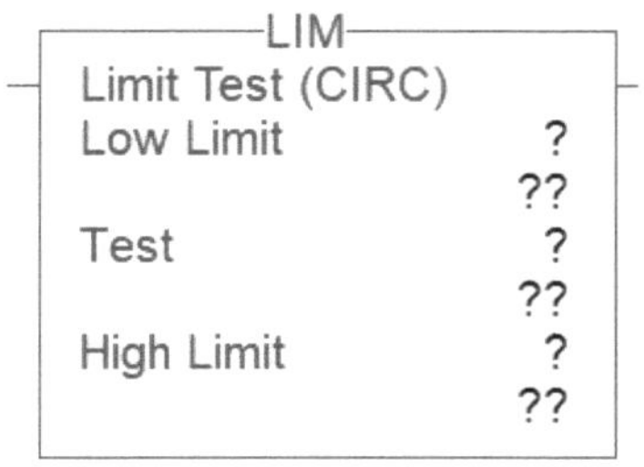

Low Limit	하한 값
Test	테스트할 값
High Limit	상한의 값

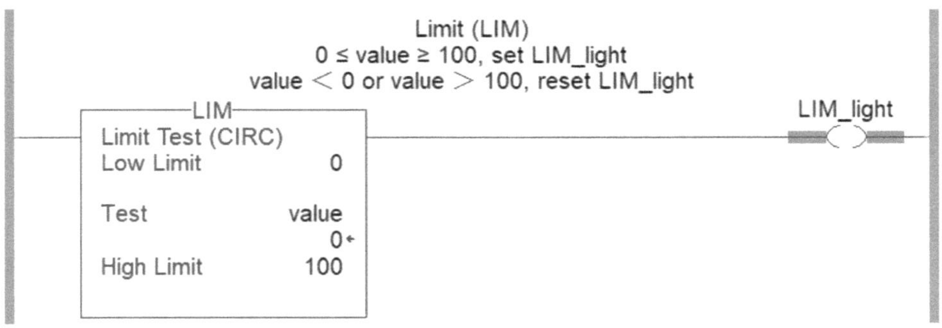

3) 마스크 같음 - MEQ (Equal to)

MEQ 명령어는 마스크를 통해 Source 및 Compare 값을 전달하고 결과를 비교한다. 마스크의 "1"은 데이터 비트가 전달되었음을 의미한다. 마스크의 "0"은 데이터 비트가 차단되었음을 의미한다. 일반적으로 Source, Mask, Compare 값은 모두 동일한 데이터 유형이다.

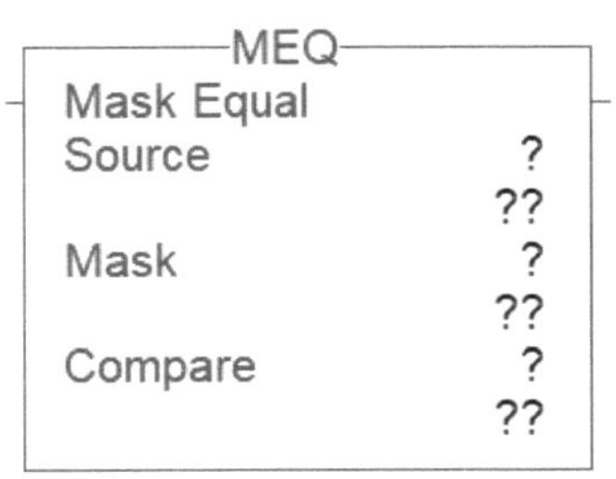

Source	Compare에 대해 테스트할 값
Mask	어느 비트가 블록하든지 패스하든지를 정의한다
Compare	소스에 대해 테스트할 값

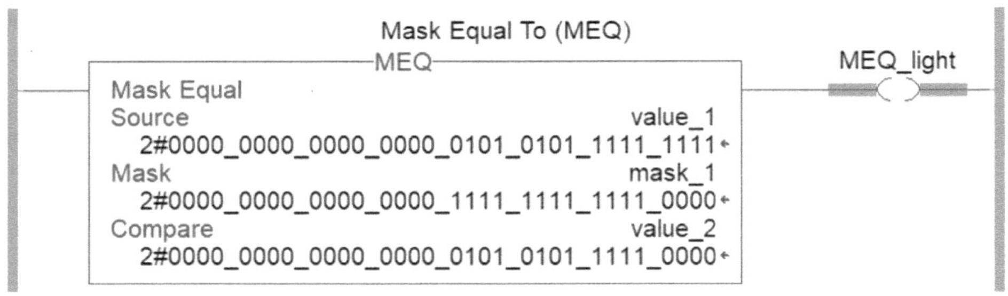

4) 같음 – EQU (Equal to)

활성화된 경우, EQU 명령어와 = 연산자는 소스 A와 소스 B가 같은지 테스트한다.

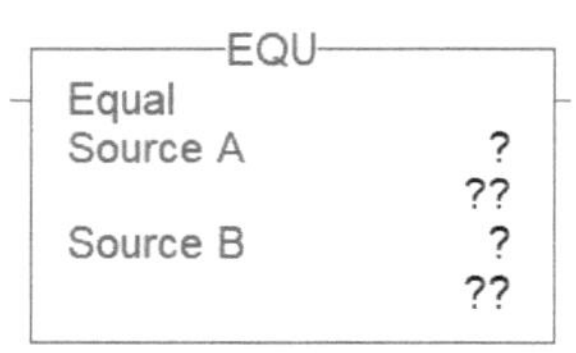

Source A	Source B와 비교해 테스트할 값
Source B	Source A와 비교해 테스트할 값

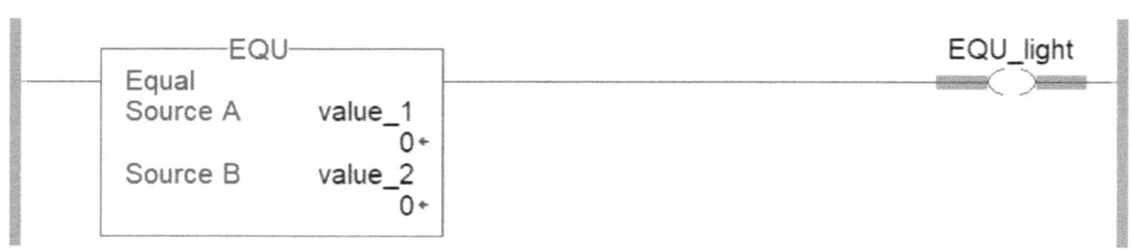

5) 같지 않음 – NEQ (Not Equal to)

활성화된 경우, NEQ 명령어와 연산자는 소스 A와 소스 B가 같지 않은지 테스트한다.

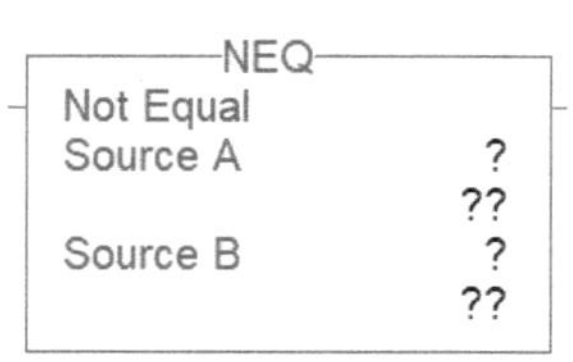

Source A	Source B와 비교해 테스트할 값
Source B	Source A와 비교해 테스트할 값

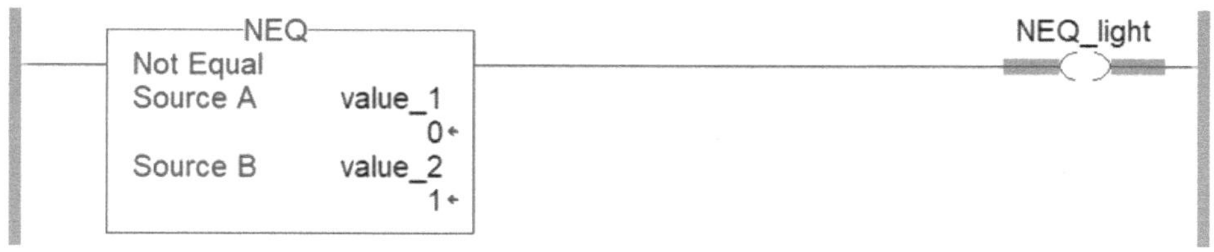

6) 작음 - LES (Less than)

활성화된 경우, LES 명령어와 연산자는 소스 A가 소스 B 보다 작은지 테스트한다.

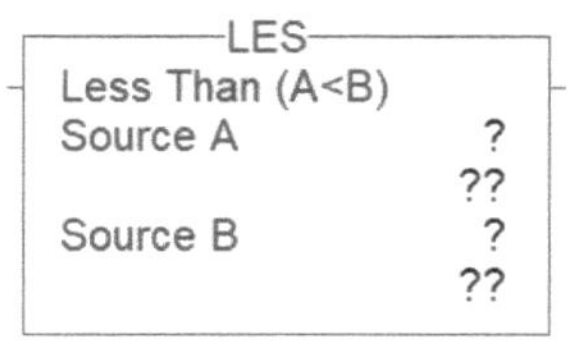

Source A	Source B와 비교해 테스트할 값
Source B	Source A와 비교해 테스트할 값

7) 큼 – GRT (Greater than)

활성화된 경우, GRT 명령어와 연산자는 소스 A가 소스 B 보다 큰지 테스트한다.

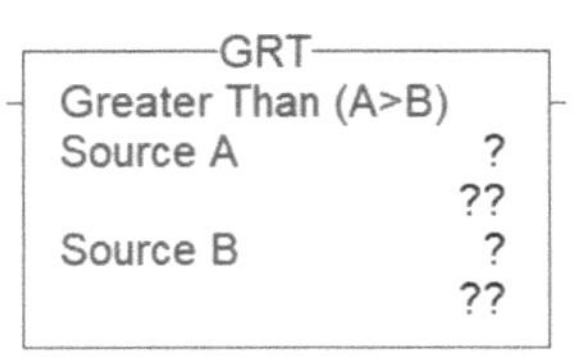

Source A	Source B와 비교해 테스트할 값
Source B	Source A와 비교해 테스트할 값

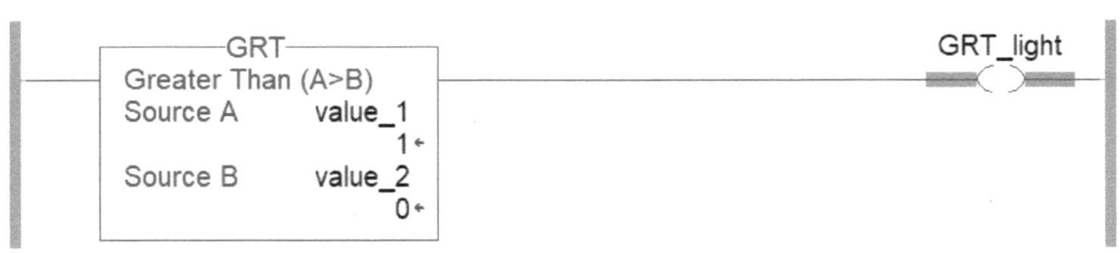

8) 작거나 같음 – LEQ (Less than or Equal to)

활성화된 경우, LEQ 명령어와 연산자는 소스 A가 소스 B 보다 작거나 같은지 테스트한다.

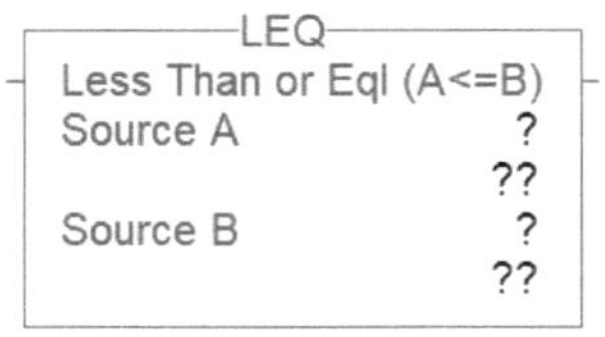

Source A	Source B와 비교해 테스트할 값
Source B	Source A와 비교해 테스트할 값

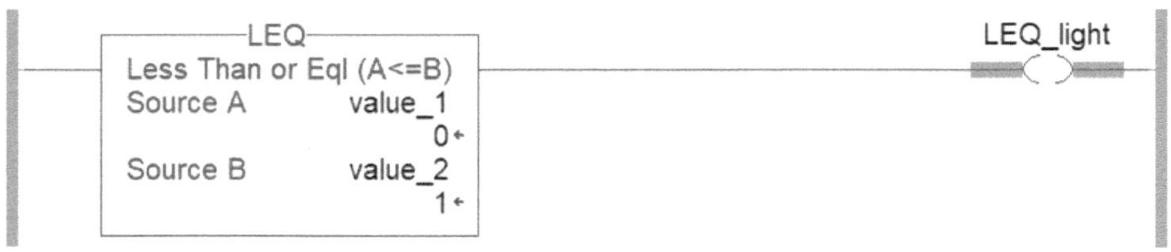

9) 크거나 같음 – GEQ (Greater than or Equal to)

활성화된 경우, GEQ 명령어와 연산자는 소스 A가 소스 B 보다 크거나 같은지 테스트한다.

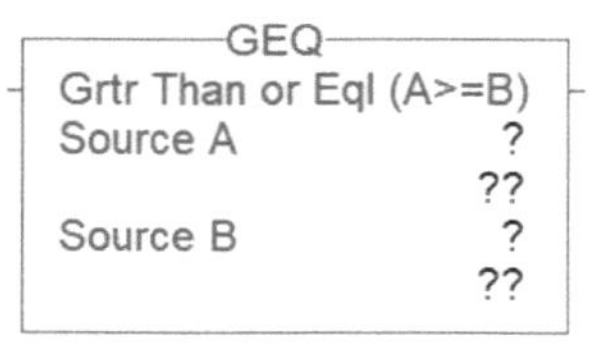

Source A	Source B와 비교해 테스트할 값
Source B	Source A와 비교해 테스트할 값

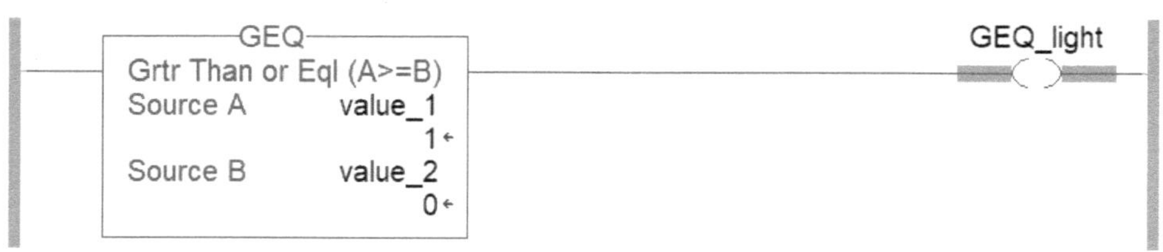

(6) 프로그램 컨트롤 명령 (JSR / SBR / RET / JMP / LBL / MCR)

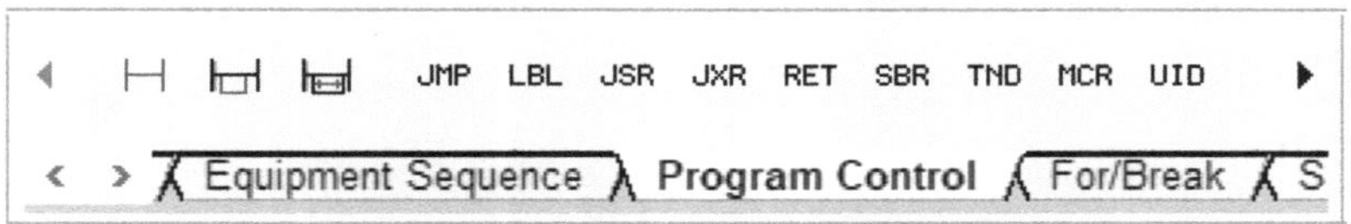

■ SR(서브루틴으로 점프) / SBR(서브루틴) / RET(리턴)

JSR 명령은 실행을 다른 루틴으로 점프시킨다. SBR과 RET 명령은 JSR 명령과 데이터를 교환하는 옵션 명령들이다.

1) JSR (Jump To Subroutine)

소스A와 소스B에 있는 비트들을 사용하여 비트단위 XOR 연산을 수행하고 그 결과를 목적지에 넣는다.

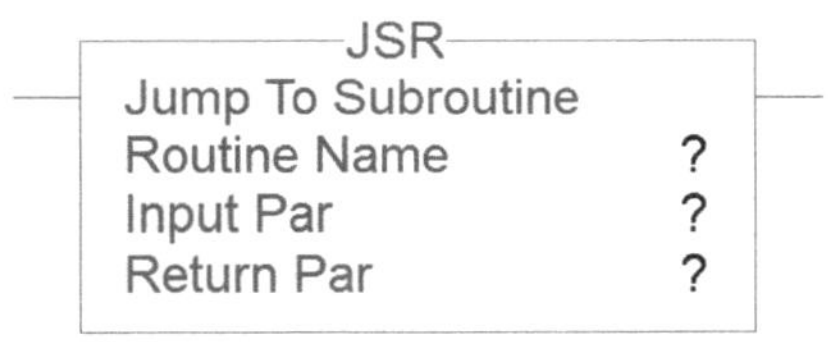

오퍼랜드	형식	포맷	설명
Routine name	ROUTINE	이름	실행할 루틴 (예 : 서브루틴)
Input parameter	BOOL SINT INT DINT REAL structure	직접값 태그 배열태그	서브루틴에서 태그에 복사하려는 이 루틴으로부터의 데이터 - 입력파라메타는 옵션이다. - 필요하다면 여러 개의 입력 파라메타를 넣는다.
Return Parameter	BOOL SINT INT DINT REAL structure	태그 배열태그	서브루틴의 결과를 복사하려고 하는 이 루틴 내의 태그 - 리턴파라메타는 옵션이다. - 필요하다면 여러 개의 리턴 파라메타를 넣는다.

2) SBR / RET

소스A와 소스B에 있는 비트들을 사용하여 비트단위 XOR 연산을 수행하고 그 결과를 목적지에 넣는다.

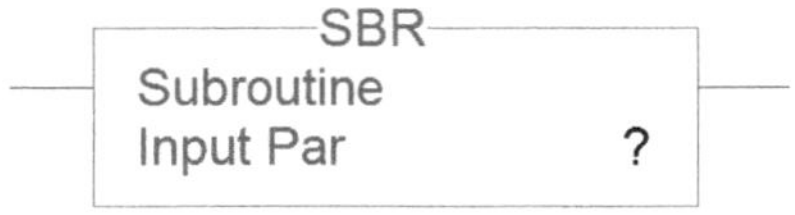

오퍼랜드	형식	포맷	설명
Input parameter	BOOL SINT INT DINT REAL structure	태그 배열태그	JSR 명령으로부터 해당하는 입력파라메타에 복사하려고 하는 이 루틴 내의 태그

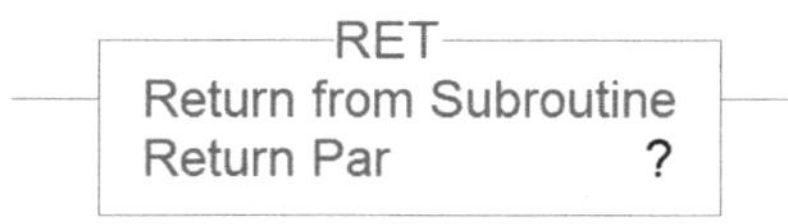

오퍼랜드	형식	포맷	설명
Return parameter	BOOL SINT INT DINT REAL structure	직접값 태그 배열태그	JSR 명령에서 해당하는 리턴 파라메타에 복사하려고 하는 이 루틴으로부터의 데이터

3) 예제

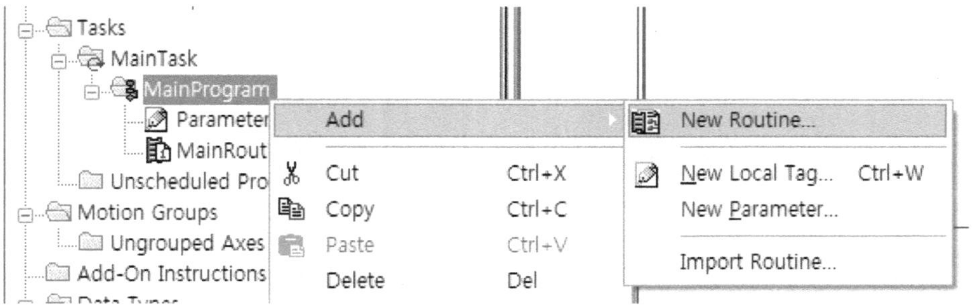
Tasks
MainTask
MainProgram
Parameter
MainRout
Unscheduled Pro
Motion Groups
Ungrouped Axes
Add-On Instructions
Add
Cut Ctrl+X
Copy Ctrl+C
Paste Ctrl+V
Delete Del
New Routine...
New Local Tag... Ctrl+W
New Parameter...
Import Routine...

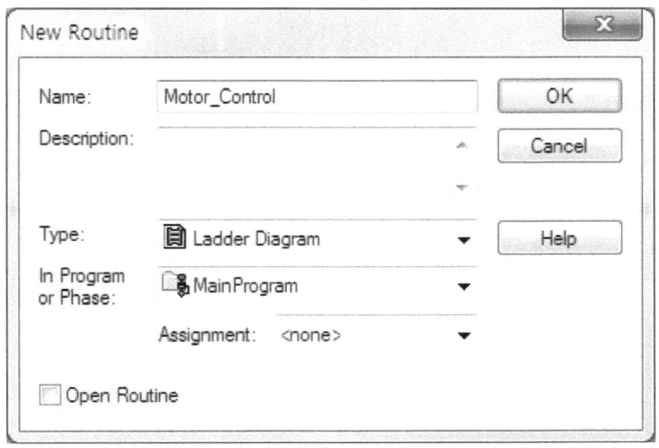
New Routine
Name: Motor_Control
Description:
Type: Ladder Diagram
In Program or Phase: MainProgram
Assignment: <none>
Open Routine
OK
Cancel
Help

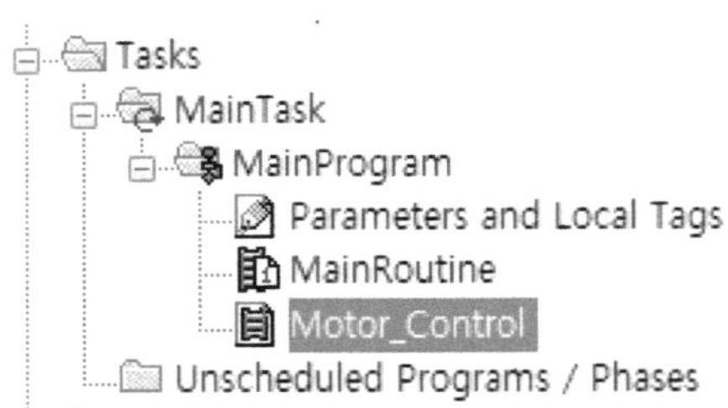
Tasks
MainTask
MainProgram
Parameters and Local Tags
MainRoutine
Motor_Control
Unscheduled Programs / Phases

0
Go_Motor_Control
JSR
Jump To Subroutine
Routine Name Motor_Control

MainRoutine(메인루틴)

SBR(서브루틴)

4) JMP / LBL

인에이블 될 때, JMP 명령은 관련되는 LBL 명령으로 건너뛰고 컨트롤러는 거기서 실행을 계속한다.

디스에이블될 때, JMP 명령은 래더실행에는 영향을 주지 않는다.

JMP 명령은 래더실행을 앞으로 또는 뒤로 이동시킨다. Lable을 향하여 앞으로 점프하는 것은 필요로 할 때까지 로직 세그먼트를 빼놓음으로서 스캔타임을 절약한다. 뒤로 점프하는 것은 컨트롤러가 로직의 반복을 계속하게 한다. 너무 많은 회수로 뒤로 점프하지 않도록 조심한다. 위치도그 타이머가 타임아웃 될 수 있다. 왜냐하면 컨트롤러가 로직의 끝에 결코 도달하지 않게 되며 이는 컨트롤러를 폴트로 만든다.

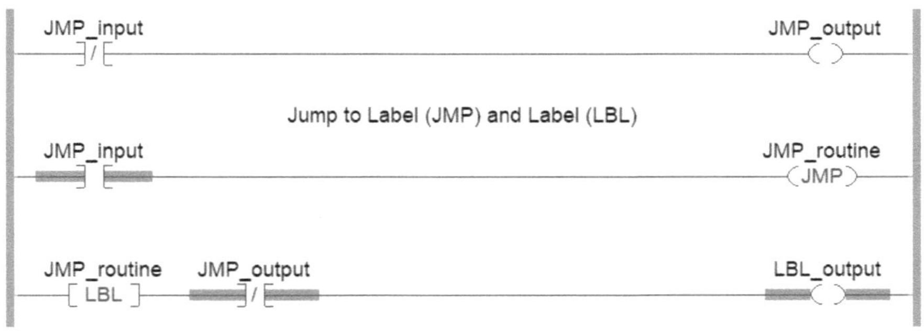

5) MCR MCR(Master Control Reset, 마스터 컨트롤 리세트)

MCR 명령은 쌍으로 사용되며 MCR 명령 내에 있는 모든 렁을 디스에이블 할 수 있는 프로그램지역을 만든다.

Chap 8.

3D 시뮬레이션

8.1 전기회로 설계

(1) Simula 페이지 추가

- Project 창에서 [Simula]를 마우스 우측버튼 클릭 [Add an SIMULA page]를 실행한다.

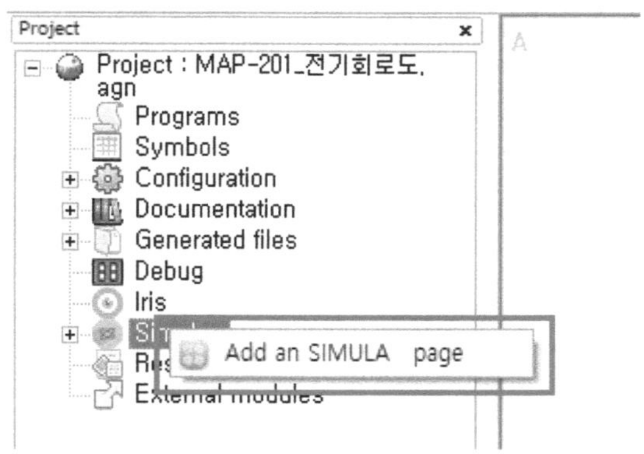

(2) Simula 부품 리스트 열기

- 작업 화면에서 마우스 우측 버튼클릭 [Add an object]를 실행한다.

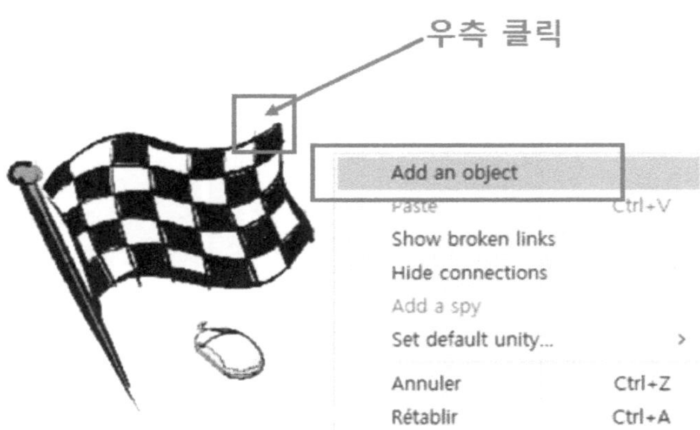

※ 부품 리스트 열기 다른 방법으로 툴바에서 [Simulation library]를 선택 실행한다.

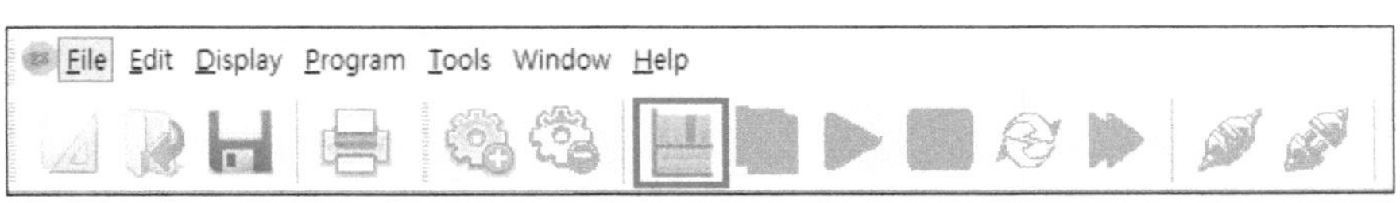

- 아래 그림과 같이 [SIMULA object assistant] 창이 실행된다.

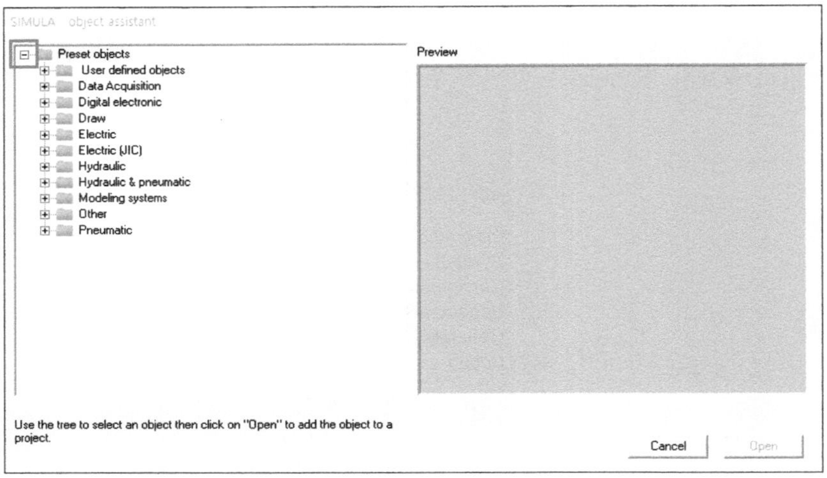

(3) Project창 Palette 부품 리스트 열기

- 프로젝트 창에서 Palette 탭 아이콘을 클릭하면 앞에서 설명한 [SIMULA object assistant] 창에서의 동일한 심볼 부품이 확인 가능하며 이를 활용하여 전기회로도 작성이 가능하다.

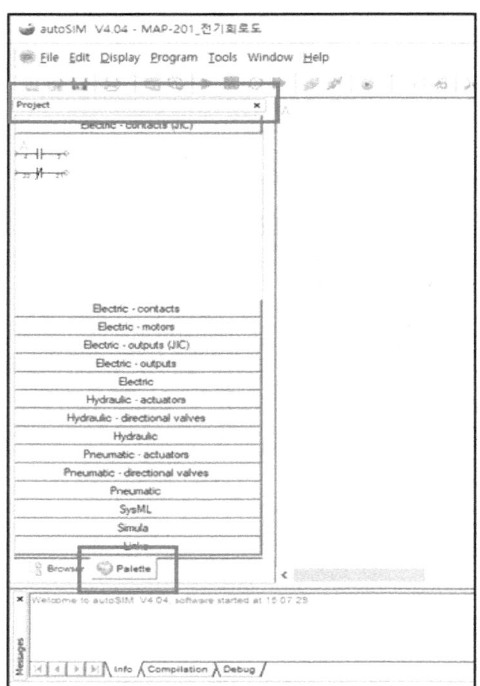

(4) 부품 배치

- [SIMULA object assistant]창에서 [Electric] - [Power sources] - [Power supply 24 volts] 심볼 부품을 선택하여 작업 화면에 배치한다.

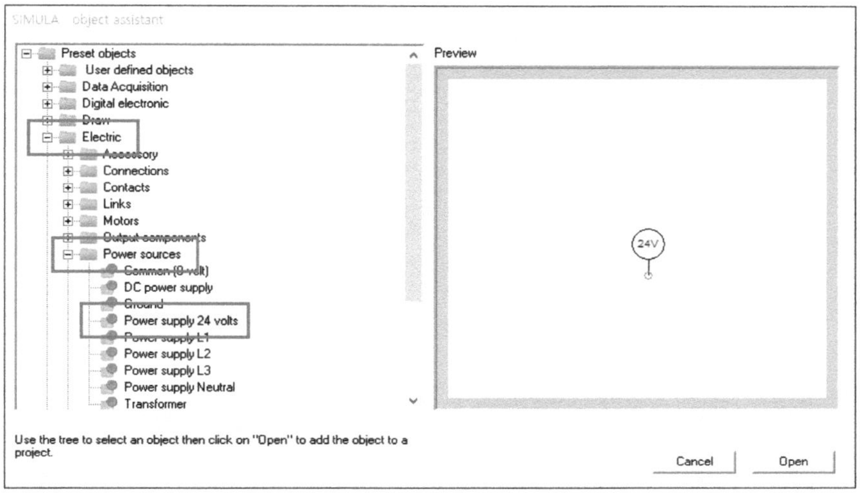

※ 같은 방법으로는 프로젝트 창에서 [Palette] 탭 아이콘을 클릭 [Electric] 목록에서 0 V 심볼 부품을 선택하여 작업 화면에 배치한다.

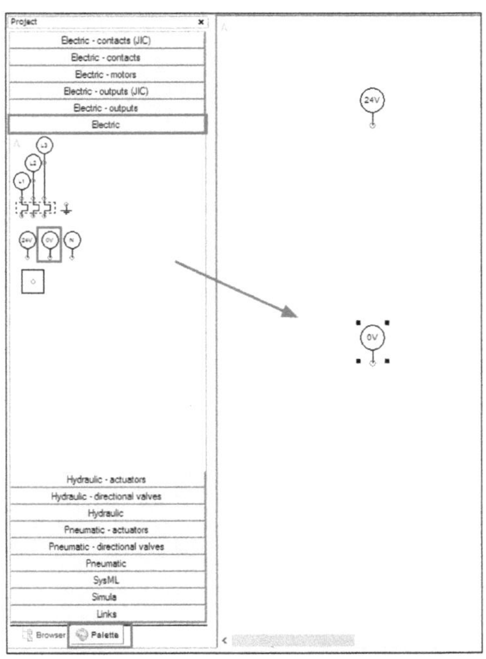

- 프로젝트 창 [Electric - contacts] 목록에서 푸시버튼 심볼 부품을 선택하여 작업 화면에 배치한다.

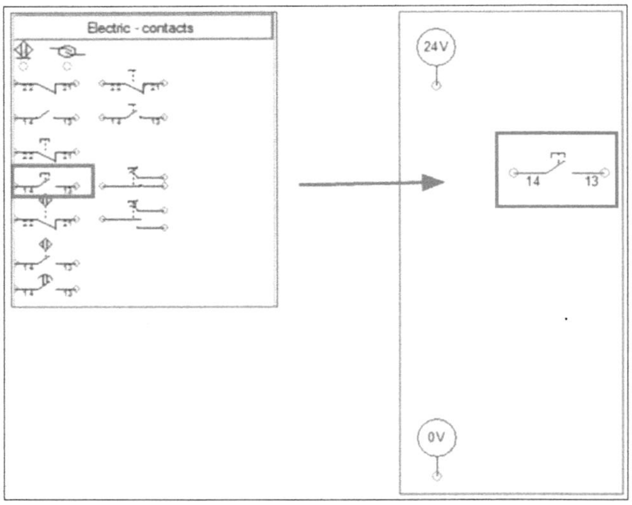

- 푸시버튼 심볼 부품 회전을 위해 마우스 우측버튼 클릭 [Rotation] - [270°]을 클릭한다.

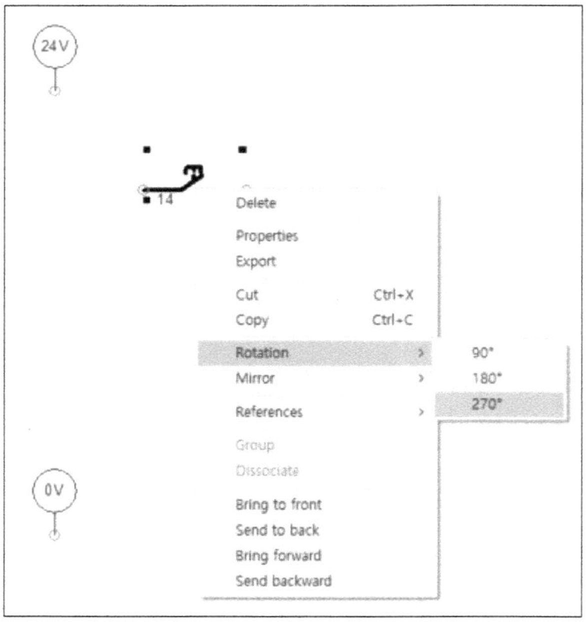

- 스위치 심볼 부품을 더블클릭하면 [Properties] 창이 나타난다.
- 그리고 스위치 심볼을 클릭하면 스위치 심볼이 다양하게 나타난다.

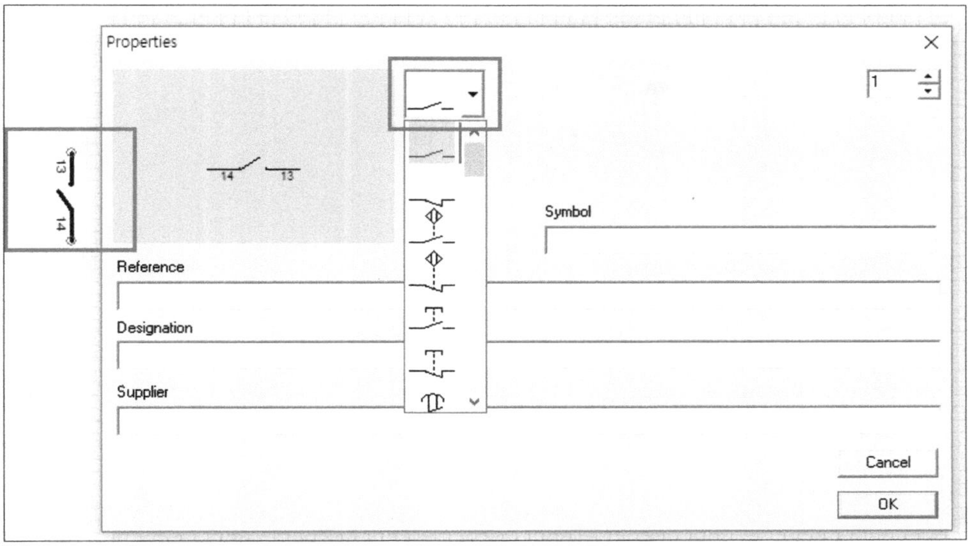

- 이 때 변경할 스위치를 선택 후 [OK]를 클릭하면 기존 스위치모양에서 새로 선택한 스위치로 변경된다.

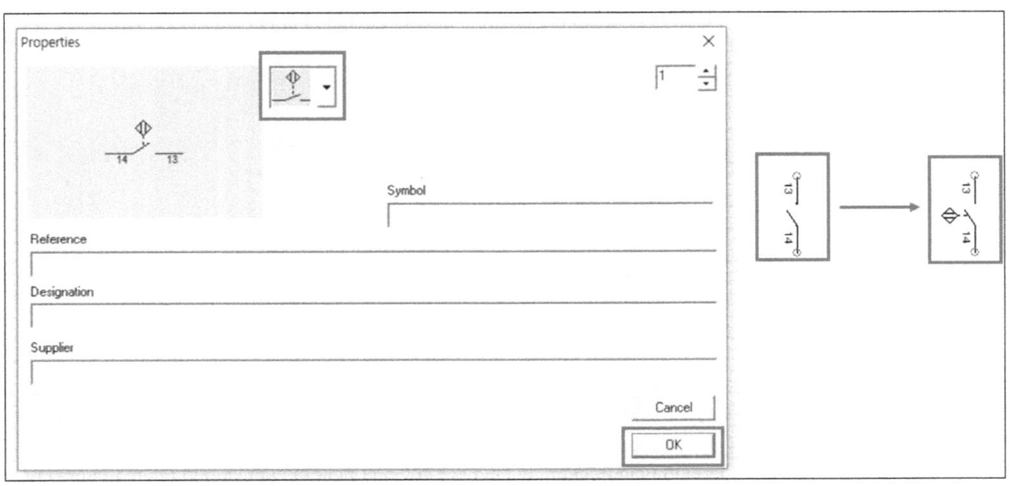

• 프로젝트 창 [Electric-outputs] 목록에서 릴레이 심볼 부품을 선택하여 작업 화면에 배치한다.

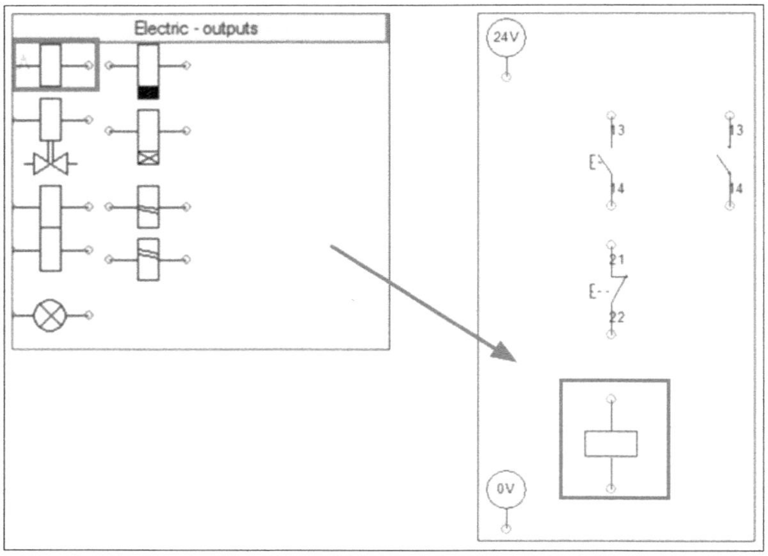

• 앞에서 설명한 방법을 활용하여 회로의 나머지 심볼 부품을 추가 배치한다.

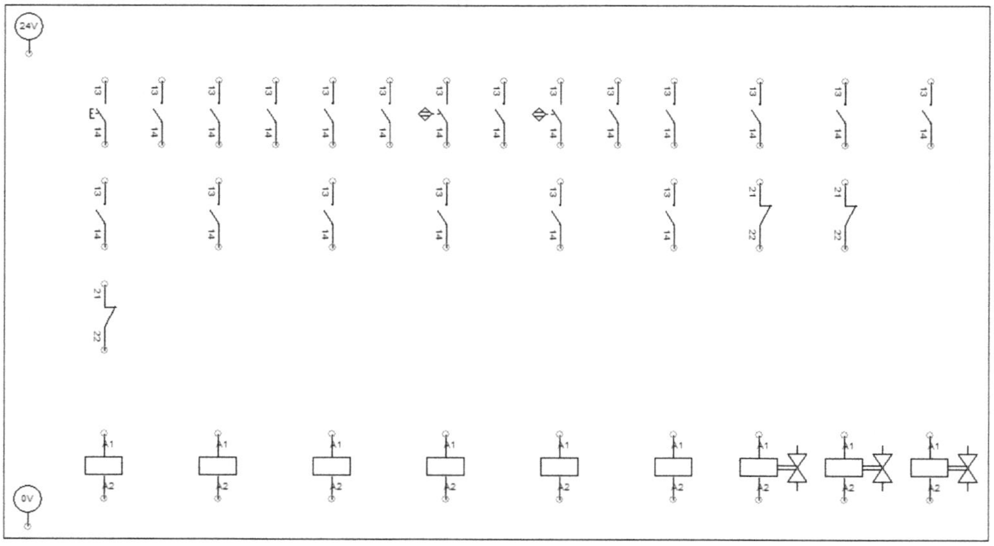

- 푸시버튼 심볼 부품을 더블클릭하여 속성 창을 실행한다.
- 부품 속성창에서 [Symbol] 입력에 [i0] 부품번호 명칭을 입력 OK버튼을 클릭한다.

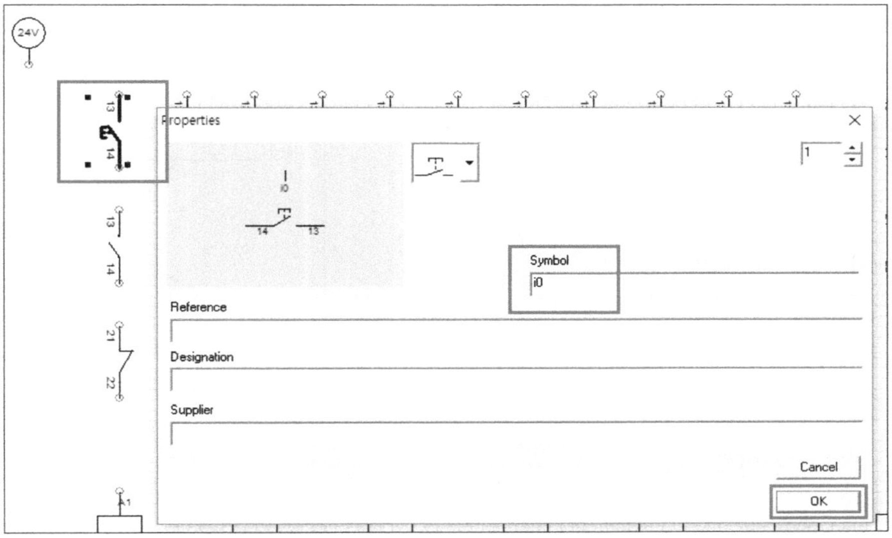

- 나머지 심볼 부품에 대해서 앞에서 설명한 방법으로 심볼 부품 명칭을 입력한다.

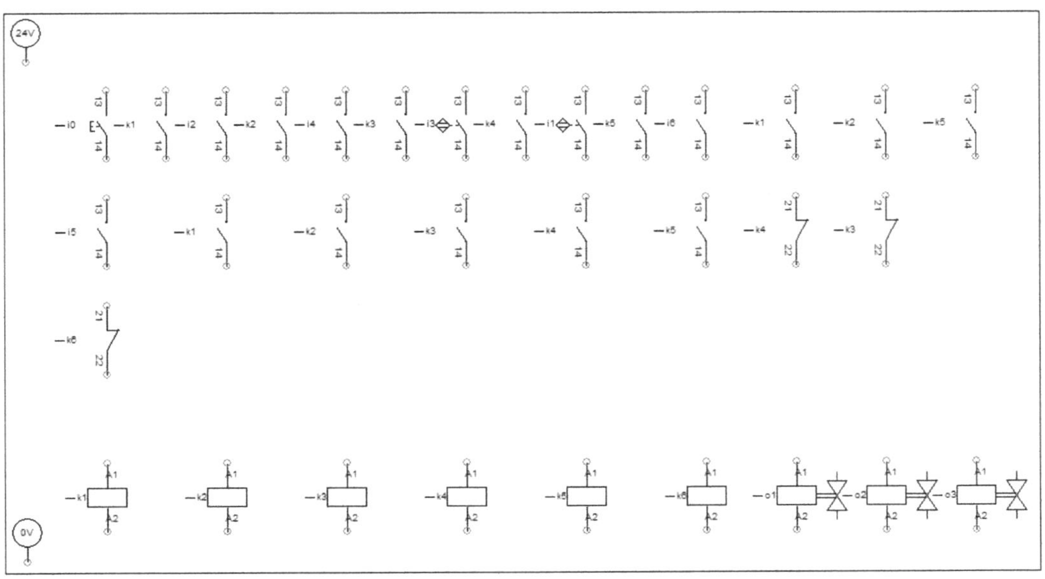

(5) 회로도 그리기

- 심볼 부품의 신호선 연결을 위해 [24 V] 심볼 부품 끝점과 푸시버튼 [i0] 심볼 부품 13번 핀 끝점을 마우스 왼쪽버튼을 이용하여 클릭 연결한다.

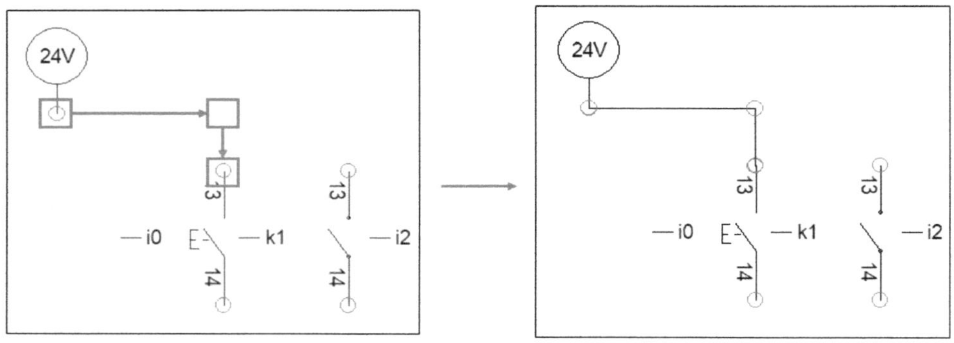

- 앞에서 설명한 방법을 통해 나머지 회로도 신호선을 연결 완성한다.

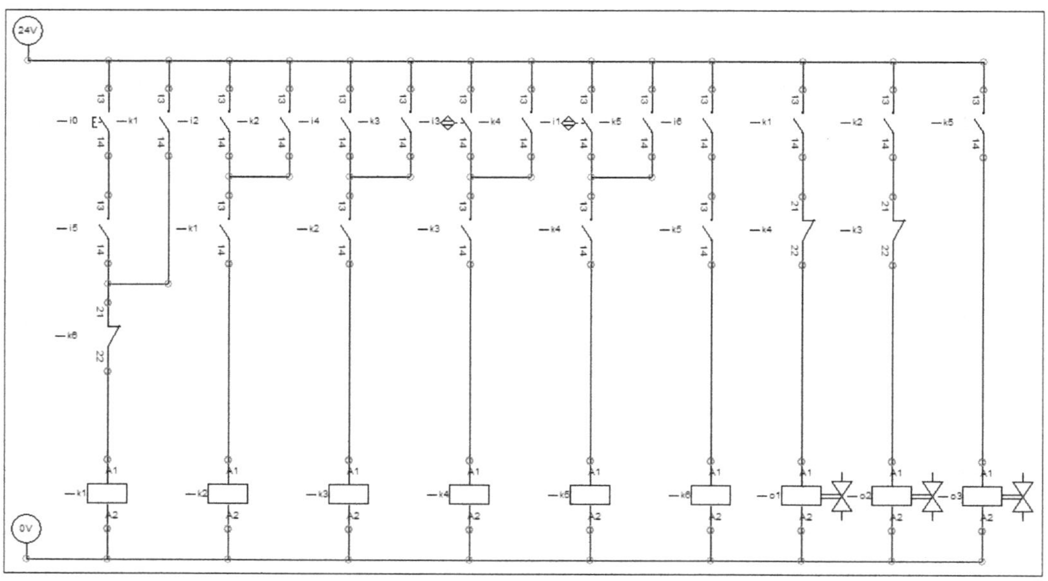

8.2 공압회로 설계

(1) 부품 배치

- [SIMULA object assistant]창에서 [Pneumatic] - [Actuators] - [Cylinders] - [Double acting cylinder with sensors] 심볼 부품을 선택하여 작업 화면에 배치한다.

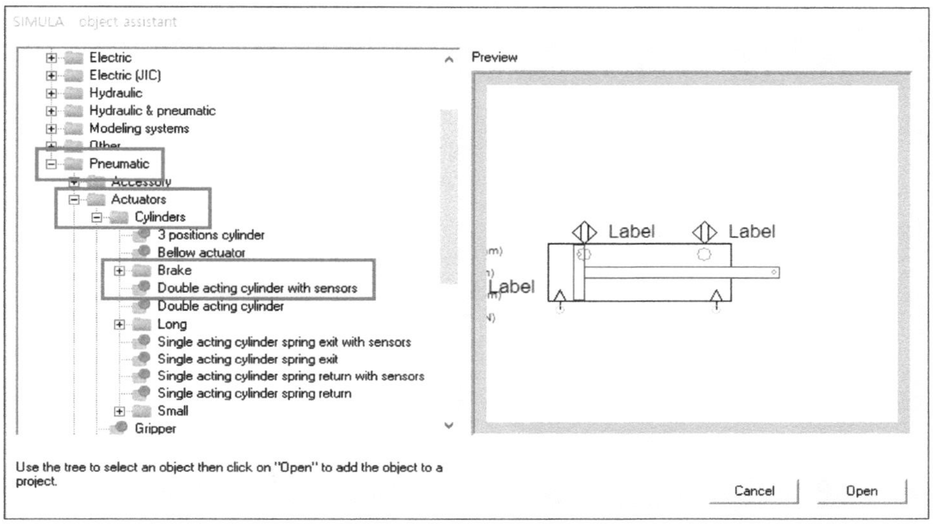

- [SIMULA object assistant]창에서 [Pneumatic] - [Directional valves 5/2] - [Simple] 심볼 부품을 선택하여 작업 화면에 배치한다.

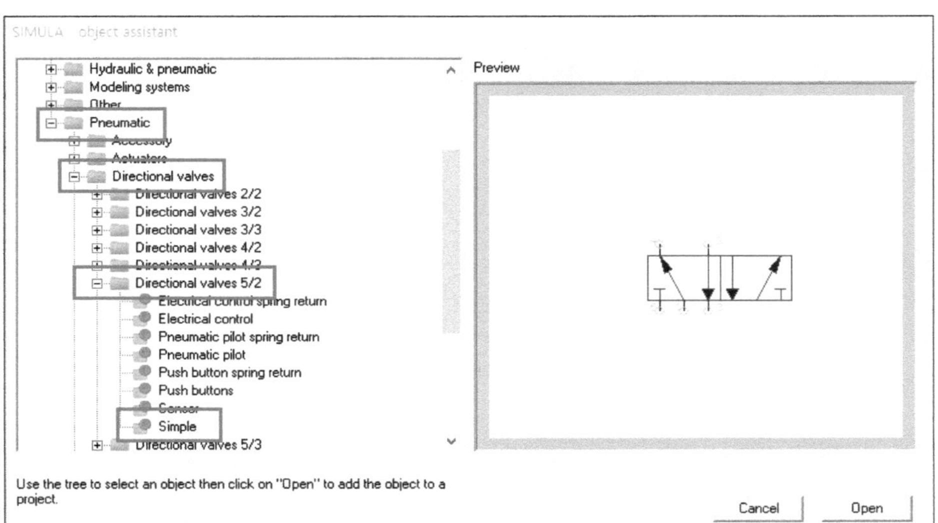

- 배치된 밸브를 더블클릭하면 [Properties]창이 나타난다.

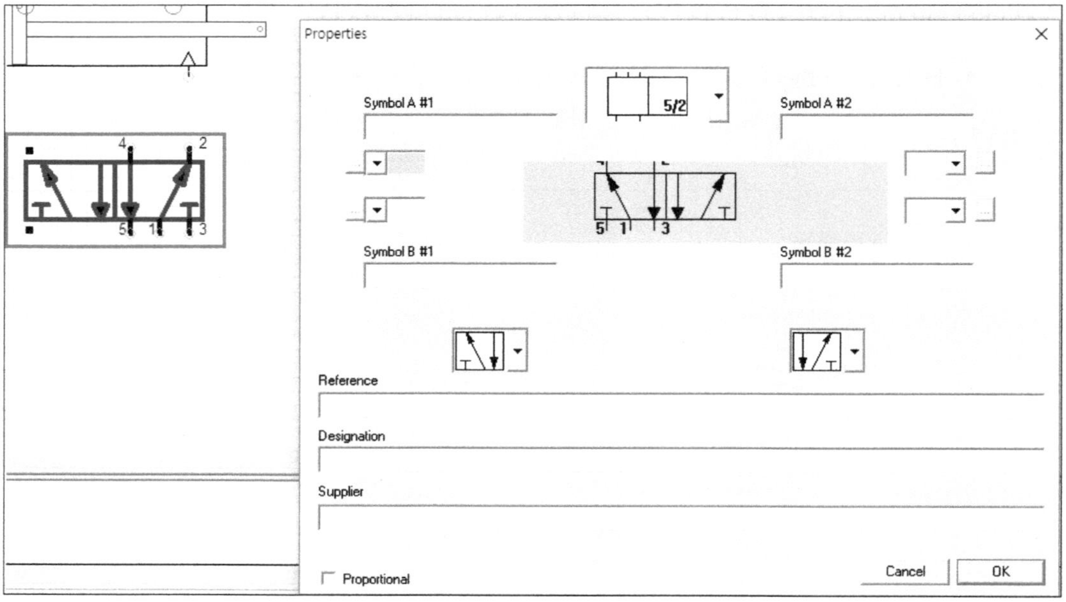

- 전진방식은 전기신호를 통해 전진되도록 선택한다.

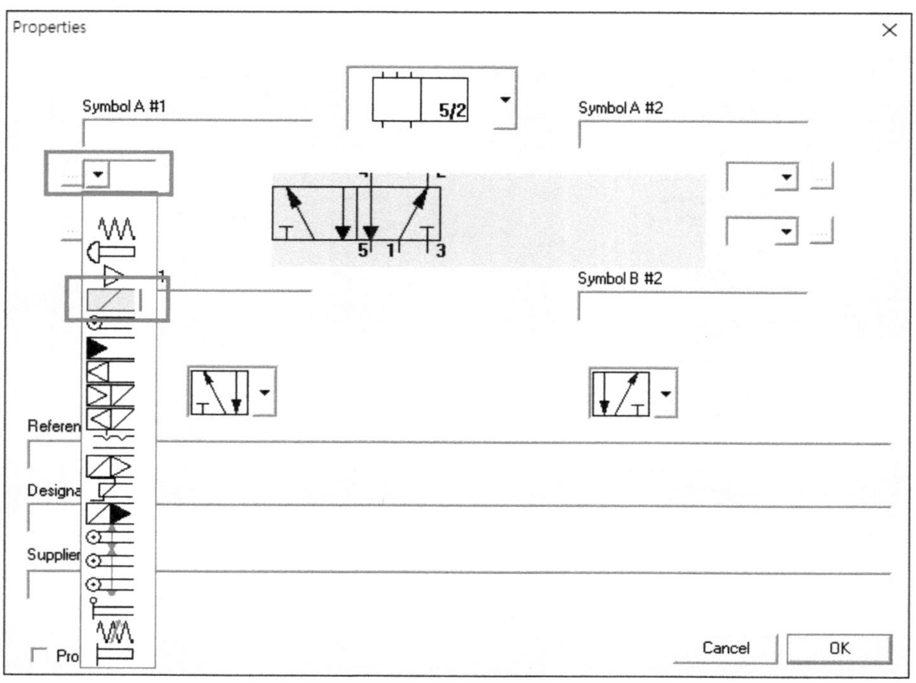

• 후진방식은 스프링을 통해 후진되도록 선택한다.

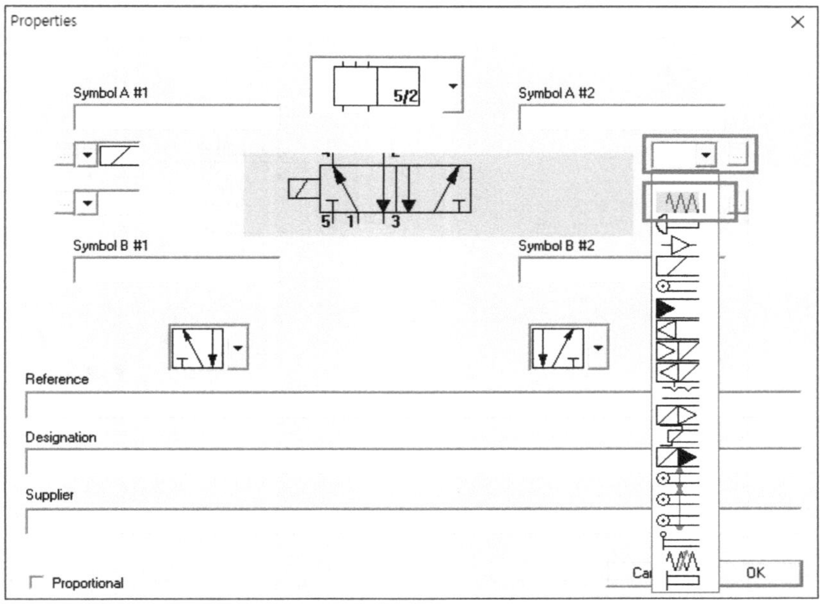

• 설정이 완료되었으면 확인 후 [OK]를 클릭하여 설정을 종료한다.

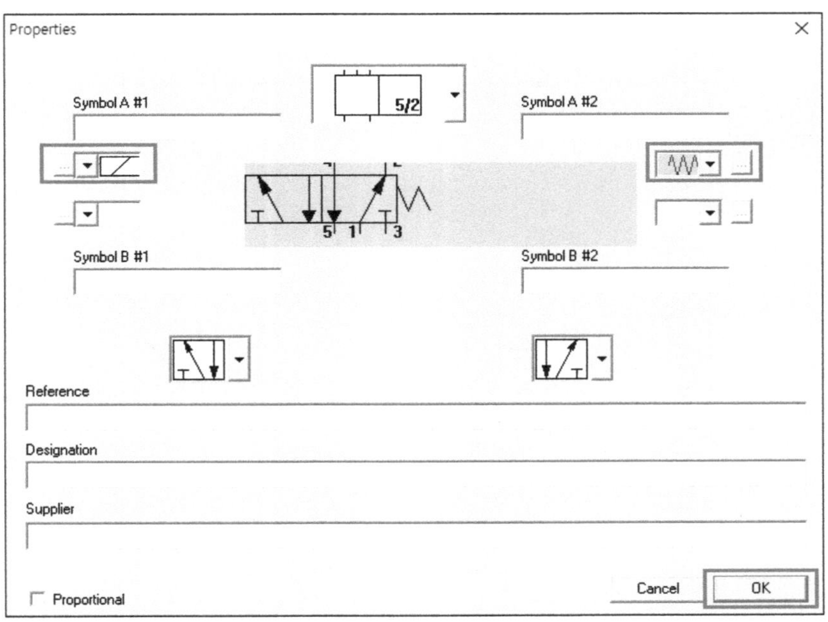

- 프로젝트 창에서 [Palette] 탭 아이콘을 클릭 [Pneumatic] 목록에서 [공압공급기]와 [배출기] 심볼 부품을 선택하여 작업 화면에 배치한다.

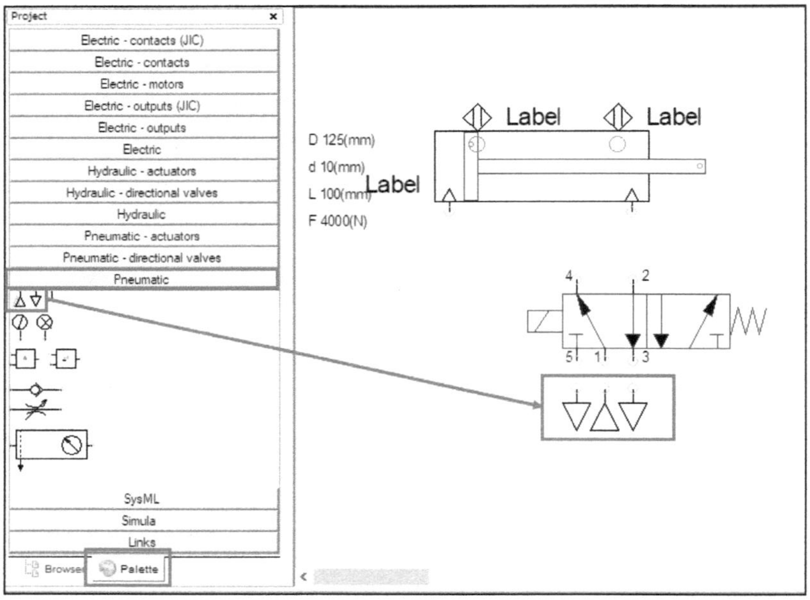

- [Label]을 더블클릭하여 속성 창을 실행한다.
- 속성창에서 [Text]에 [Label]을 지우고 [OK] 버튼을 클릭한다.

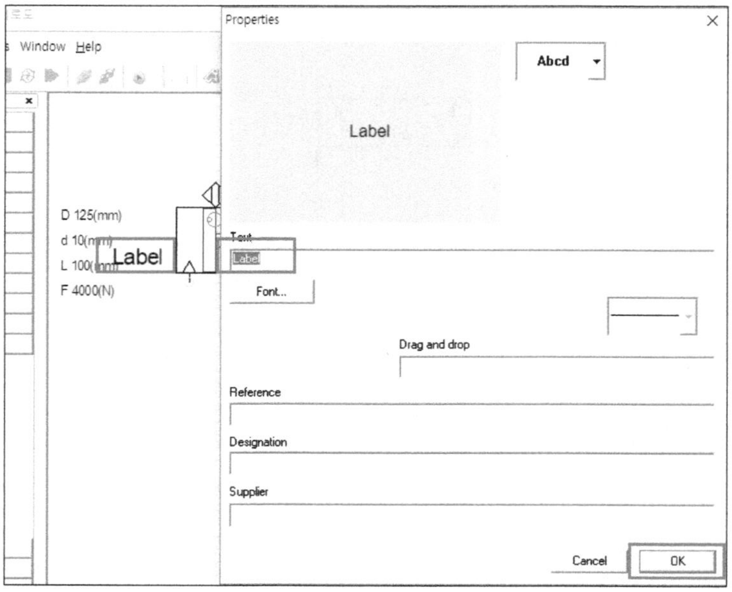

- [Label]을 더블클릭하여 속성 창을 실행한다.
- 속성창에서 [Text]에 [CS1] 명칭을 입력 [OK] 버튼을 클릭한다.
- 같은 방법으로 [CS2] 명칭을 입력한다.

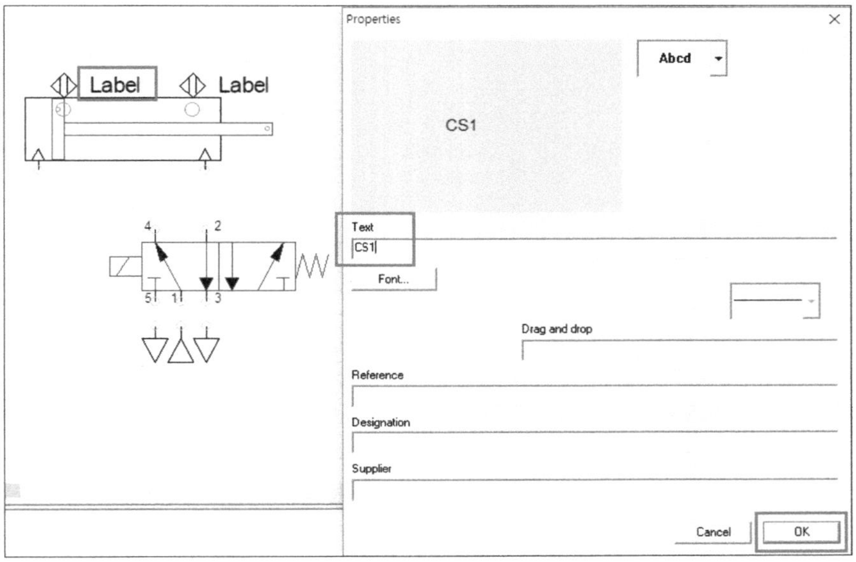

- 공압 심볼 부품을 더블클릭하여 속성 창을 실행한다.
- 부품 속성창에서 [Symbol]에 [i1] 명칭을 입력 [OK] 버튼을 클릭한다.
- 같은 방법으로 [i2] 명칭을 입력한다.

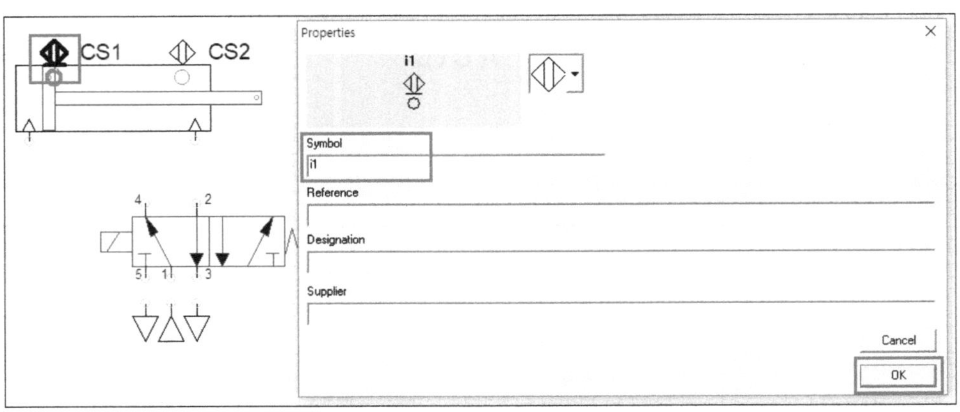

- 회로도에서 텍스트 입력을 위해 프로젝트 [Simula] - [Draw] - [Text]를 선택 후 아래 [Open>>] 버튼을 클릭하여 회로도 실린더 심볼 부품 위에 배치한다.

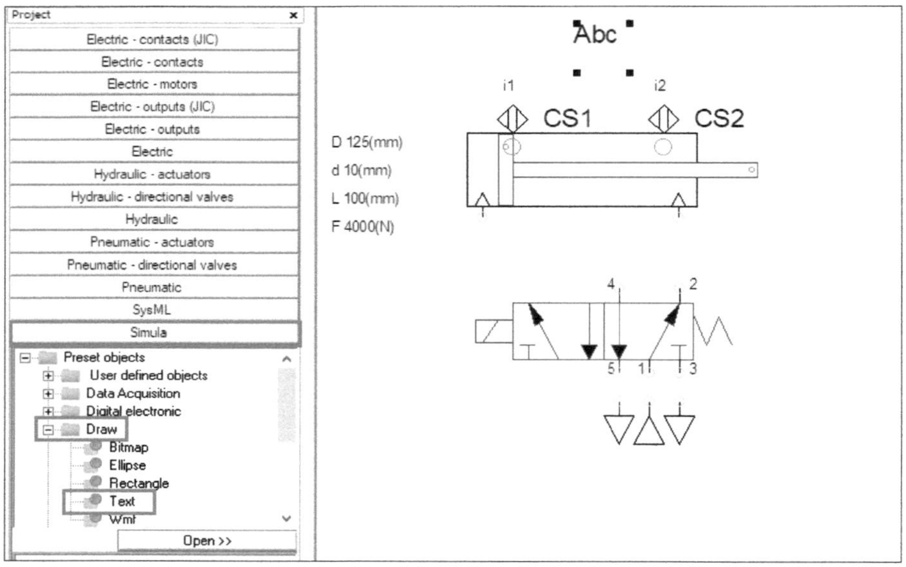

- 배치된 텍스트를 더블클릭하여 속성 창을 실행한 뒤 [Text]에 [A CYL]을 입력한다.
- [Font]를 클릭하여 글자 크기를 임의로 설정 한 뒤 [OK] 버튼을 클릭한다.

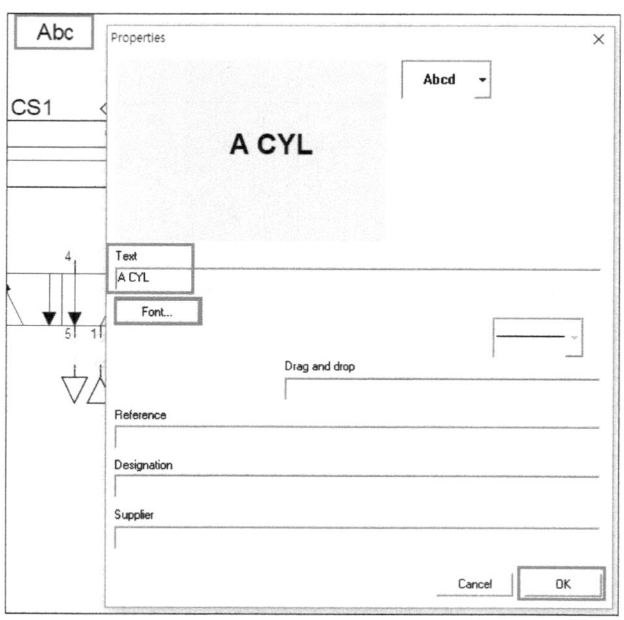

- 마우스를 이용하여 텍스트를 클릭 후 적당한 위치로 텍스트를 배치한다.

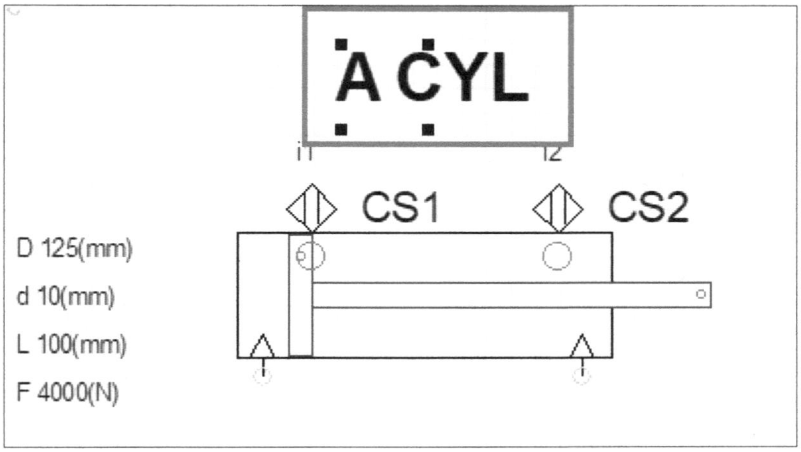

- 공압 심볼 부품을 더블클릭하여 속성 창을 실행한다.
- 부품 속성창에서 [SymbolA #1]에 [o1]을 입력한 후 [OK] 버튼을 클릭한다.

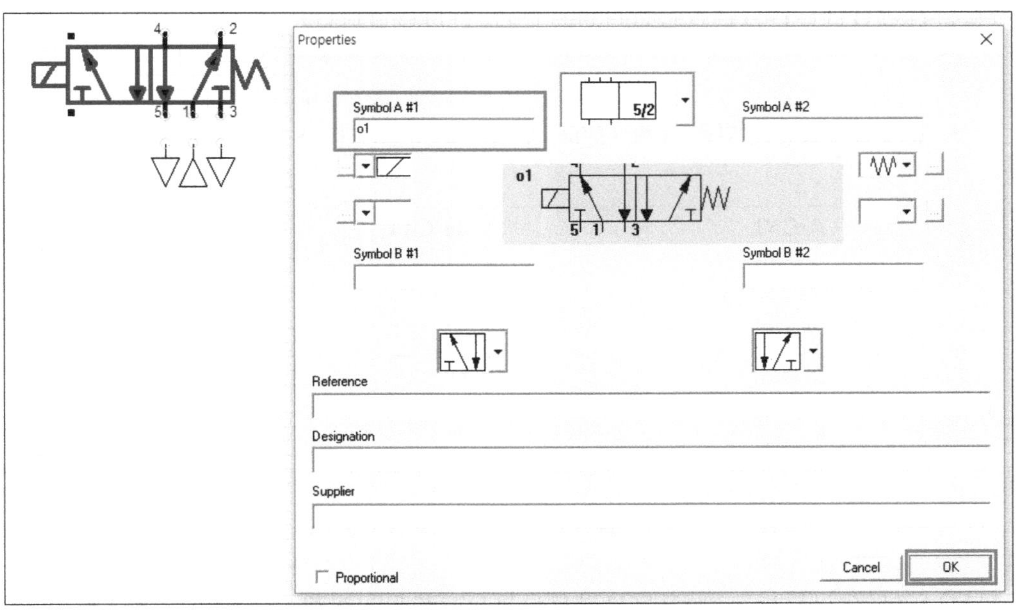

(2) 배선 그리기

- 심볼 부품의 신호선 연결을 위해 심볼 부품 끝점과 [A CYL] 심볼 부품 4번 핀 끝점을 마우스 왼쪽버튼을 이용하여 클릭 연결한다.
- 같은 방법으로 나머지 핀을 연결한다.

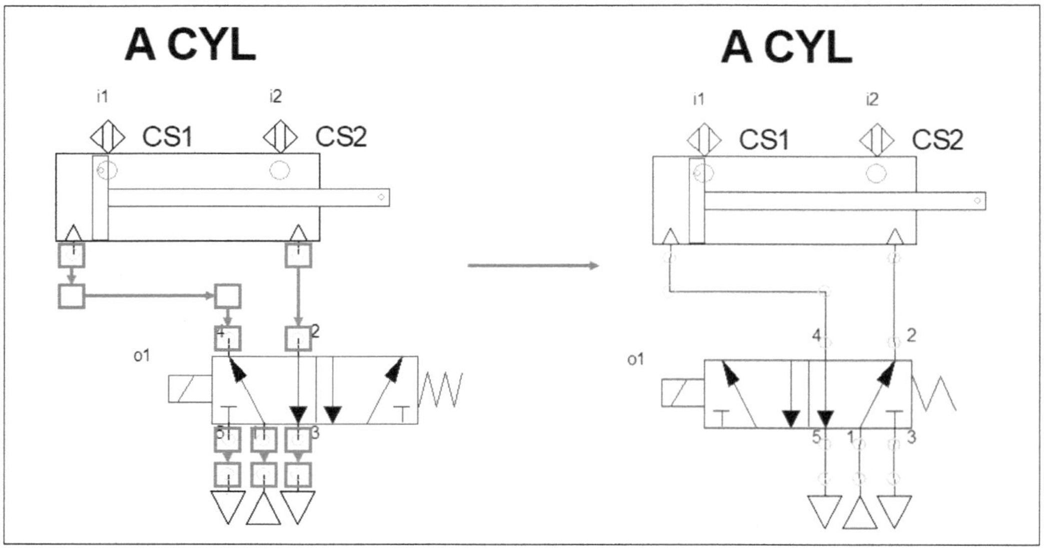

- 앞에서 설명한 방법을 통해 나머지 공압회로 작성한다.

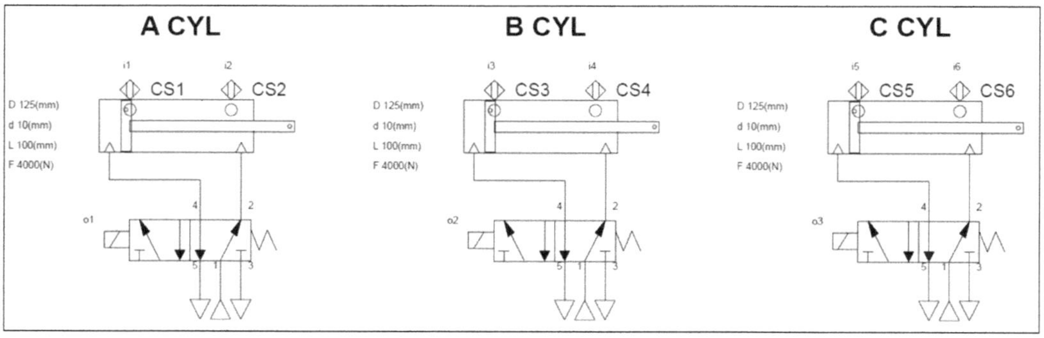

8.3 3D 시뮬레이션

(1) IRIS 3D 콘솔 만들기

- 브라우저의 [Iris]요소를 마우스 오른쪽 버튼으로 클릭한 다음 [Add an IRIS 3D Console]을 선택한다.

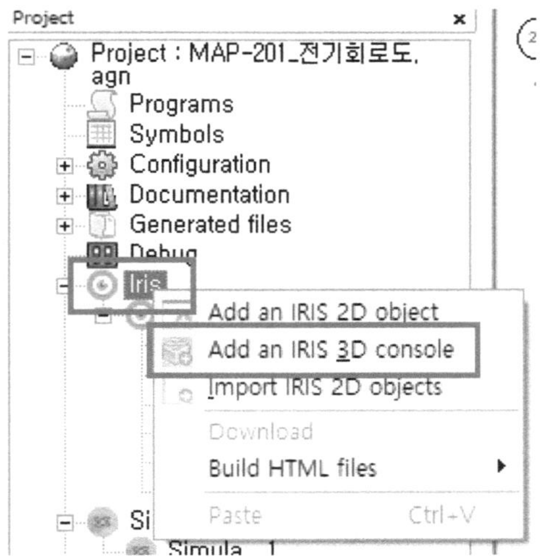

- [IRIS 3D object properties] 창이 나타나면 [OK] 버튼을 클릭한다.

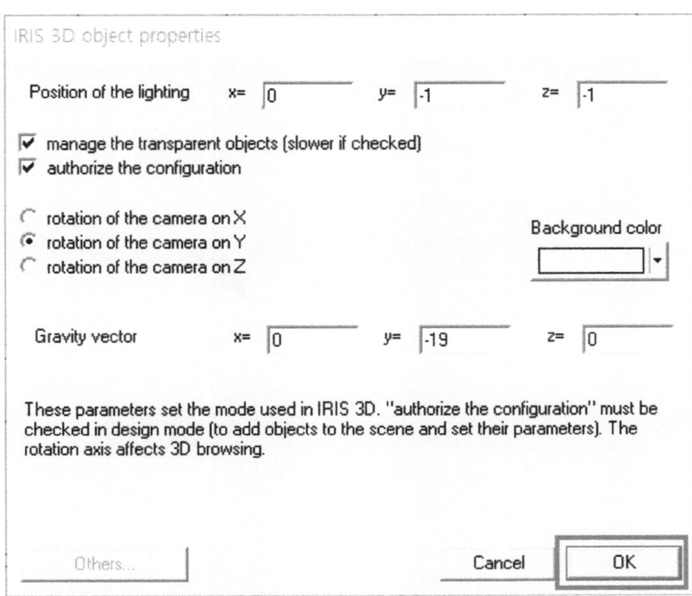

- IRIS 3D 콘솔이 생성이 된다.

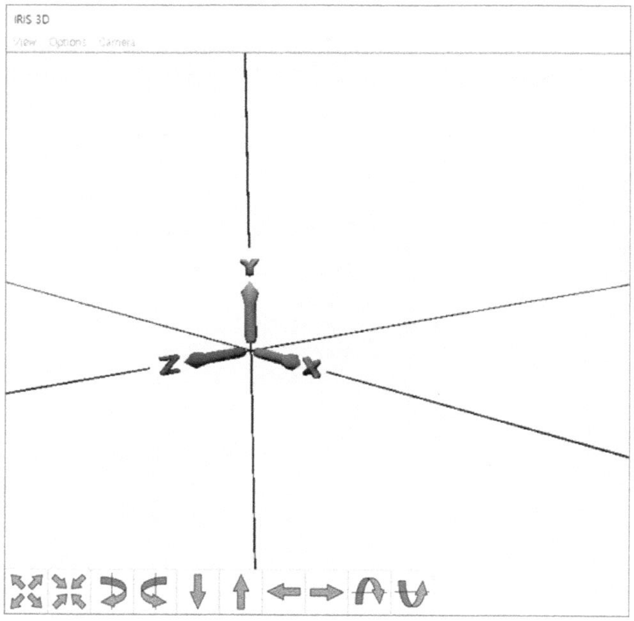

- 객체 배치를 위해 디스플레이에 보이는 3D 축을 제거한다.
- [View] - [Display the 3D axis]를 체크 해제한다.

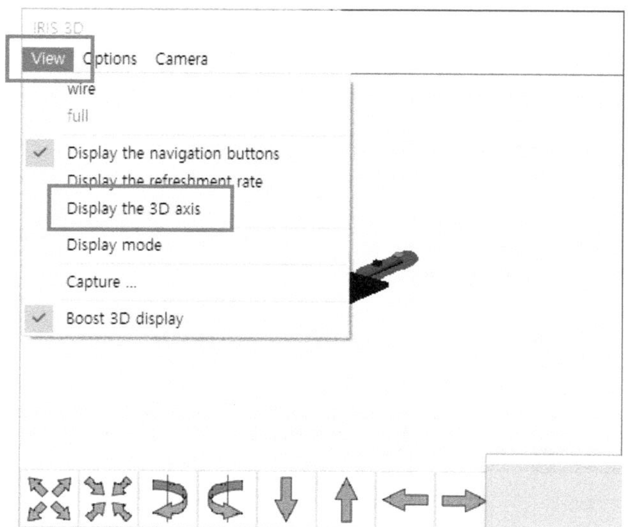

(2) 향상된 객체 가져오기

- 메뉴에서 [Options] - [Open the configuration window]를 클릭한다.

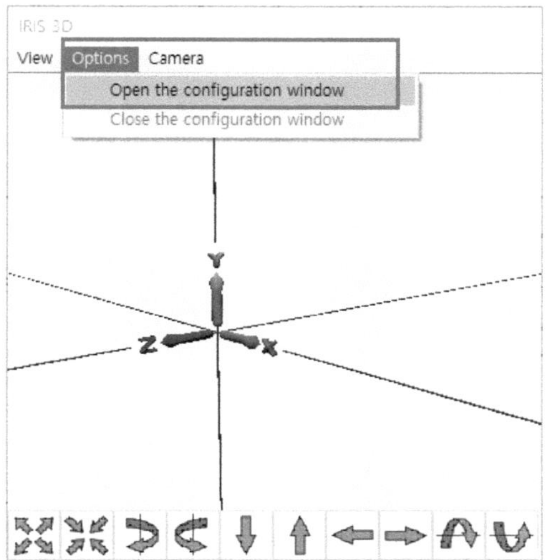

- [IRIS 3D] 창이 나타나면 3D 객체 추가를 위해 [Import]를 클릭한다.

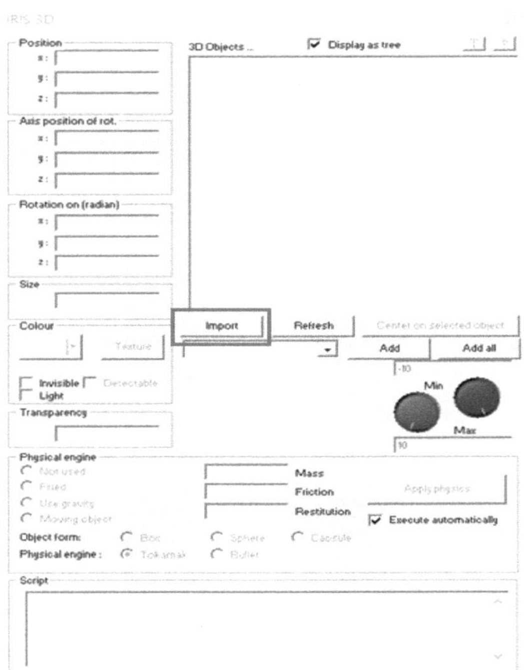

- [Import an Iris 3d Object] 창이 나타나면 목록 중 [cylinder#2 with sensors.I3D]를 선택한 뒤 [열기]를 클릭한다.

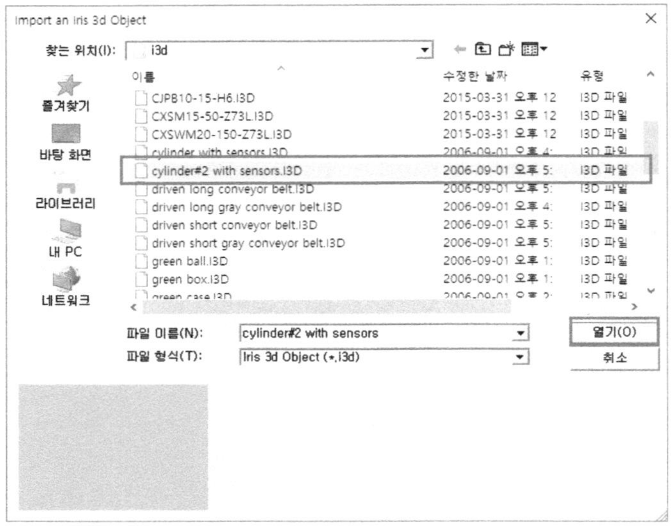

- [Parameters] 창이 나타나면 [List]에 있는 항목들의 [Variable] 항목들의 값을 아래의 그림과 같이 [Value]값을 통해 바꾼다.
- [Value]값을 변경하고 난 뒤 [OK]를 클릭한다.

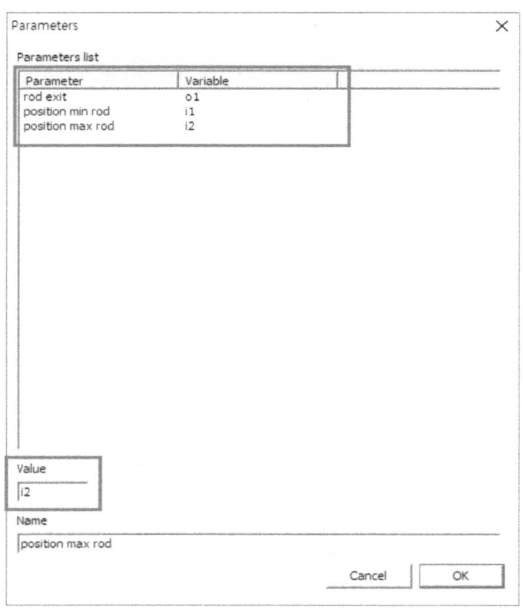

- [IRIS 3D Objects] 항목에 [Cylinder#2 with sensors] 항목이 추가되며, [IRIS 3D] 화면에 실린더가 생성된다.

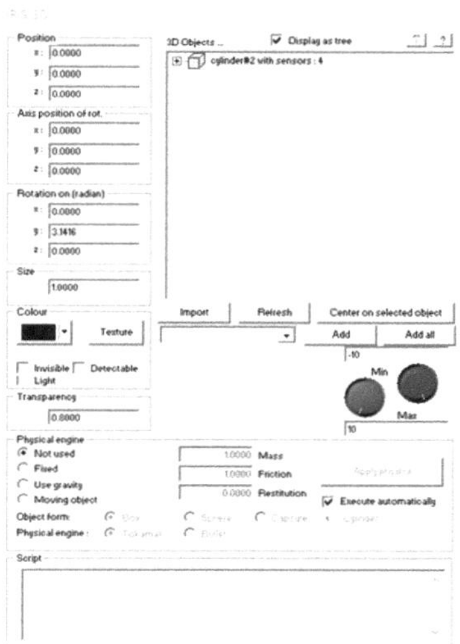

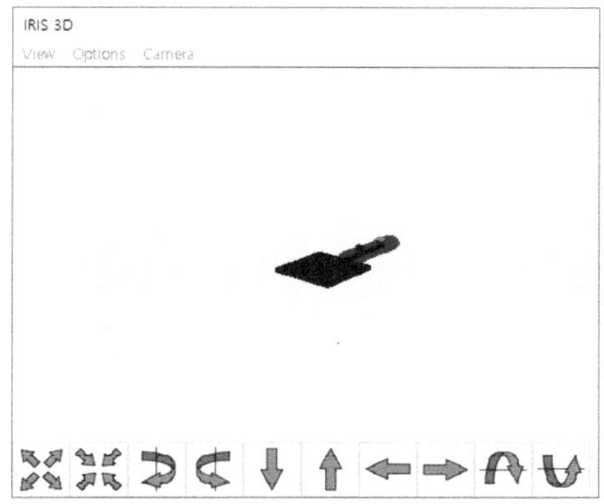

- 추가적으로 3D 객체 추가를 위해 [Import]를 클릭한다.

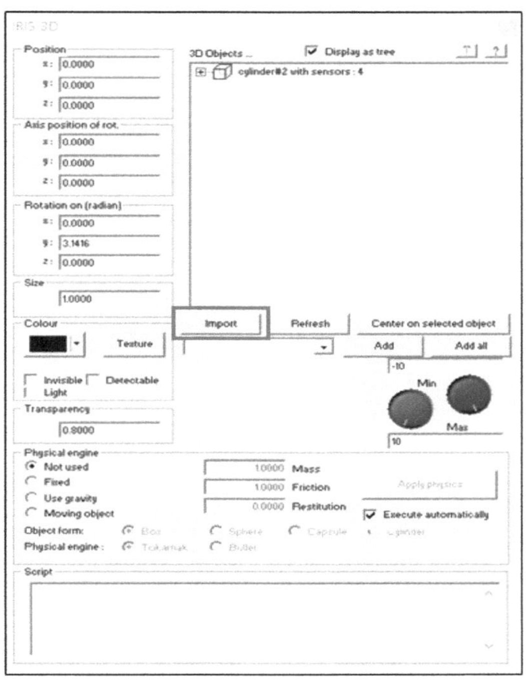

- [Import an Iris 3d Object] 창이 나타나면 목록 중 [cylinder#2 with sensors.I3D]를 선택한 뒤 [열기]를 클릭한다.

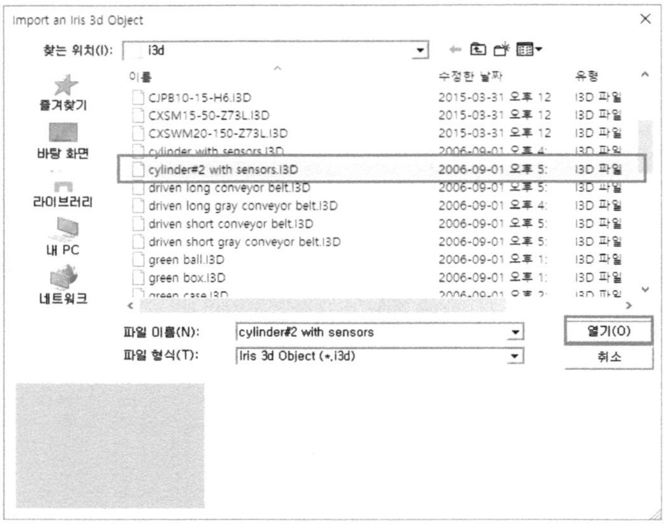

- [Parameters] 창이 나타나면 [List]에 있는 항목들의 [Variable] 항목들의 값을 아래의 그림과 같이 [Value]값을 통해 바꾼다.
- [Value]값을 변경하고 난 뒤 [OK]를 클릭한다.

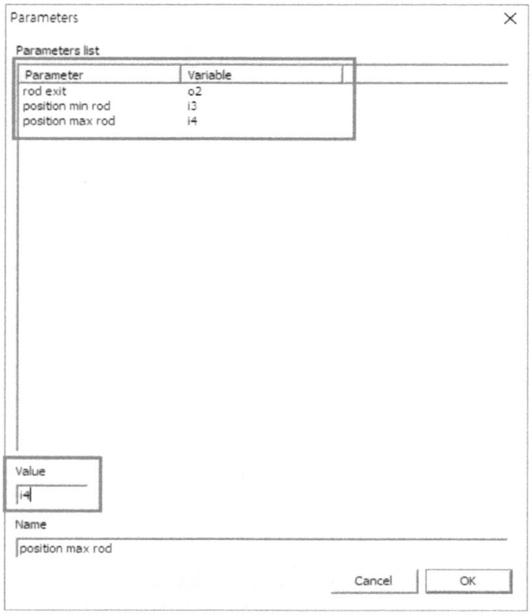

- [IRIS 3D Objects] 항목에 [Cylinder#2 with sensors] 항목이 추가되며, [IRIS 3D] 화면에 실린더가 생성된다.
- 실린더의 위치는 [Position X, Y, Z]와 [Rotation ON X, Y, Z]를 통해 변경한다.

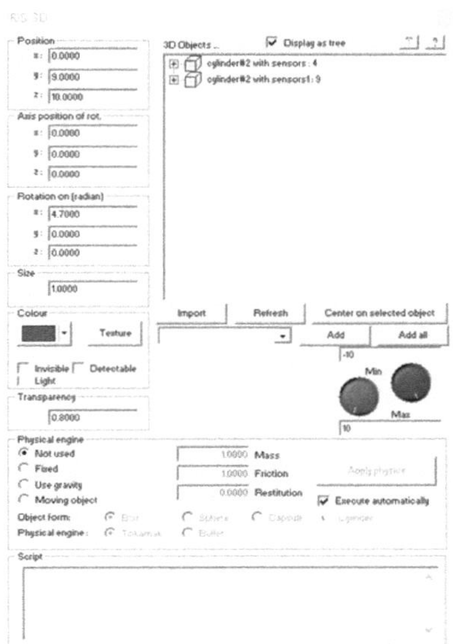

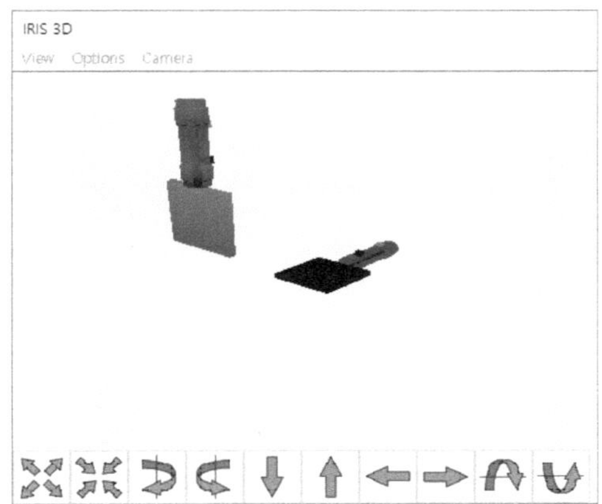

- 추가적으로 3D 객체 추가를 위해 [Import]를 클릭한다.

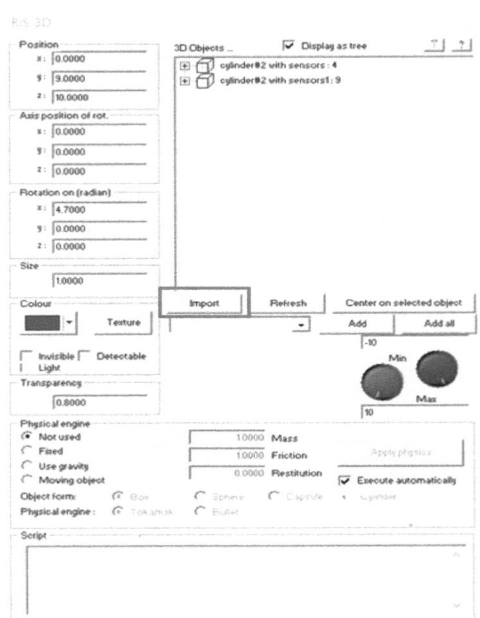

- [Import an Iris 3d Object] 창이 나타나면 목록 중 [cylinder#2 with sensors.I3D]를 선택한 뒤 [열기]를 클릭한다.

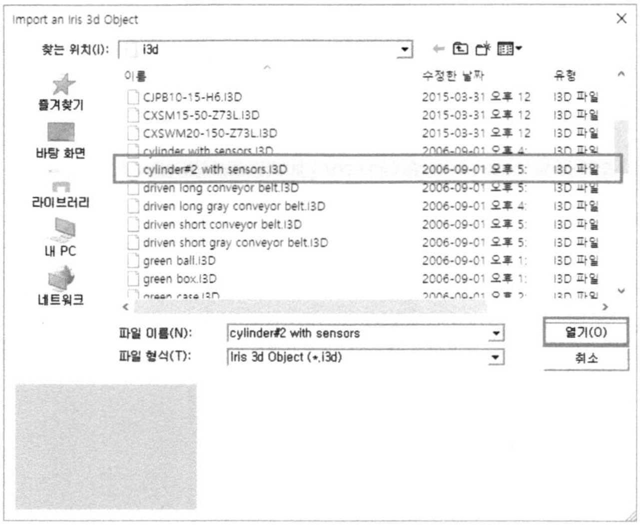

- [Parameters] 창이 나타나면 [List]에 있는 항목들의 [Variable] 항목들의 값을 아래의 그림과 같이 [Value]값을 통해 바꾼다.
- [Value]값을 변경하고 난 뒤 [OK]를 클릭한다.

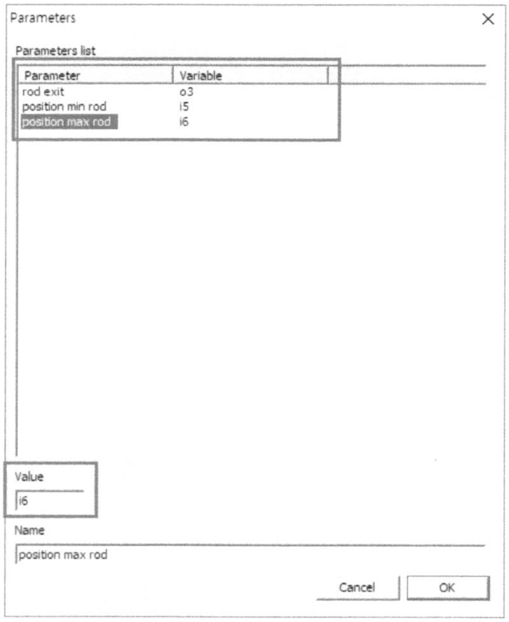

- [IRIS 3D Objects] 항목에 [Cylinder#2 with sensors] 항목이 추가되며, [IRIS 3D] 화면에 실린더가 생성된다.
- 실린더의 위치는 [Position X, Y, Z]와 [Rotation ON X, Y, Z]를 통해 변경한다.

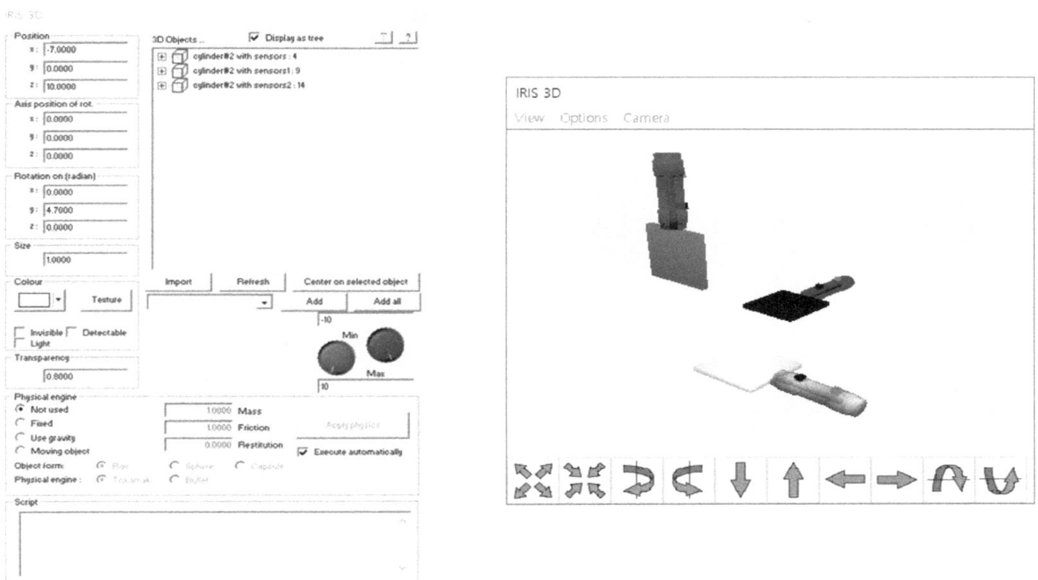

- 객체 추가가 완료되면 3D 시뮬레이션 준비가 완료된다.

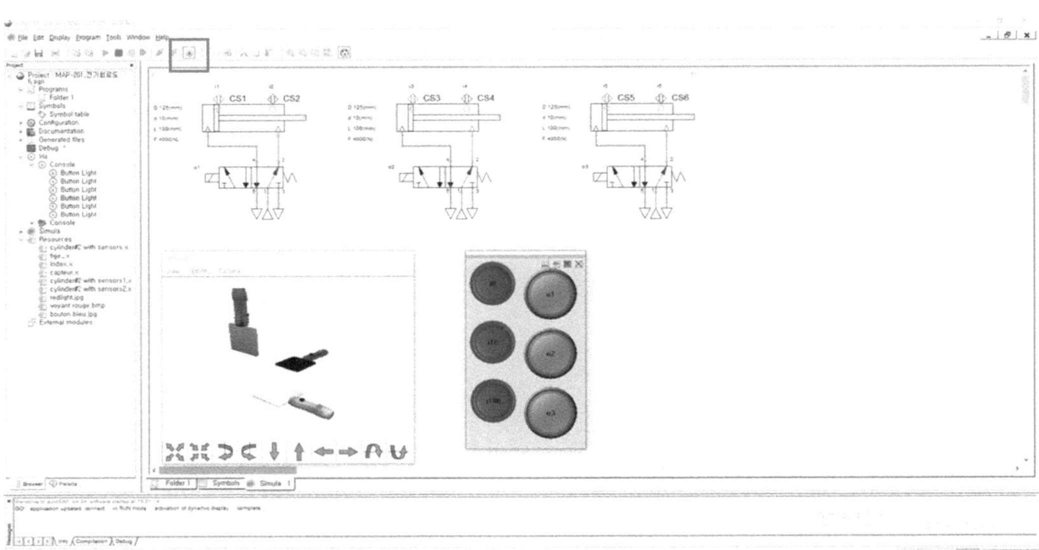

- [전기회로도]와 [오브젝트]를 통해 3D 시뮬레이션을 제어가 가능하다.

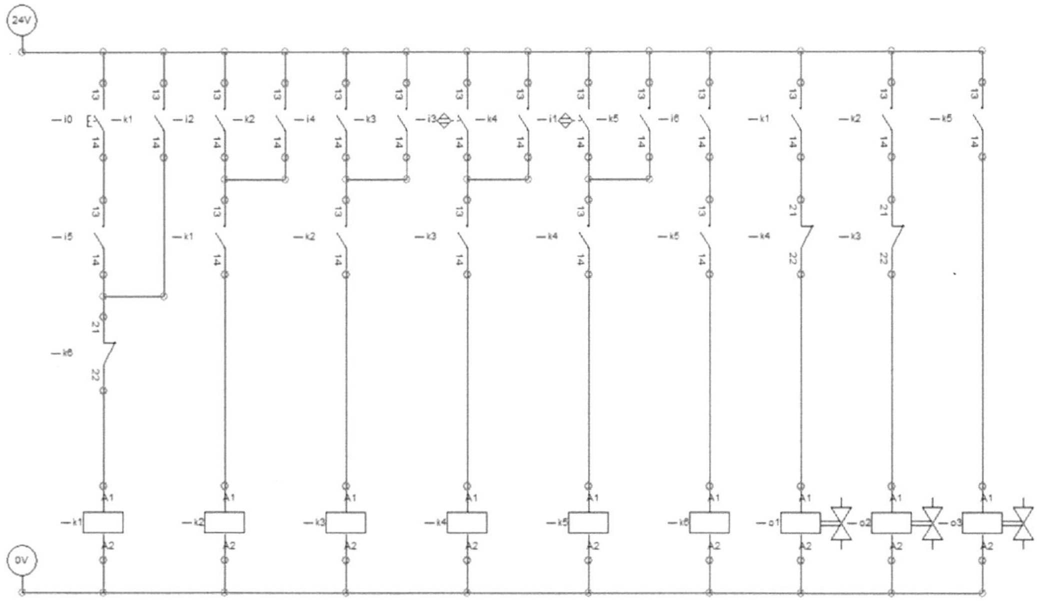

8.4 AB PLC 시뮬레이션 제어 (기본)

(1) 프로그램 동작 구성

- Start 스위치를 ON/OFF하면 다음 동장을 1회 운전한다.
  [A실린더 전진] → [B실린더 전진] → [B실린더 후진] → [A실린더 후진] → [C실린더 전진] → [C실린더 후진]

A+	→	B+	→	B−	→	A−	→	C+	→	C−

- FactoryTalk View를 통해 스위치와 램프를 작성한다.
- Studio5000을 통해 래더 프로그램을 작성한다.

(2) 프로그램 작성

- 아래의 래더 프로그램을 작성한다.

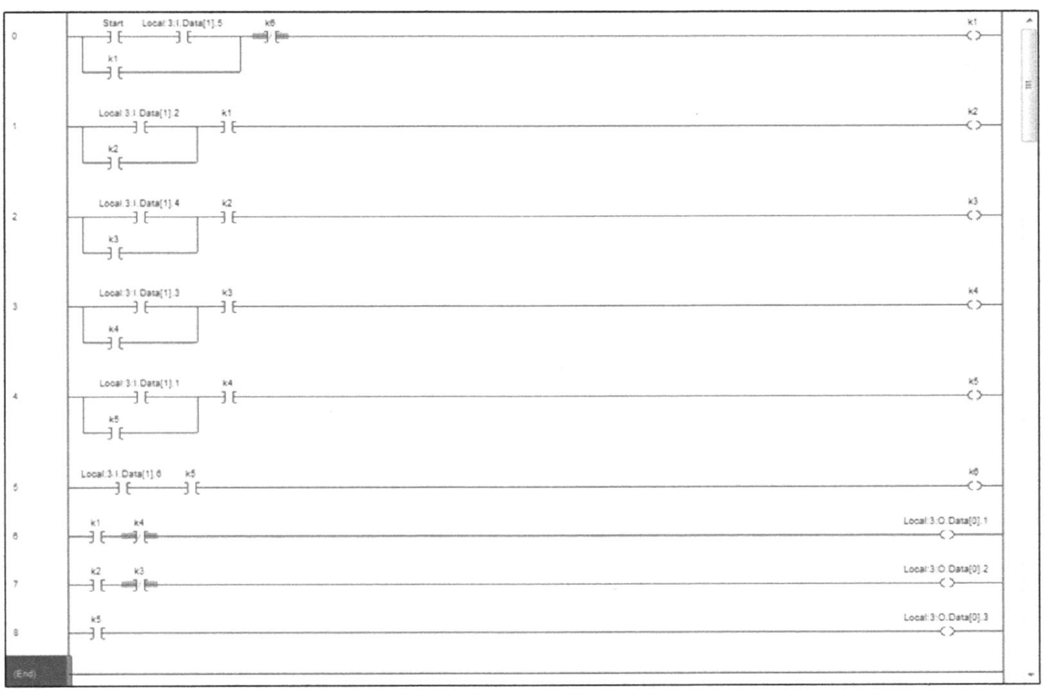

(3) FactoryTalk View 작성

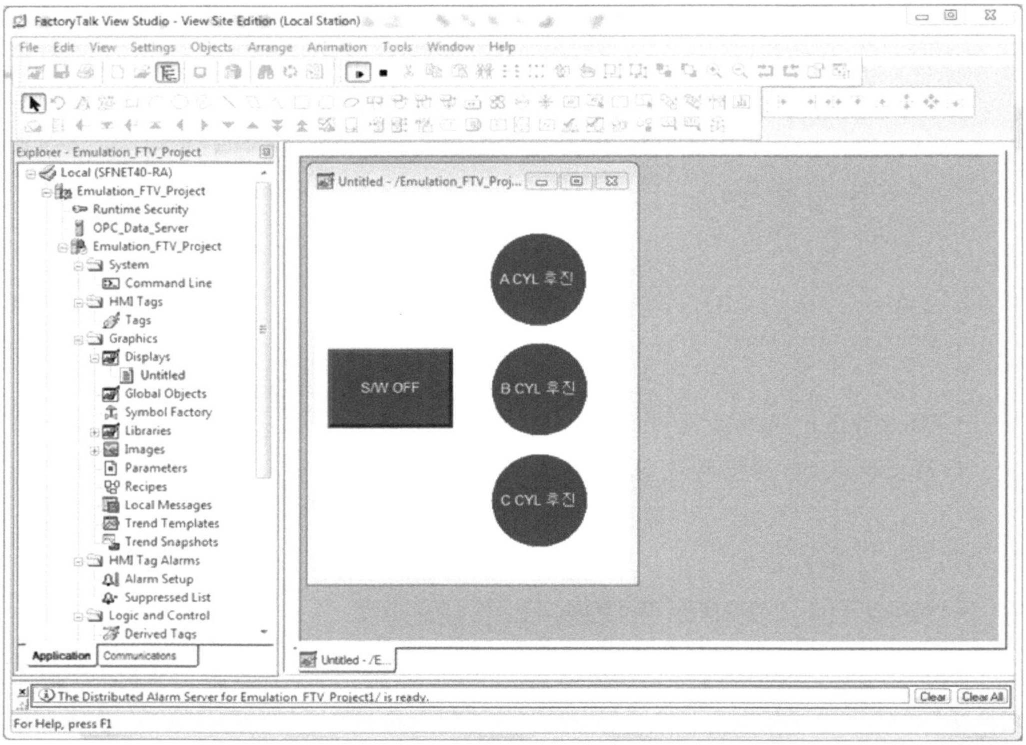

※ 참고

A CYL - [{::[Emulatior_R24.11_Topic]Local:3:O.Data[0].1]

B CYL - [{::[Emulatior_R24.11_Topic]Local:3:O.Data[0].2]

C CYL - [{::[Emulatior_R24.11_Topic]Local:3:O.Data[0].3]

(4) Autosim I/O Drivers 설정

- Autosim 창을 실행시켜 [Configuration] - [I/O Drivers]를 클릭한다.

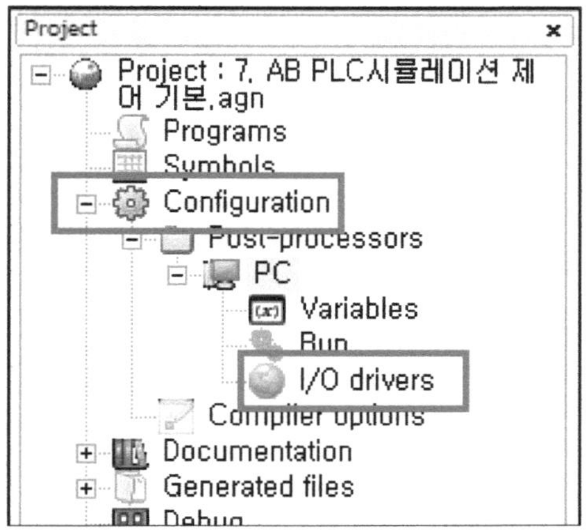

- [Input/output drivers for PC execution] 창이 나타나면 [Driver(s) available] - [opcdrv]를 선택 후 [Add]를 클릭한다.

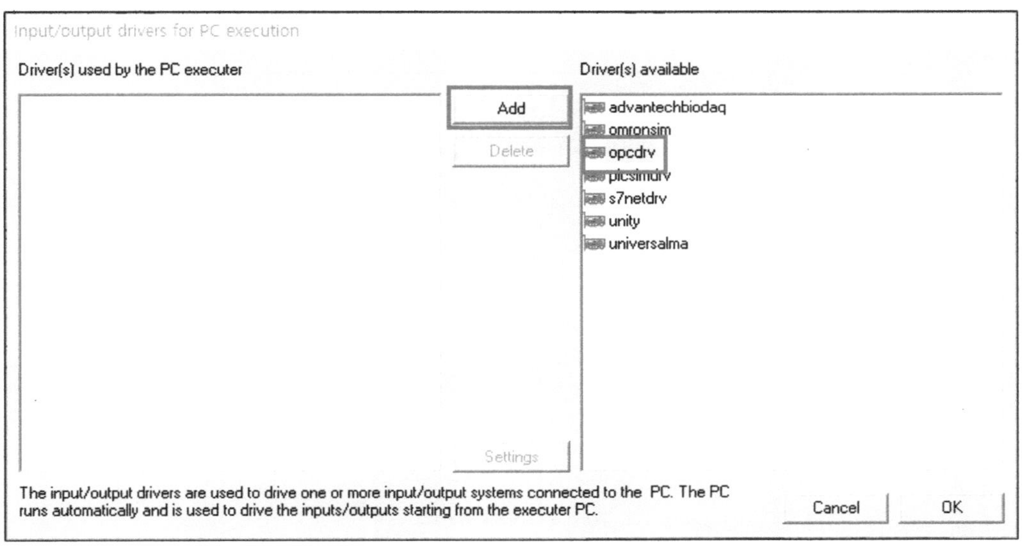

- [Driver(s) used by the PC executer]에 [opcdrv] 항목이 추가되면 더블클릭하여 선택한다.

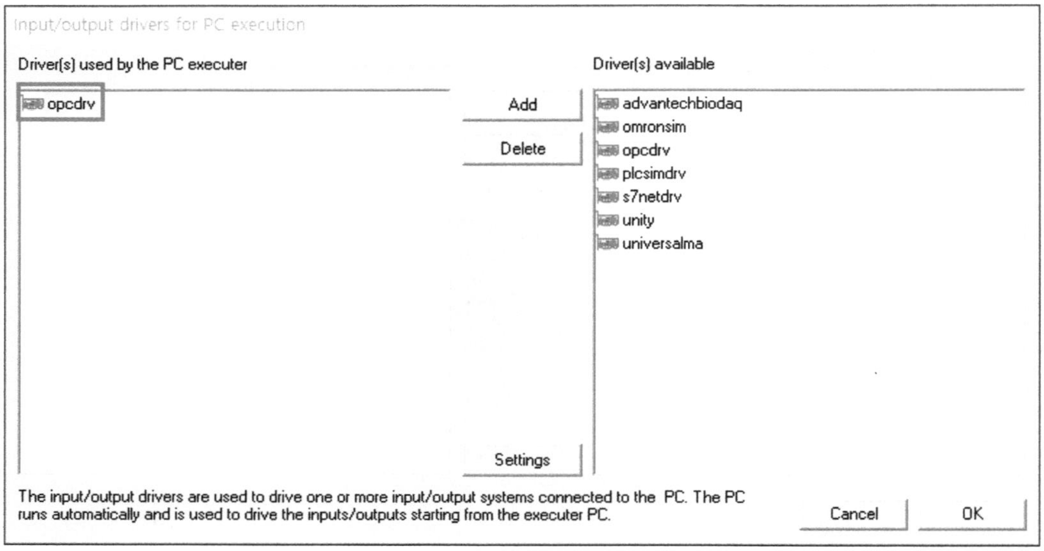

- [OPC driver for AUTOSIM] 창이 생성된다.
- [Server name]에 [RSLinx OPC Server]를 입력한다.

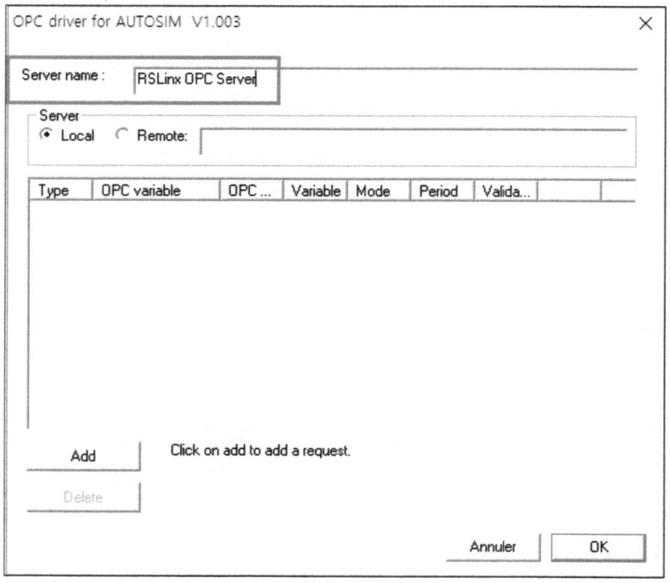

- [OPC request] 창이 생성된다.
- [OPC variable name]에 [[Emulator_R24.11_Topic]Local:3:O.Data[0].1]을 입력한다.
- [Acces]에는 [Read from OPC server]를 선택한다.
- [AUTOSIM variable]에 [o]를 선택하고 [1]을 입력한다.
- 입력 후 [OK] 버튼을 클릭한다.

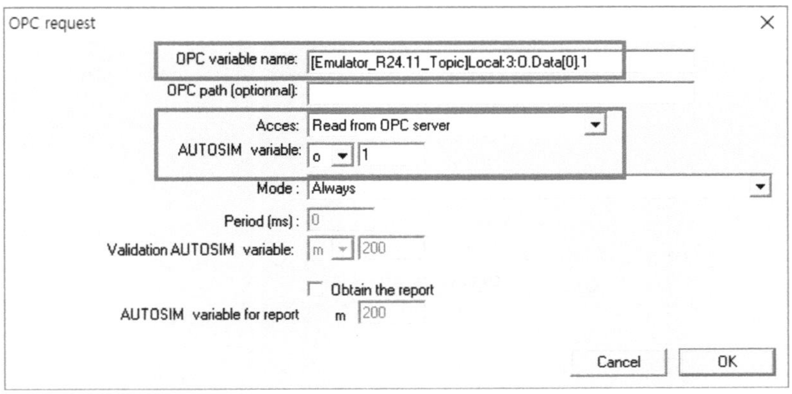

- [Server] 항목에 추가한 내용이 적용된 것을 확인 할 수 있다.

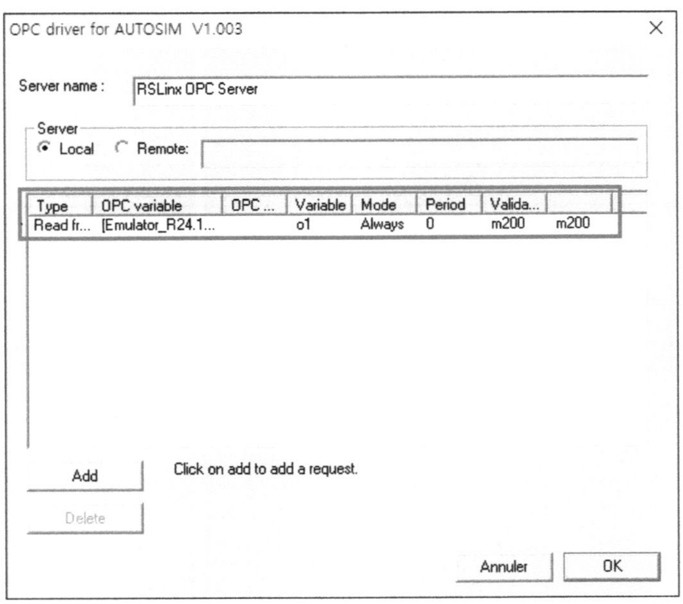

- 같은 방법으로 2개의 항목을 추가한다.

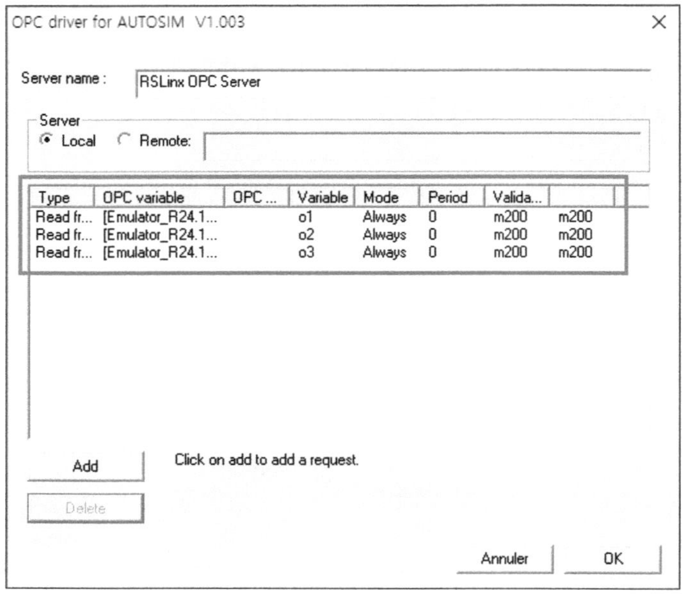

※ 참고

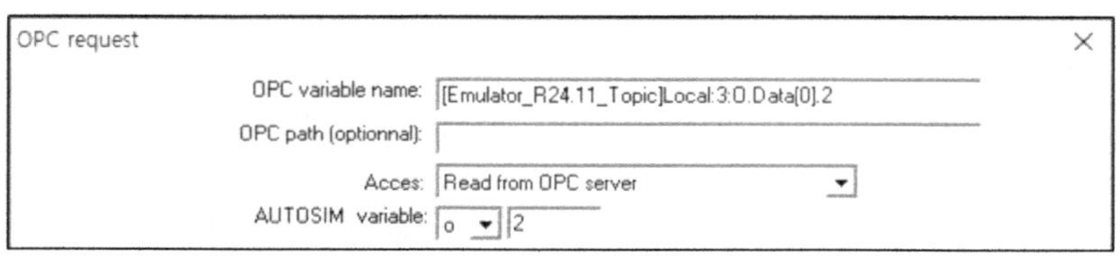

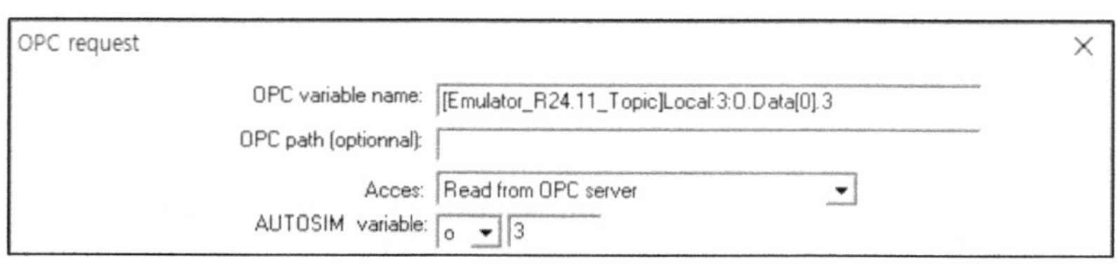

- 항목 추가를 위해 [Add]를 클릭한다.

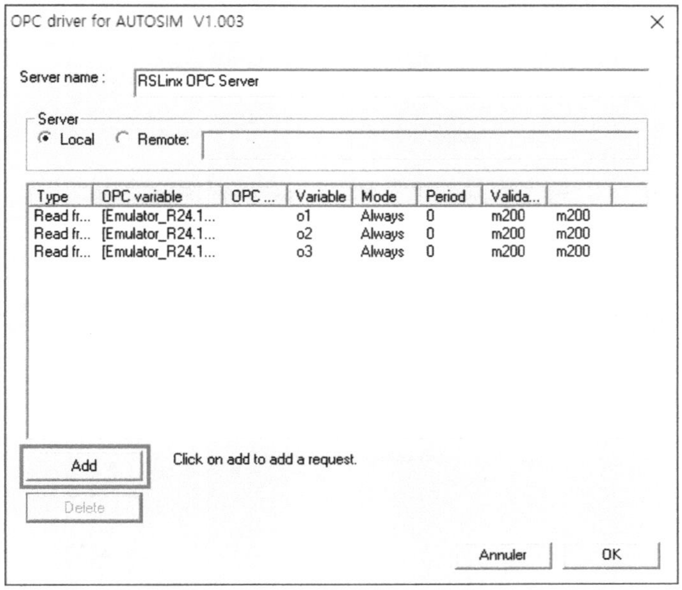

- [OPC request] 창이 생성된다.
- [OPC variable name]에 [[Emulator_R24.11_Topic]Local:3:I.Data[1].1]을 입력한다.
- [Acces]에는 [Write to OPC server]를 선택한다.
- [AUTOSIM variable]에 [i]를 선택하고 [1]을 입력한다.
- 입력 후 [OK] 버튼을 클릭한다.

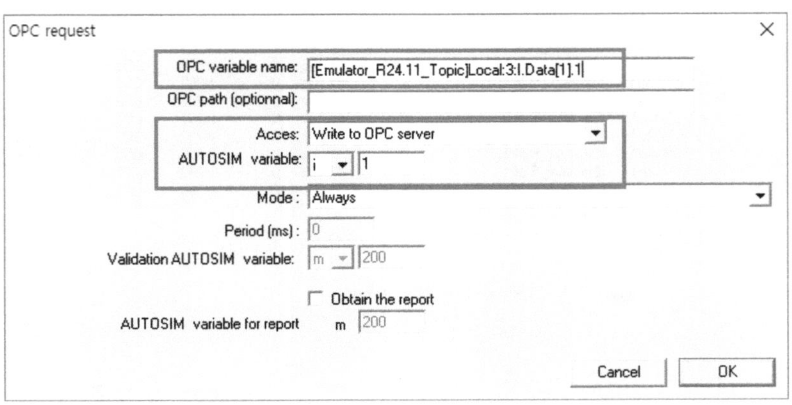

- [Server] 항목에 추가한 내용이 적용된 것을 확인 할 수 있다.

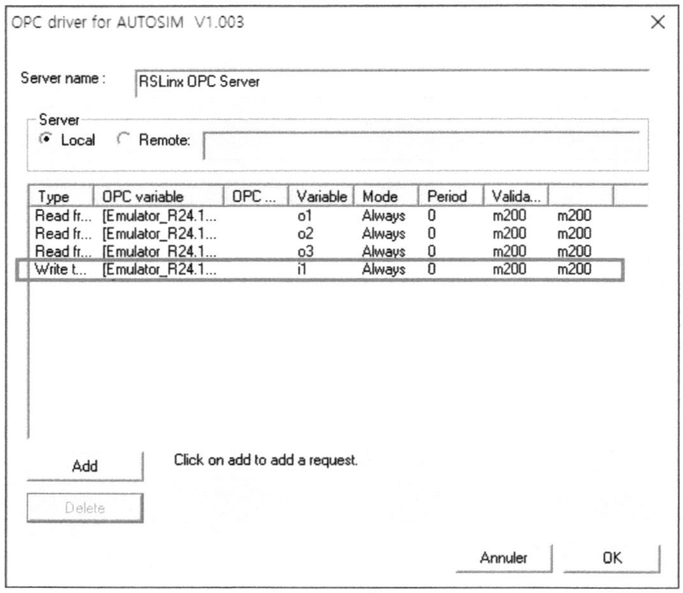

- 같은 방법으로 5개의 항목을 추가한다.

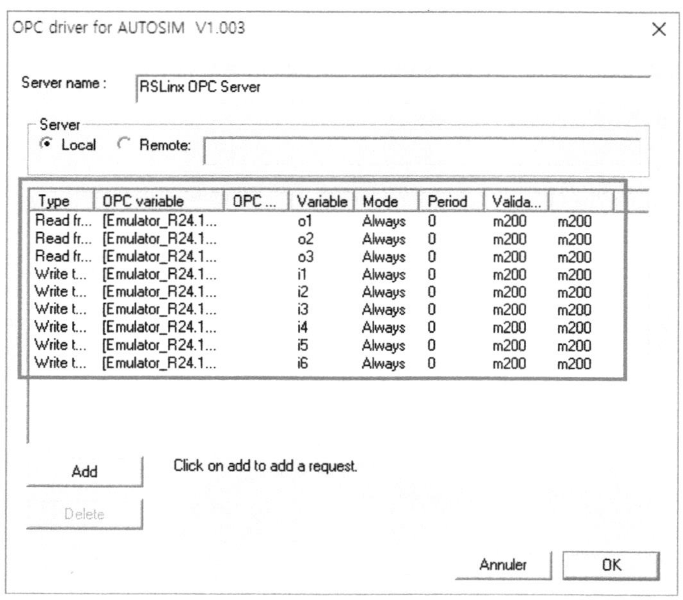

※ 참고

OPC request
OPC variable name: [Emulator_R24.11_Topic]Local:3:I.Data[1].2
OPC path (optionnal):
Acces: Write to OPC server
AUTOSIM variable: i 2
OPC request
OPC variable name: [Emulator_R24.11_Topic]Local:3:I.Data[1].3
OPC path (optionnal):
Acces: Write to OPC server
AUTOSIM variable: i 3
OPC request
OPC variable name: [Emulator_R24.11_Topic]Local:3:I.Data[1].4
OPC path (optionnal):
Acces: Write to OPC server
AUTOSIM variable: i 4
OPC request
OPC variable name: [Emulator_R24.11_Topic]Local:3:I.Data[1].5
OPC path (optionnal):
Acces: Write to OPC server
AUTOSIM variable: i 5
OPC request
OPC variable name: [Emulator_R24.11_Topic]Local:3:I.Data[1].6
OPC path (optionnal):
Acces: Write to OPC server
AUTOSIM variable: i 6

(5) 시뮬레이션 실행

- [Emulation]을 [Run Mode]로 설정한다.

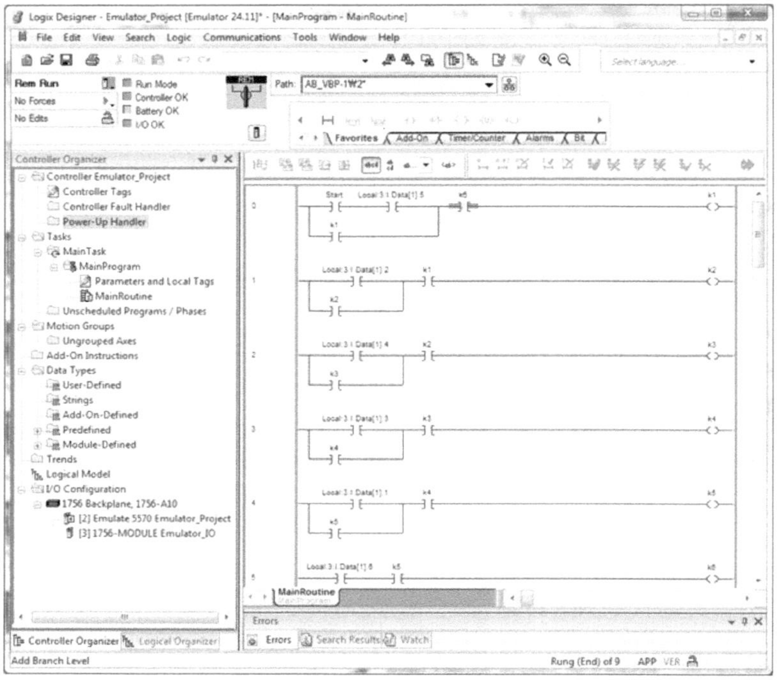

- Autosim도 [GO!]를 실행한다.

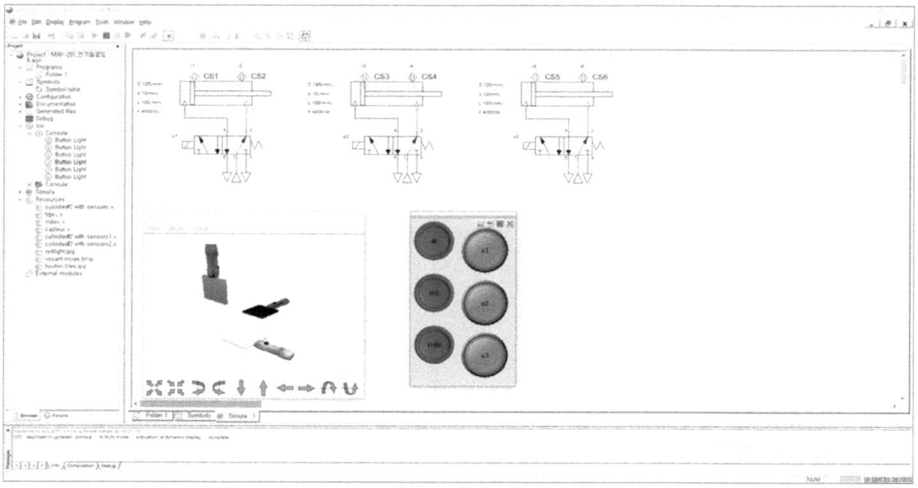

- [FactoryTalk View]의 시작 버튼을 클릭한다.

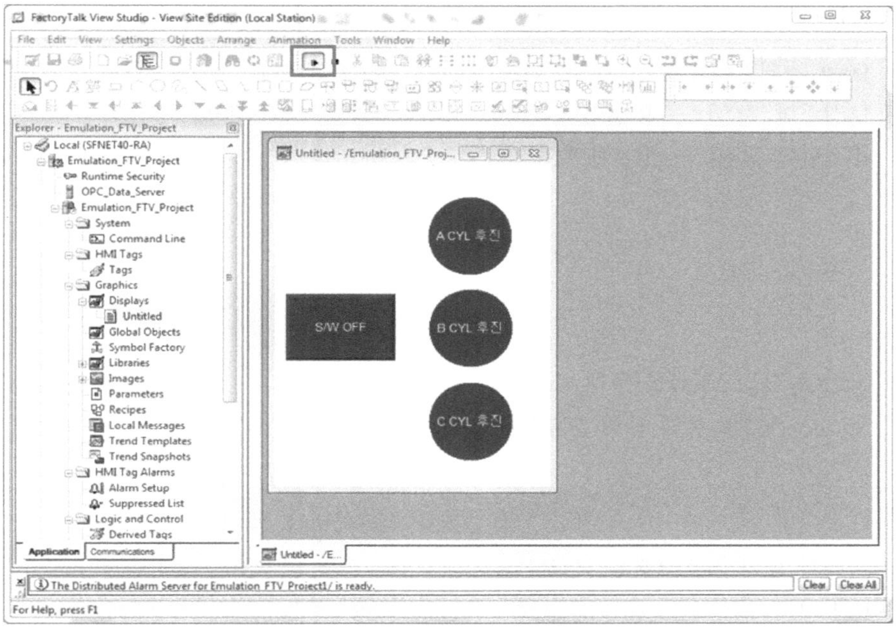

- [FactoryTalk View]의 스위치를 클릭하면 3D 모듈이 래더에 의해 동작이 실행된다.

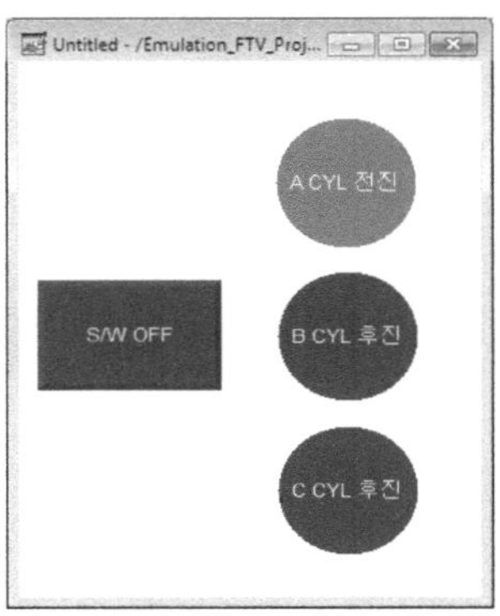

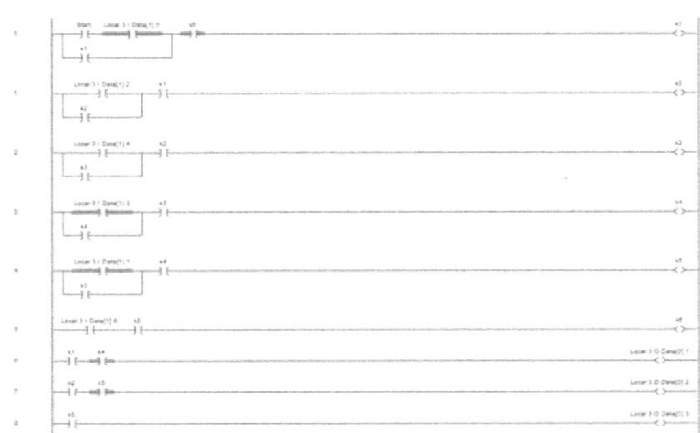

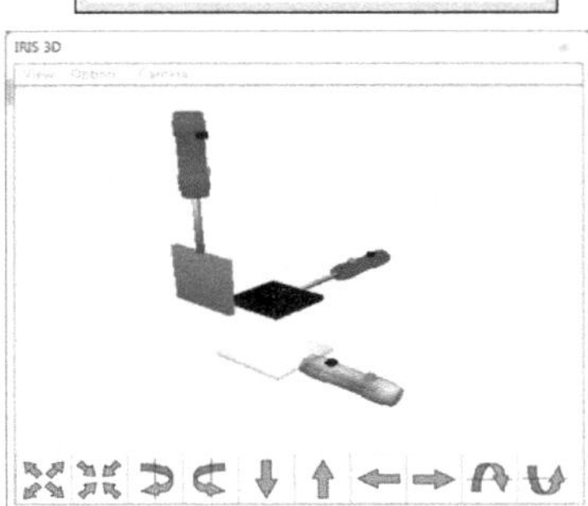

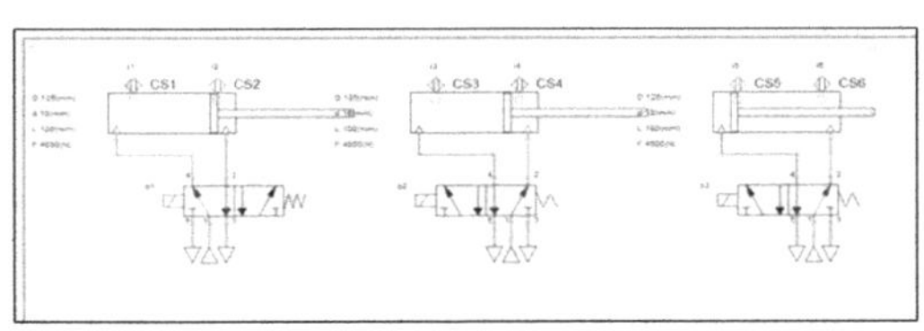

8.5 AB PLC 시뮬레이션 제어 (응용)

(1) 프로그램 동작 구성

- Start 스위치를 ON/OFF하면 다음 동장을 1회 운전한다.
  [A실린더 전진] → [C실린더 전진] → 2초 대기 → [C실린더 후진] → [A실린더 후진] → [B실린더 전진] → [B실린더 후진]

A+	→	B+	→	2초 대기	→	B−	→	A−	→	C+	→	C−

- FactoryTalk View를 통해 스위치와 램프를 작성한다.
- Studio5000을 통해 래더 프로그램을 작성한다.

(2) 프로그램 작성

- 아래의 래더 프로그램을 작성한다.

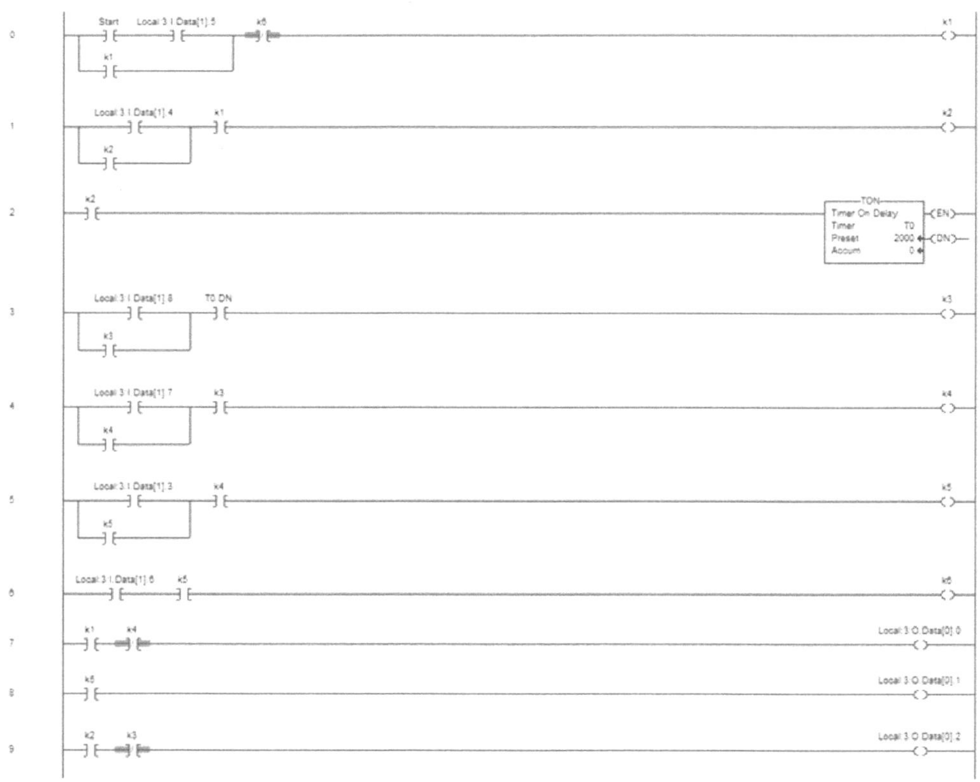

(3) FactoryTalk View

- (기본)에서 활용했던 내용을 참고하여 아래와 같이 설정을 변경한다.

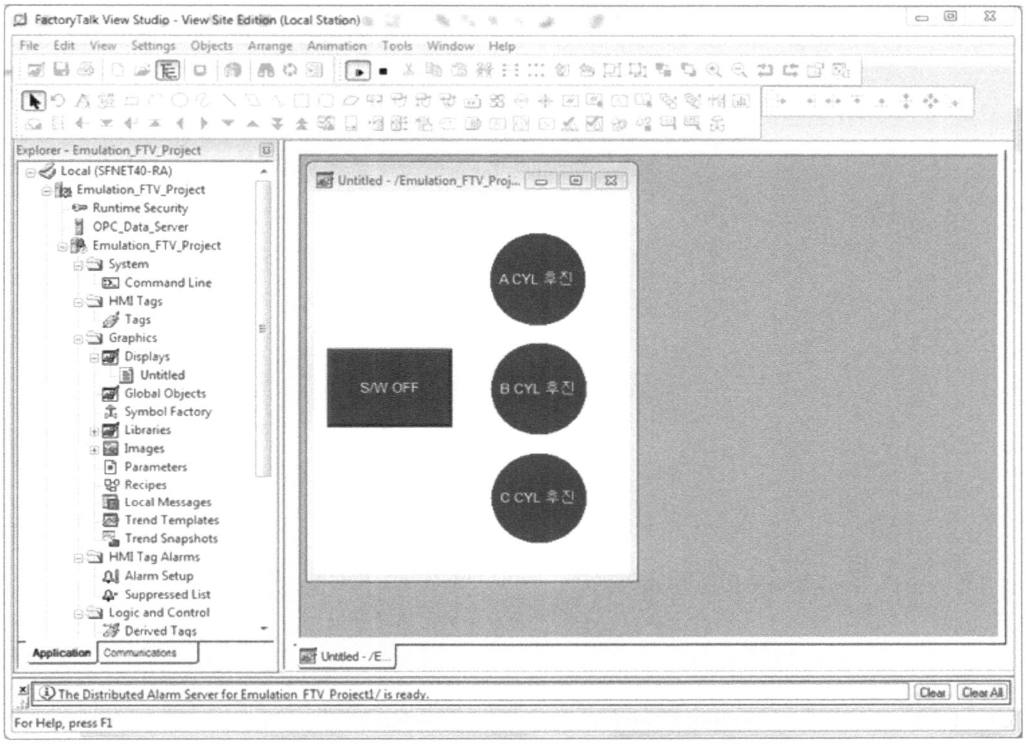

※ 참고

S/W - [{::[Emulatior_R24.11_Topic]Local:3:I.Data[1].0]

A CYL - [{::[Emulatior_R24.11_Topic]Local:3:O.Data[0].0]

B CYL - [{::[Emulatior_R24.11_Topic]Local:3:O.Data[0].1]

C CYL - [{::[Emulatior_R24.11_Topic]Local:3:O.Data[0].2]

(4) IRIS 3D 콘솔 만들기

- 브라우저의 [Iris]요소를 마우스 오른쪽 버튼으로 클릭한 다음 [Add an IRIS 3D Console]을 선택한다.

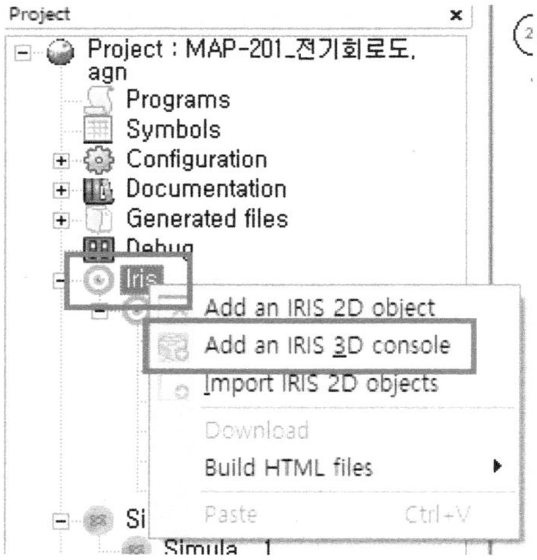

- [IRIS 3D object properties] 창이 나타나면 [OK] 버튼을 클릭한다.

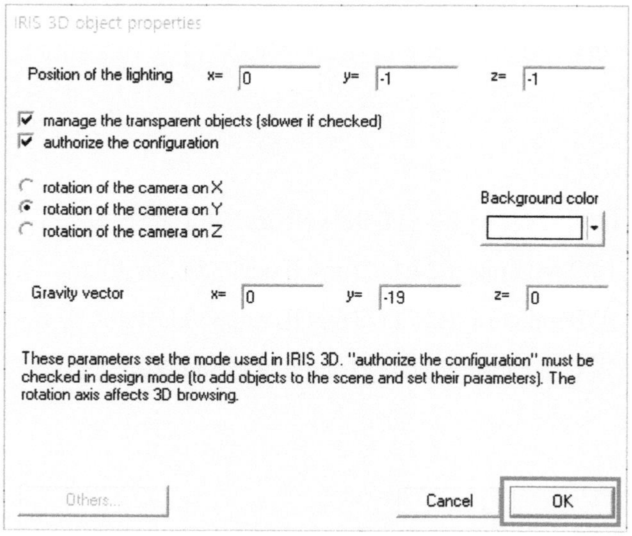

- IRIS 3D 콘솔이 생성이 된다.

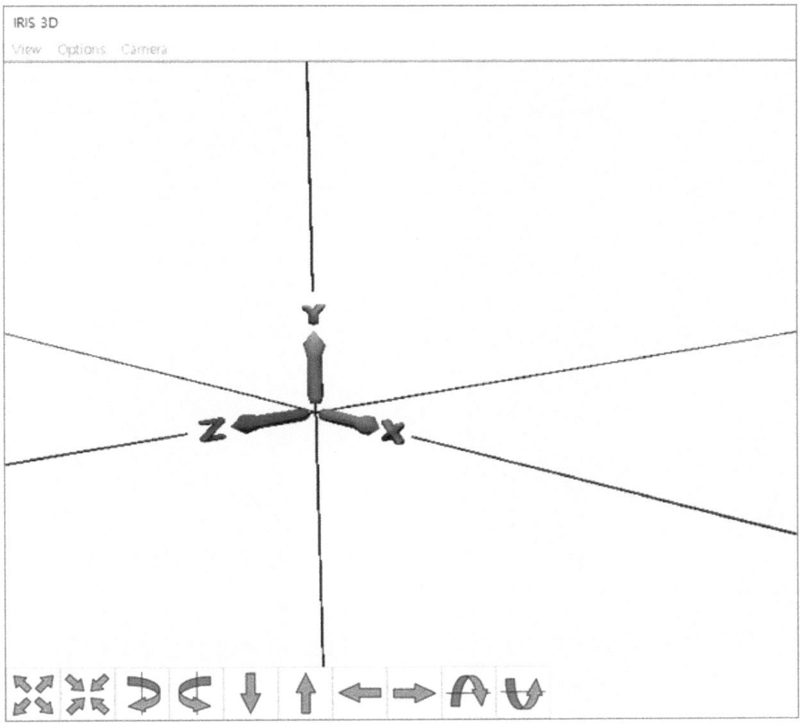

- 객체 배치를 위해 디스플레이에 보이는 3D 축을 제거한다.
- [View] - [Display the 3D axis]를 체크 해제한다.

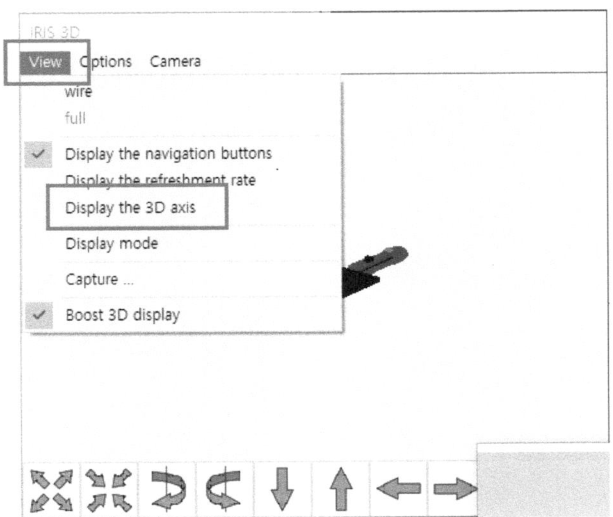

(5) 향상된 객체 가져오기

- 메뉴에서 [Options] - [Open the configuration window]를 클릭한다.

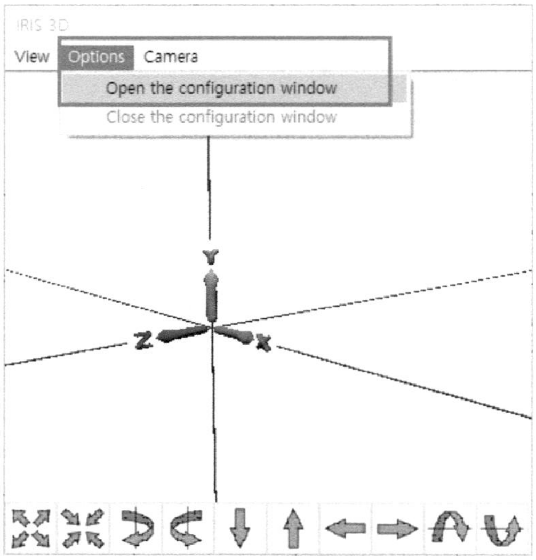

- [IRIS 3D] 창이 나타나면 3D 객체 추가를 위해 [Import]를 클릭한다.

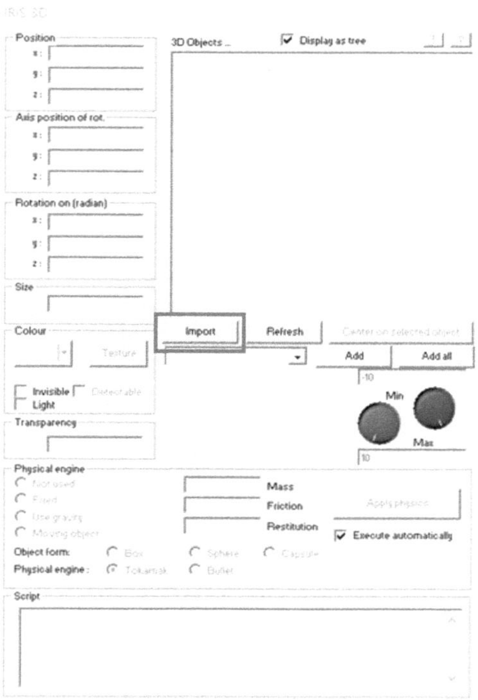

- [Import an Iris 3d Object] 창이 나타나면 추가로 제공되는 라이브러리 목록 중 [Module.I3D]를 선택한 뒤 [열기]를 클릭한다.

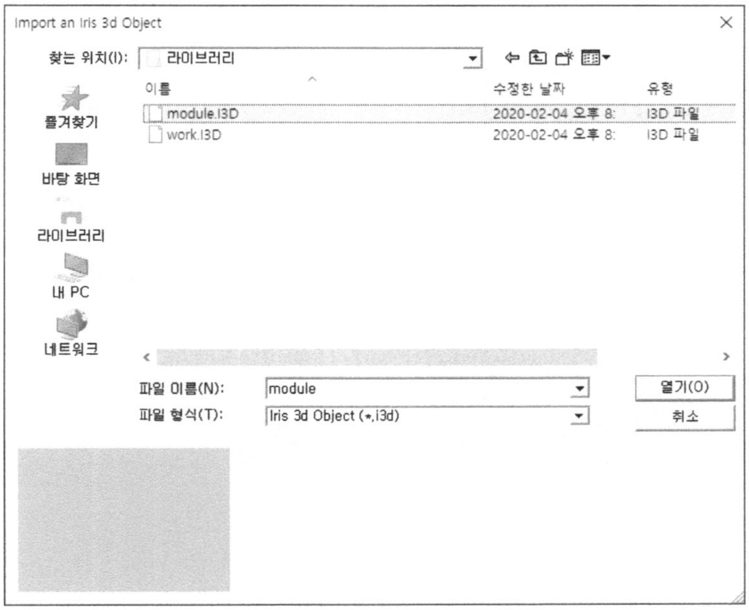

- [IRIS 3D Objects] 항목에 [Module] 항목이 추가되며, [IRIS 3D] 화면에 생성된다.

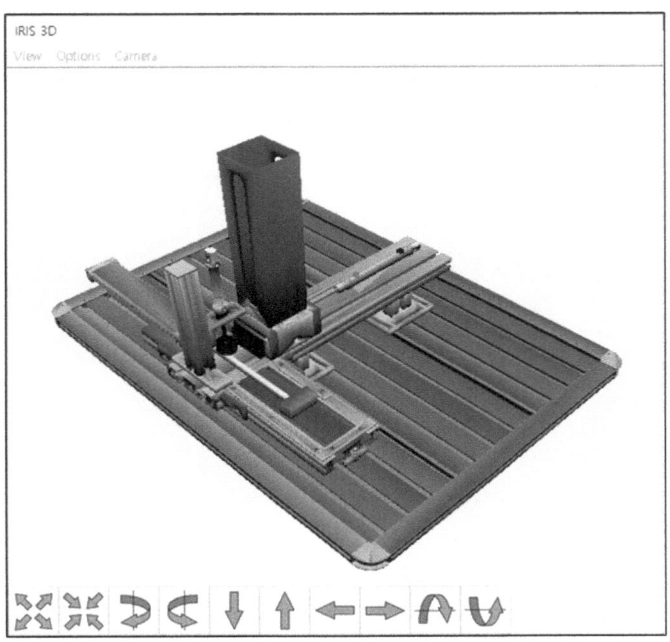

- 추가적으로 3D 객체 추가를 위해 [Import]를 클릭한다.

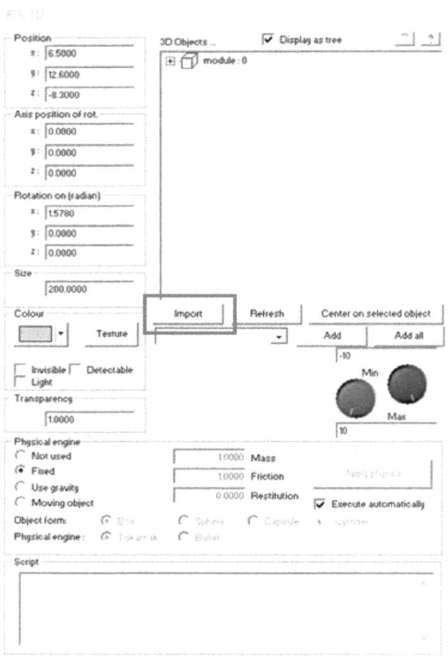

- [Import an Iris 3d Object] 창이 나타나면 추가로 제공되는 라이브러리 목록 중 [Work.I3D]를 선택한 뒤 [열기]를 클릭한다.

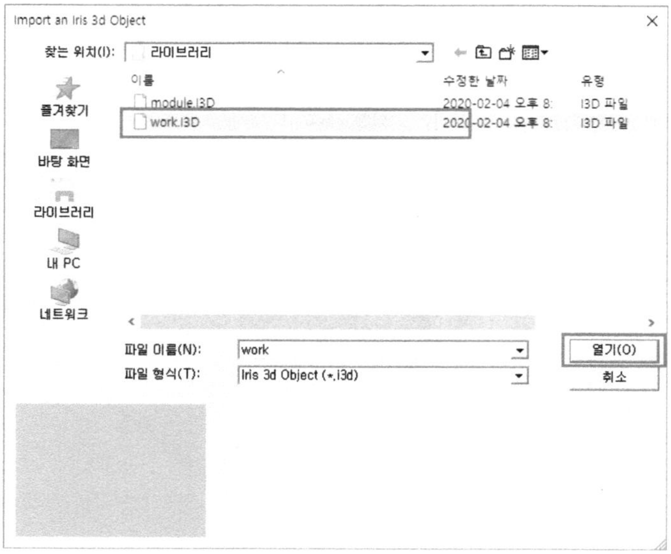

- [IRIS 3D Objects] 항목에 [Work] 항목이 추가되며, [IRIS 3D] 화면에 생성된다.

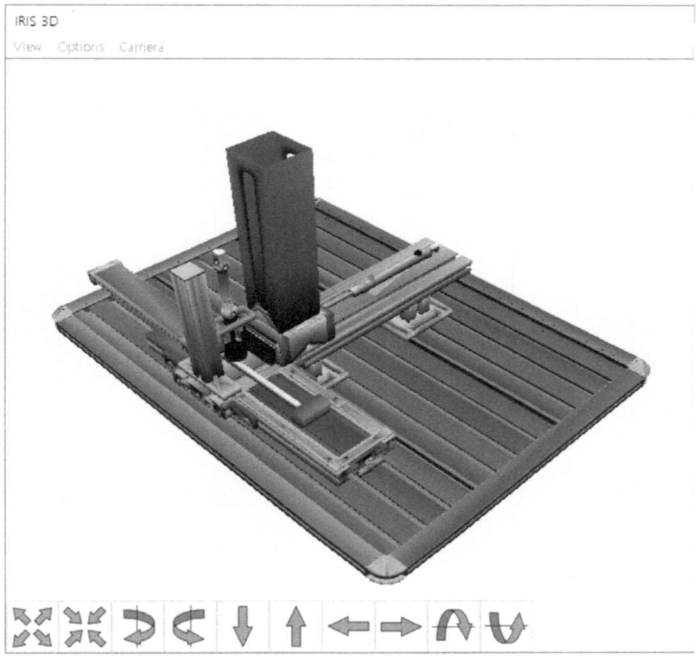

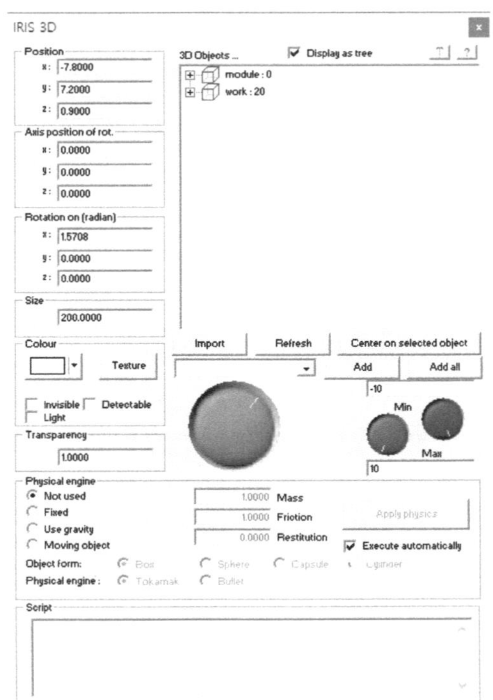

(6) Autosim I/O Drivers 설정

- Autosim 창을 실행시켜 [Configuration] - [I/O Drivers]를 클릭한다.

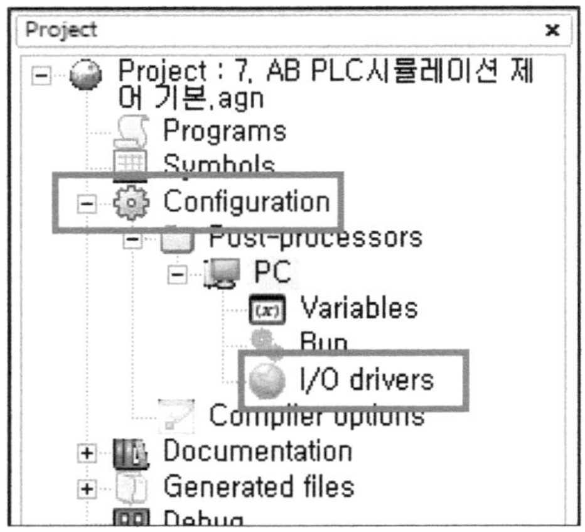

- [Input/output drivers for PC execution] 창이 나타나면 [Driver(s) available] - [opcdrv]를 선택 후 [Add]를 클릭한다.

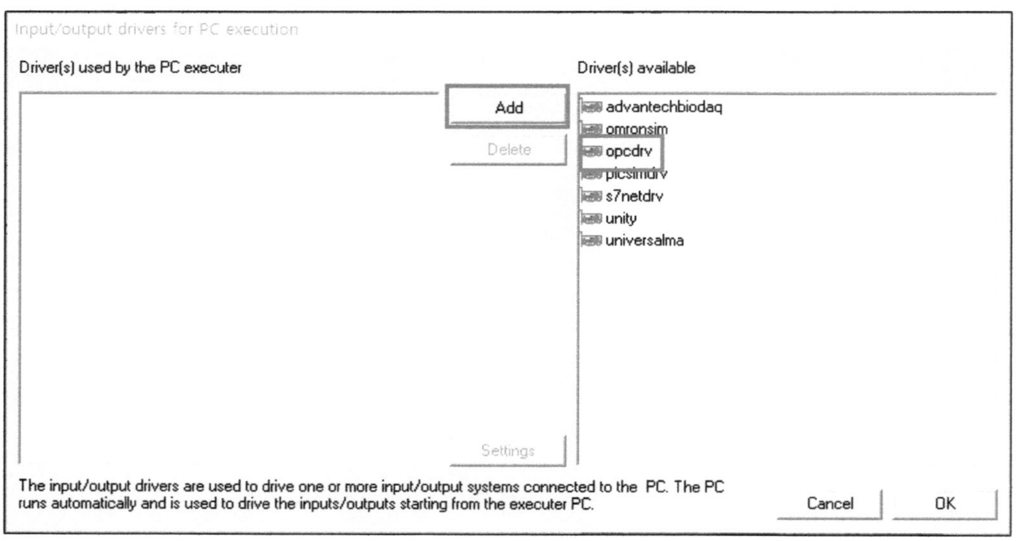

- [Driver(s) used by the PC executer]에 [opcdrv] 항목이 추가되면 더블클릭하여 선택한다.

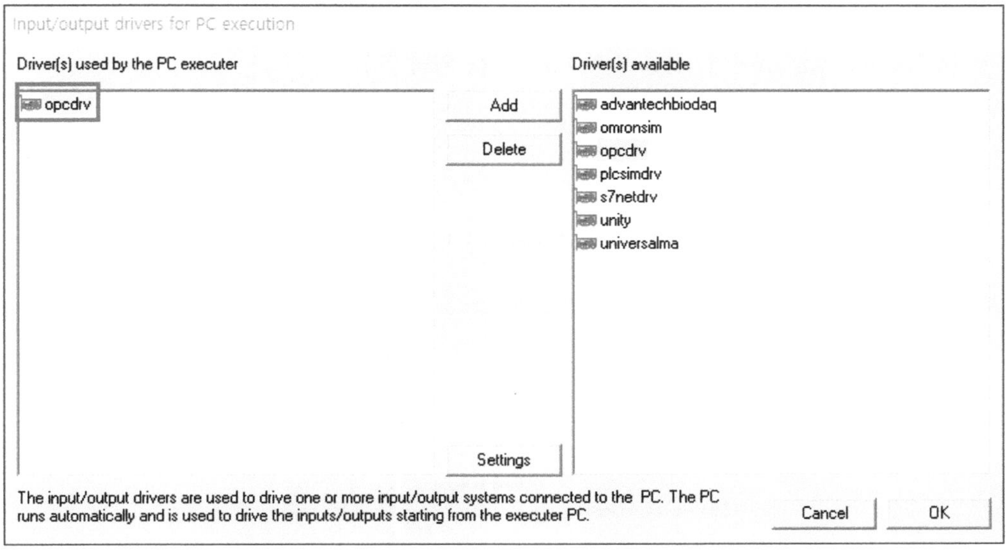

- [OPC driver for AUTOSIM] 창이 생성된다.
- [Server name]에 [RSLinx OPC Server]를 입력한다.

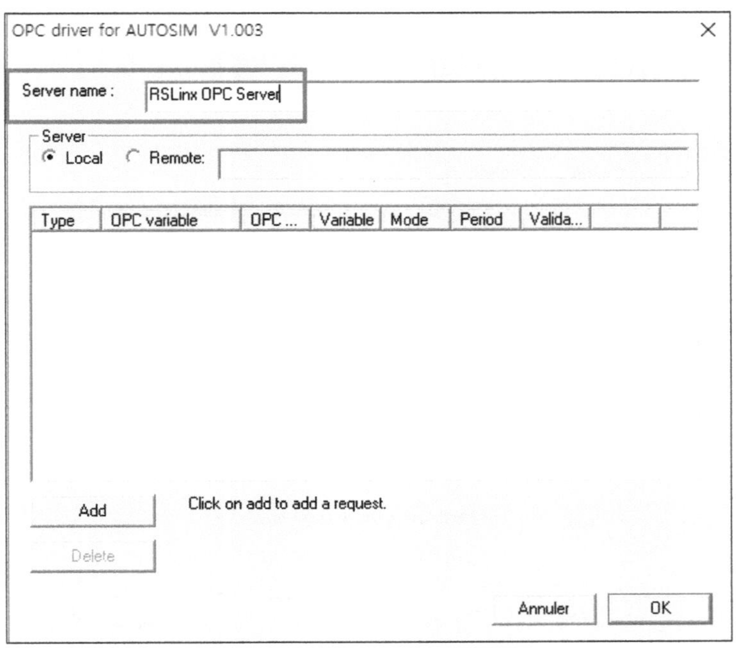

- [OPC request] 창이 생성된다.
- [OPC variable name]에 [[Emulator_R24.11_Topic]Local:3:O.Data[0].0]을 입력한다.
- [Acces]에는 [Read from OPC server]를 선택한다.
- [AUTOSIM variable]에 [o]를 선택하고 [0]을 입력한다.
- 입력 후 [OK] 버튼을 클릭한다.

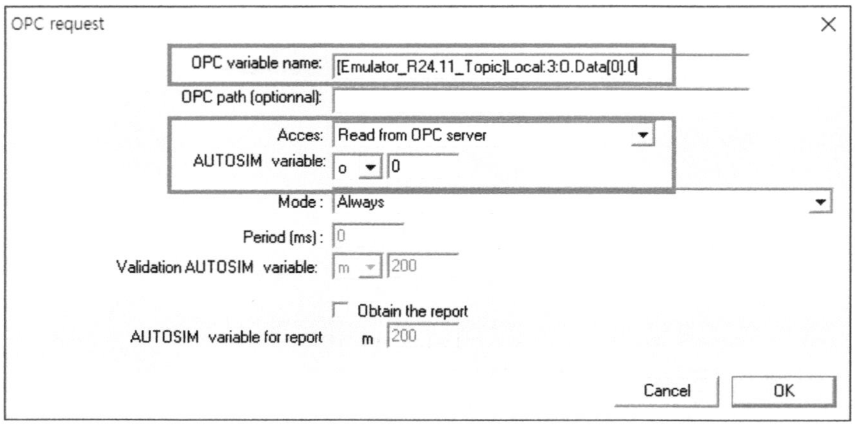

- [Server] 항목에 추가한 내용이 적용된 것을 확인 할 수 있다.

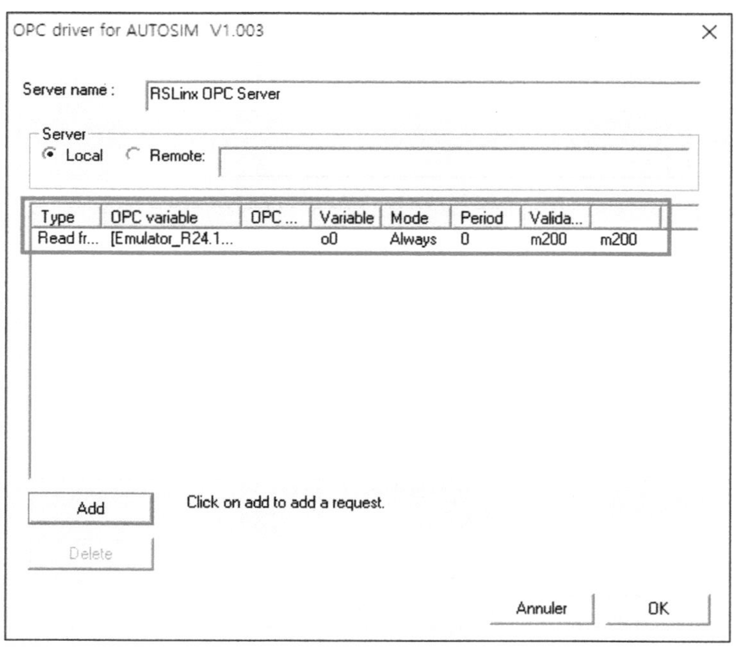

• 같은 방법으로 2개의 항목을 추가한다.

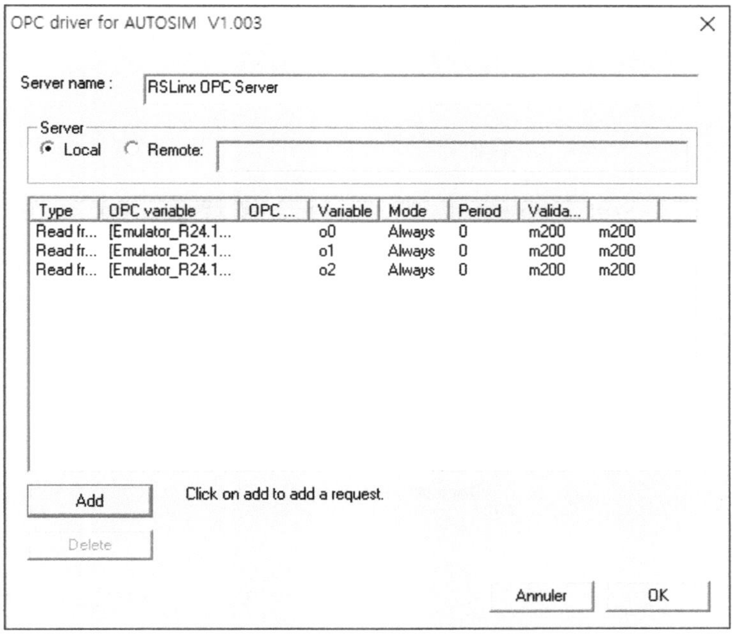

※ 참고

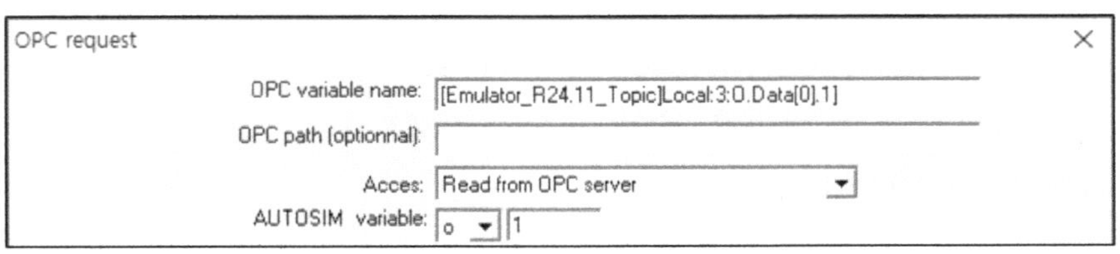

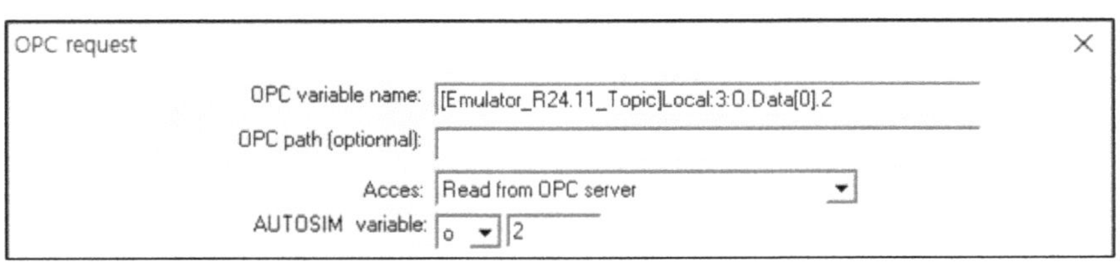

- 항목 추가를 위해 [Add]를 클릭한다.

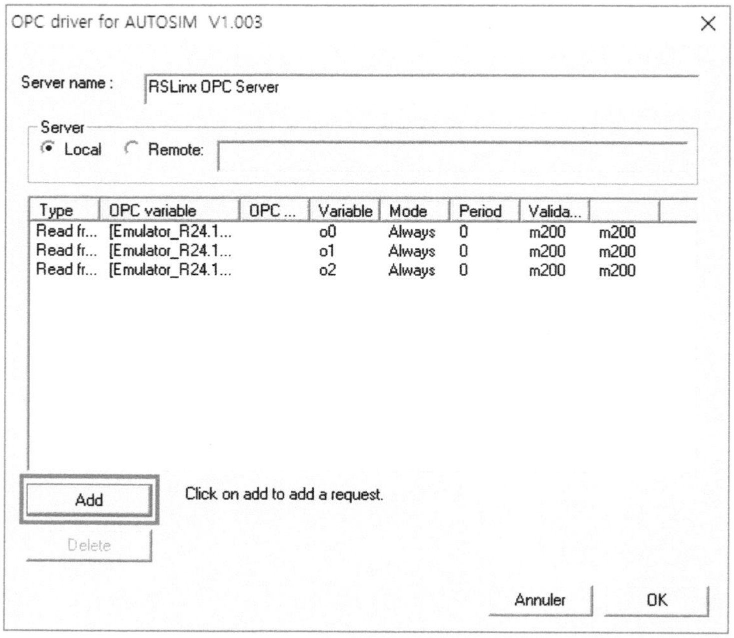

- [OPC request] 창이 생성된다.
- [OPC variable name]에 [[Emulator_R24.11_Topic]Local:3:I.Data[1].3]을 입력한다.
- [Acces]에는 [Write to OPC server]를 선택한다.
- [AUTOSIM variable]에 [i]를 선택하고 [3]을 입력한다.
- 입력 후 [OK] 버튼을 클릭한다.

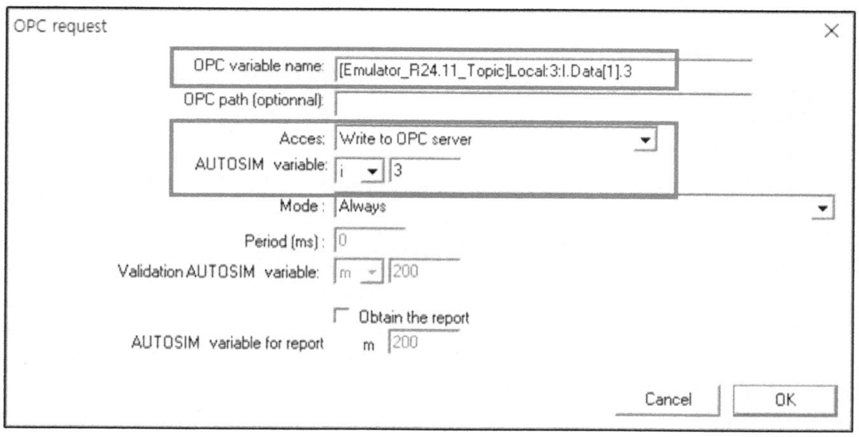

- [Server] 항목에 추가한 내용이 적용된 것을 확인 할 수 있다.

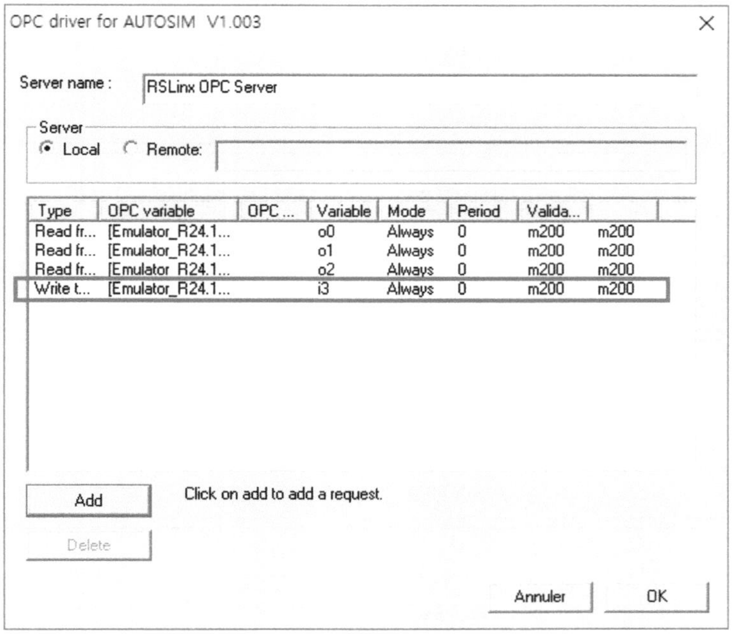

- 같은 방법으로 5개의 항목을 추가한다.

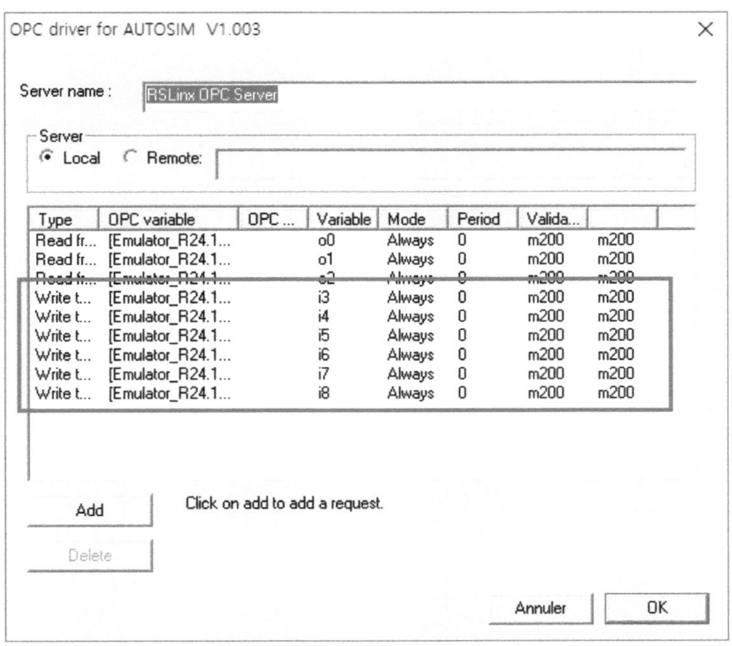

※ 참고

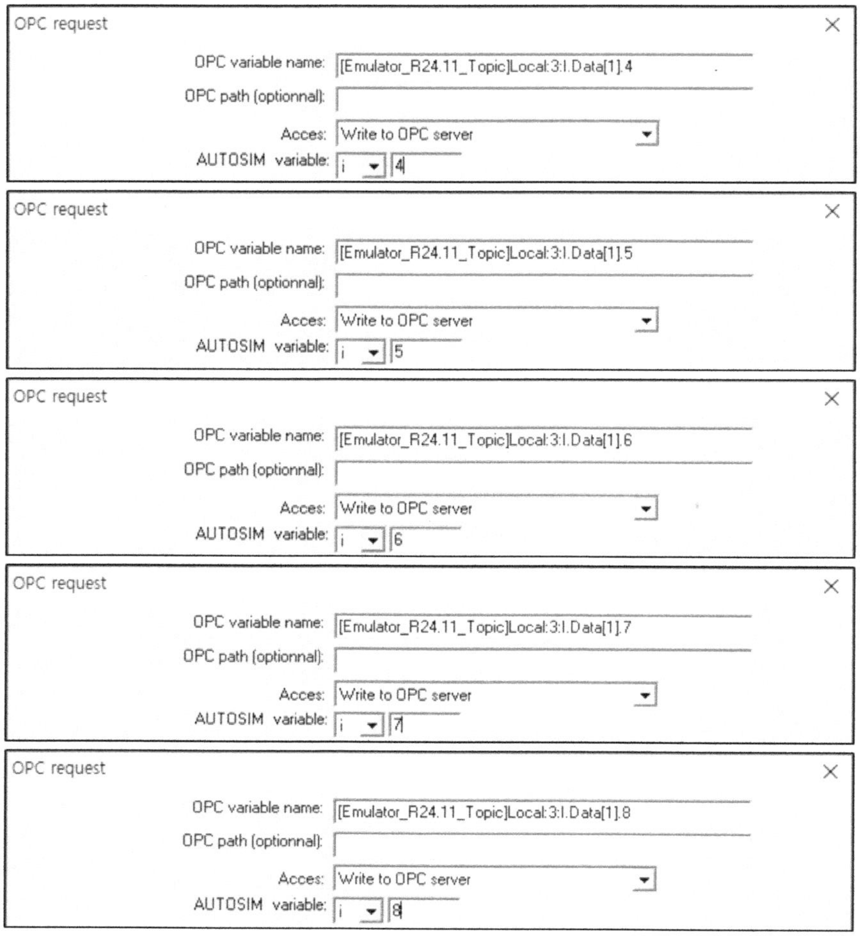
OPC request
OPC variable name: [Emulator_R24.11_Topic]Local:3:I.Data[1].4
OPC path (optionnal):
Acces: Write to OPC server
AUTOSIM variable: i 4
OPC request
OPC variable name: [Emulator_R24.11_Topic]Local:3:I.Data[1].5
OPC path (optionnal):
Acces: Write to OPC server
AUTOSIM variable: i 5
OPC request
OPC variable name: [Emulator_R24.11_Topic]Local:3:I.Data[1].6
OPC path (optionnal):
Acces: Write to OPC server
AUTOSIM variable: i 6
OPC request
OPC variable name: [Emulator_R24.11_Topic]Local:3:I.Data[1].7
OPC path (optionnal):
Acces: Write to OPC server
AUTOSIM variable: i 7
OPC request
OPC variable name: [Emulator_R24.11_Topic]Local:3:I.Data[1].8
OPC path (optionnal):
Acces: Write to OPC server
AUTOSIM variable: i 8

(7) 시뮬레이션

- [Emulation]을 [Run Mode]로 설정한다.

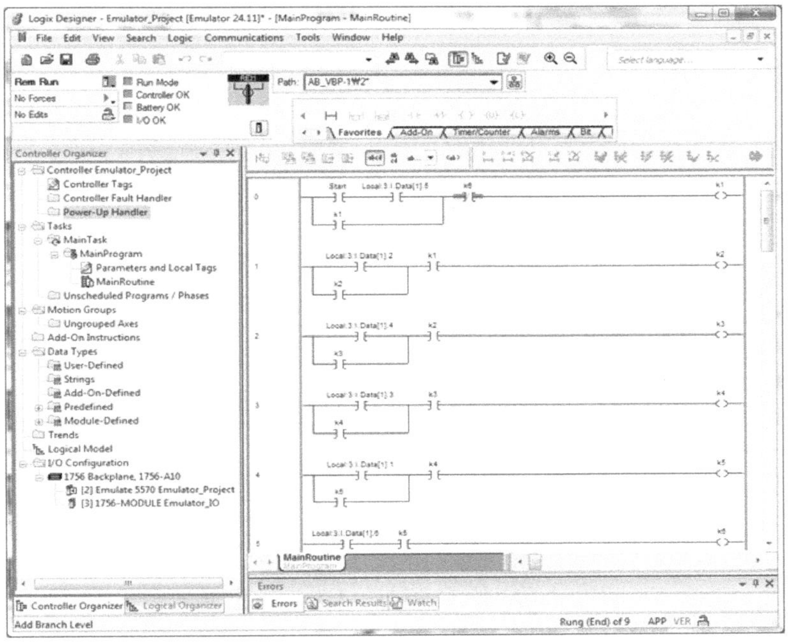

- Autosim도 [GO!]를 실행한다.

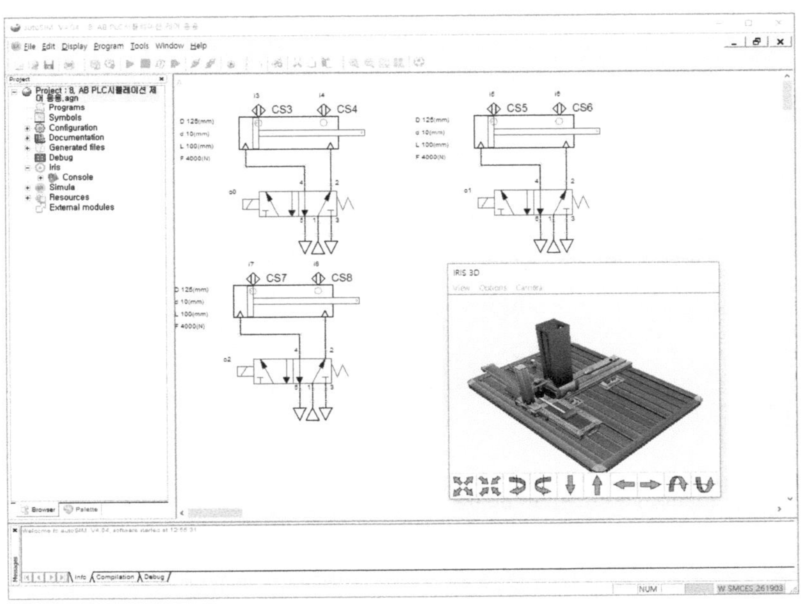

- [FactoryTalk View]의 시작 버튼을 클릭한다.

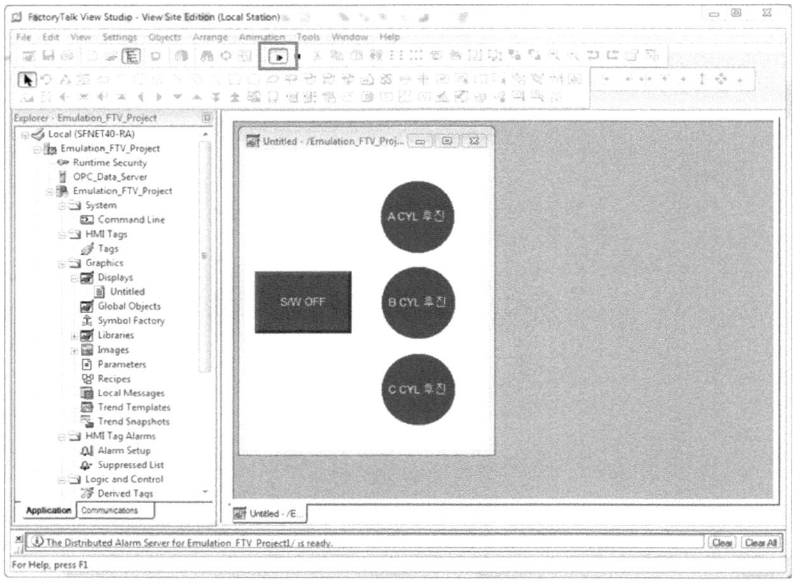

- [FactoryTalk View]의 스위치를 클릭하면 3D 모듈이 래더에 의해 동작이 실행된다.

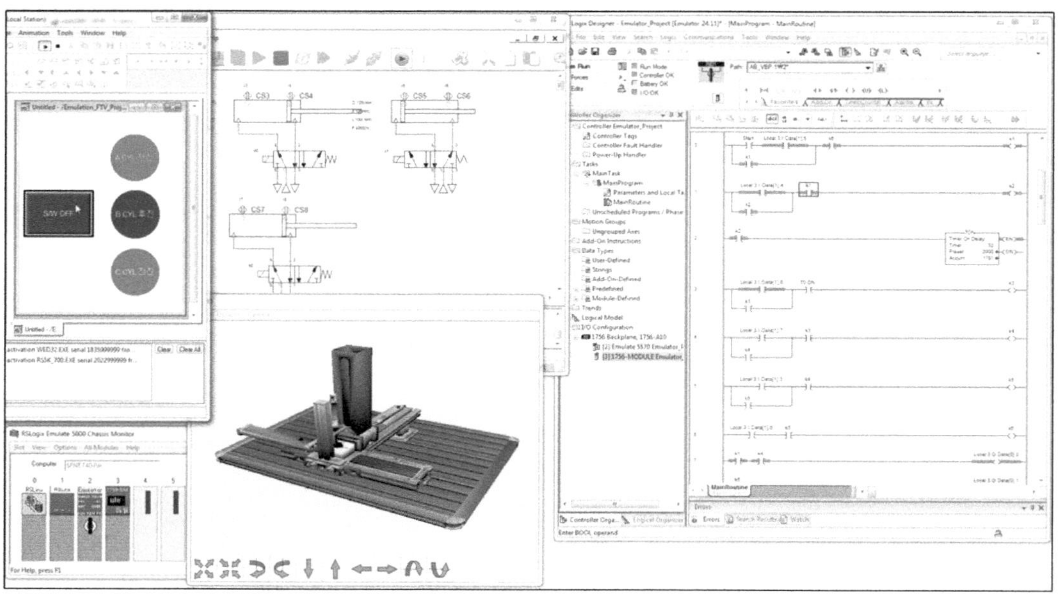

8.6 센서모듈 추가하기

- 기존 라이브러리 오브젝트에서 [Import]를 클릭한다.

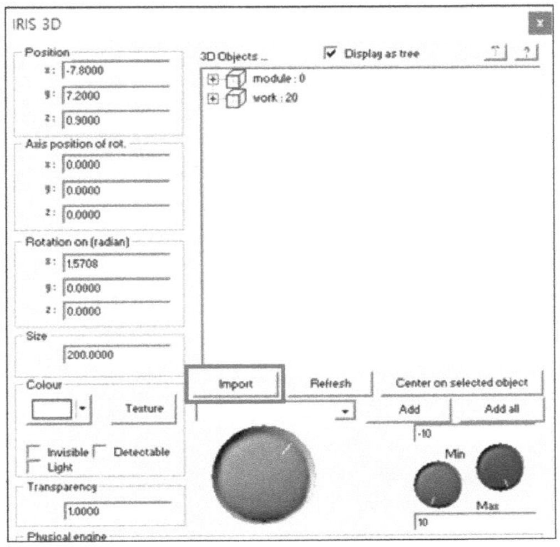

- i3d 라이브러리 폴더 내에 [sensor for yellow objects.I3D]를 클릭한다.

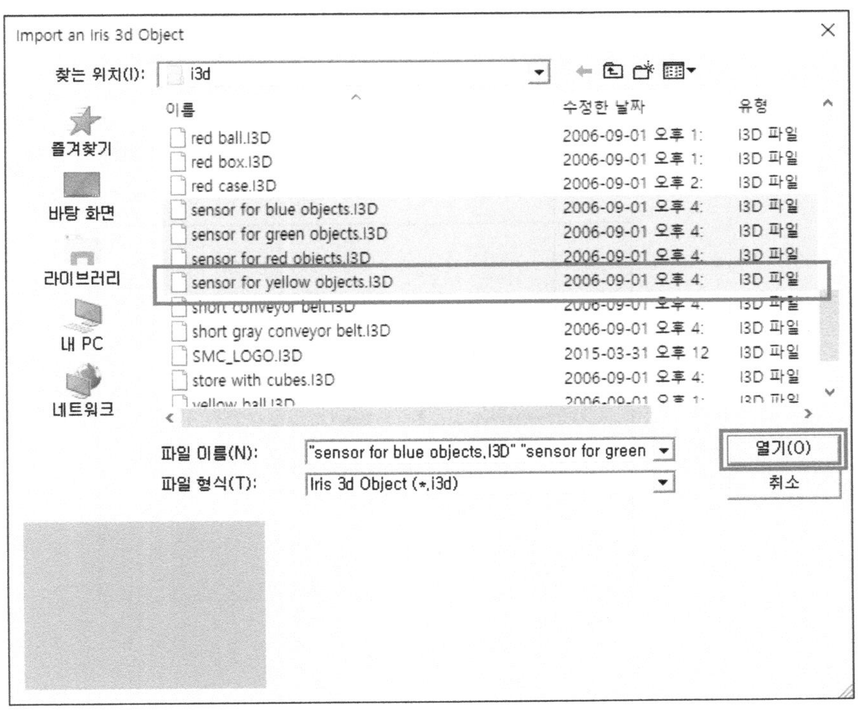

- [Parameters] 창이 나타나면 [Parameter] 항목의 [Value] 값을 임의로 변경한다. 교재에서는 [i10]으로 입력

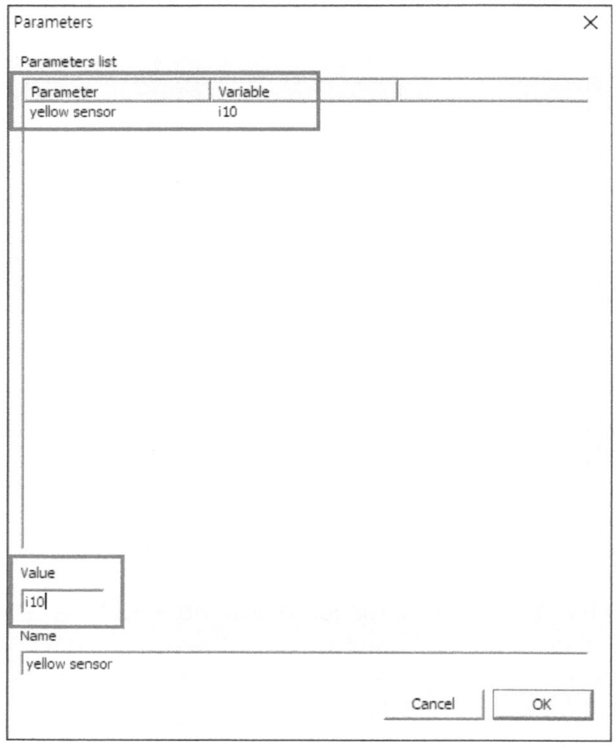

- 오브젝트 항목에 [sensor for yellow objects.I3D]가 추가된 걸 확인 할 수 있다.

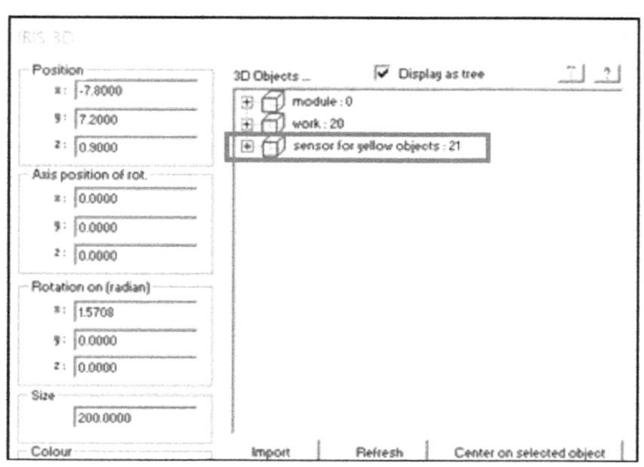

- [work]을 클릭하여 [Colour]를 클릭하여 [노란색]으로 변경한다.
  * 이유 : 센서가 노란색 감지하는 센서이기 때문에

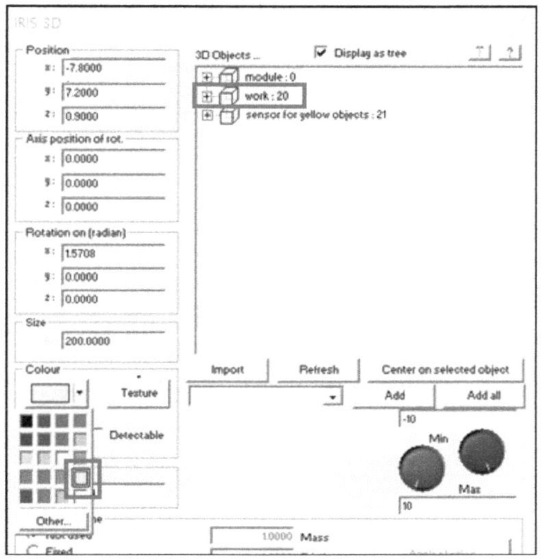

- [sensor for yellow objects] - [capteur] - [- i10]을 클릭한다.

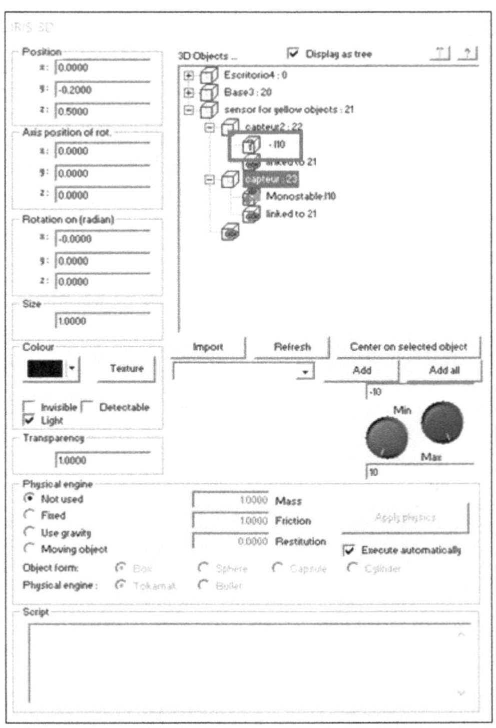

- [Other behaviour] 창이 나타나면 아래의 화살표를 클릭한다.

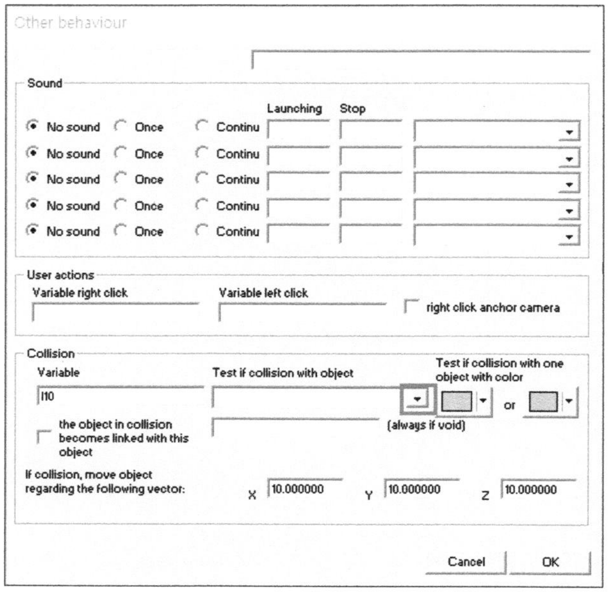

- 항목에서 [work]를 클릭 후 [OK]를 클릭한다.

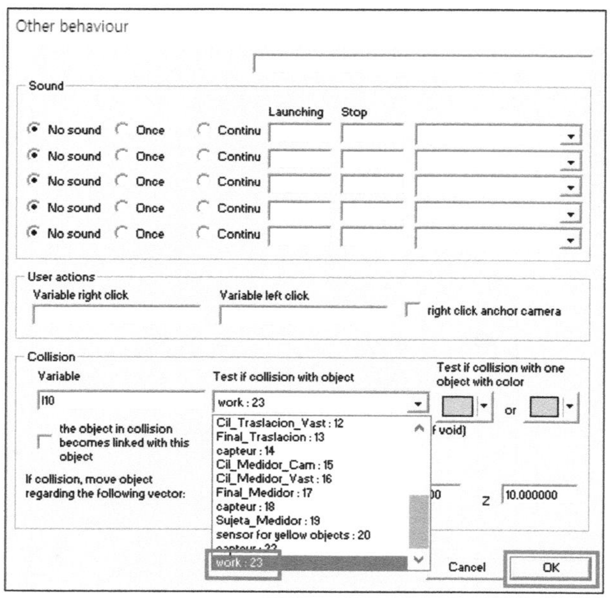

- 설정 완료 후 좌측에 위치값을 변경한다.
  [Position] - [x: -10.3] / [y: 6.0] / [z: 3.5]
  [Axis position of rot.] - [x: 0] / [y: 0] / [z: 0]
  [Rotation on(radian)] - [x: -1.57] / [y: 0] / [z: 0]

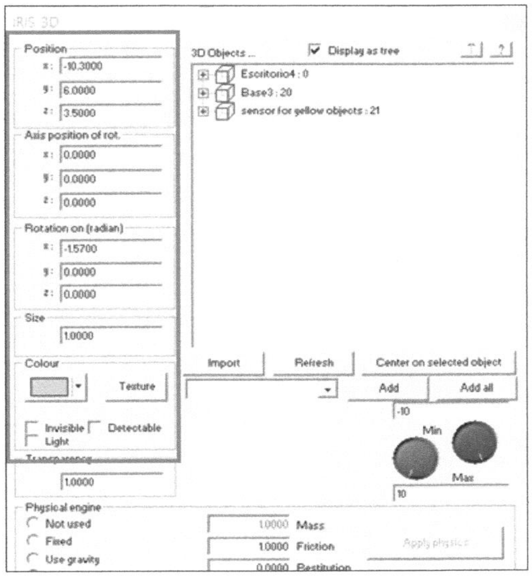

- 배치하면 다음과 같은 위치에 배치된다.

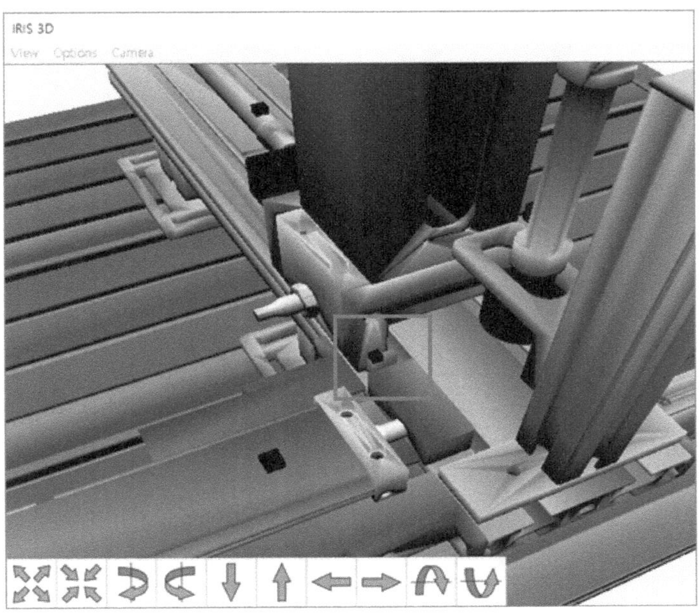

- [sensor for yellow objects]를 클릭하여 [colour]를 [빨간색]으로 변경한다.

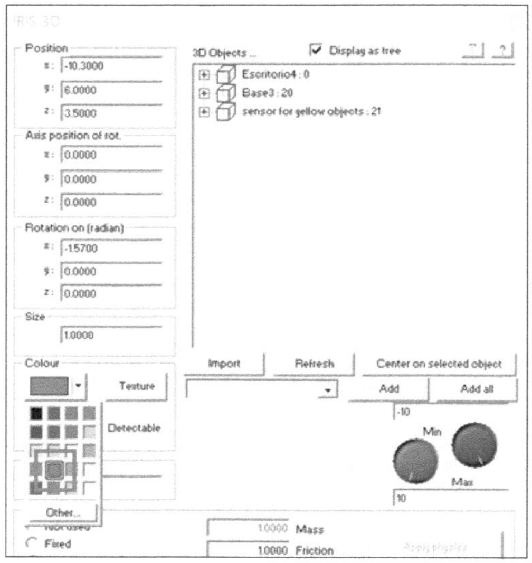

- 센서의 색상이 변경된 것을 확인할 수 있다.

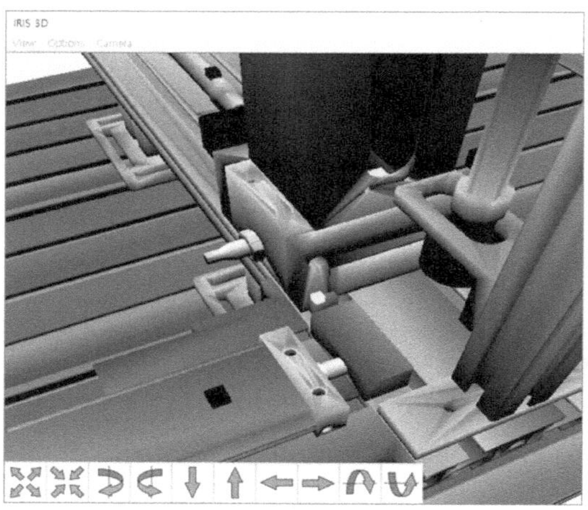

(좌) 센서에 물체 감지

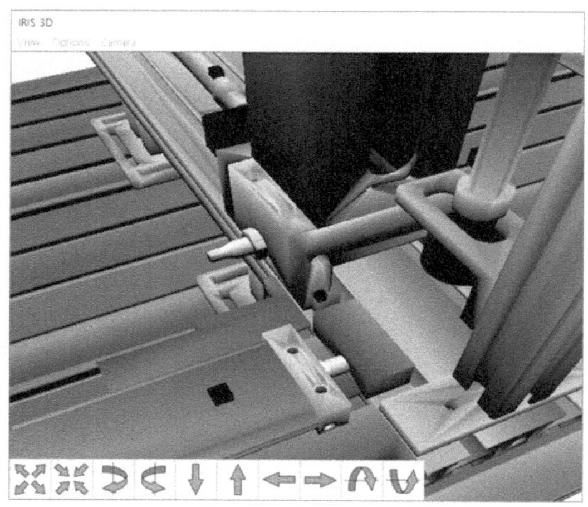

(우) 센서에 물체 미감지

8.7 새 라이브러리 등록하기

- 제조사에서 제공하는 3D 모델링 파일을 다운로드 한다.
  교재에 예시 자료는 [70402177.SLDPRT] 샘플 라이브러리 이다.
- 단, 확장자는 *.3ds와 *.wrl만 지원한다.
  (*.3ds는 3DStudio / *.wrl는 솔리드웍스)

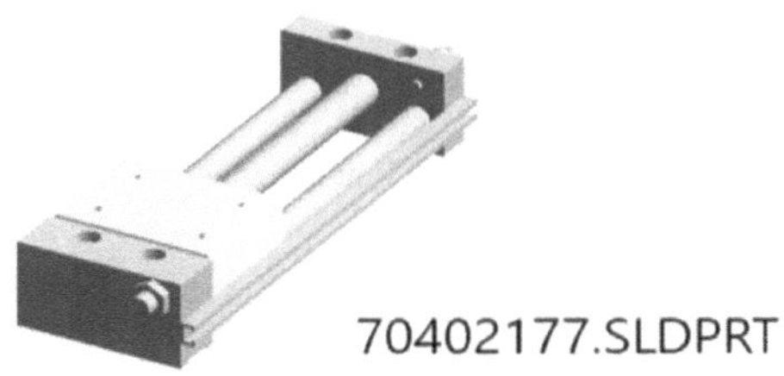

샘플 라이브러리

- 기존의 [70402177.SLDPRT]파일을 2개의 모듈로 나눠서 저장한다.

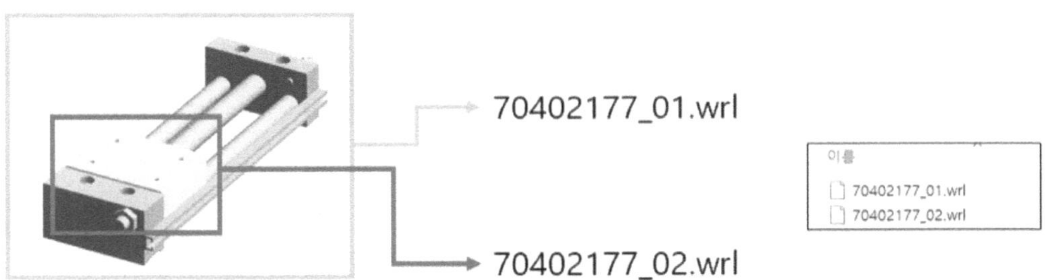

샘플 라이브러리

(1) 라이브러리 등록하기

- [Resources]를 마우스 오른쪽으로 클릭한 뒤 [Import on or more 3D files]를 클릭한다.

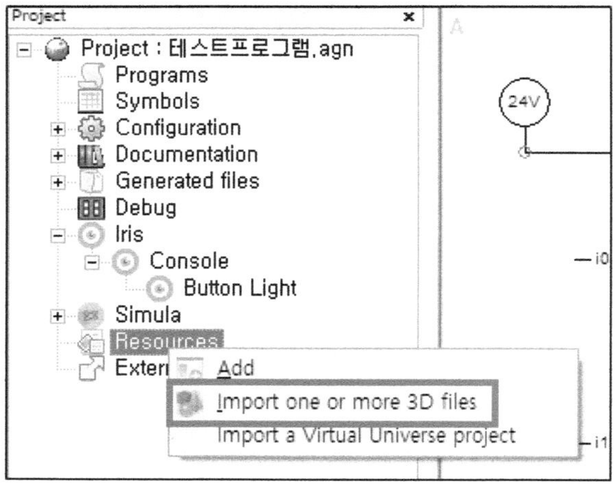

- 소스에 위치해 있는 경로에 가서 파일 형식을 [VRML files (*.wrl)]를 변경한다.

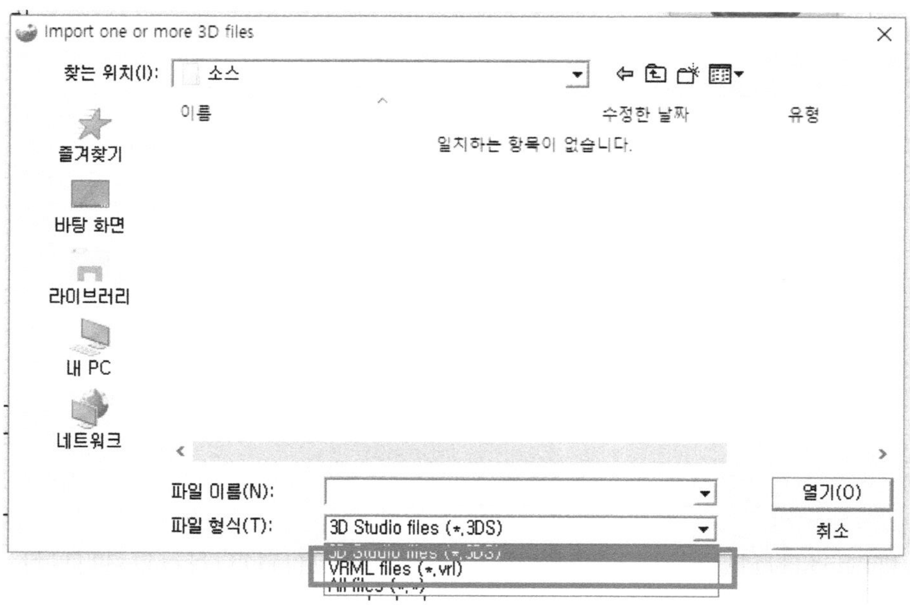

- 항목에 나타나면 [70402177_01.wrl]을 클릭 후 [열기]를 클릭한다.

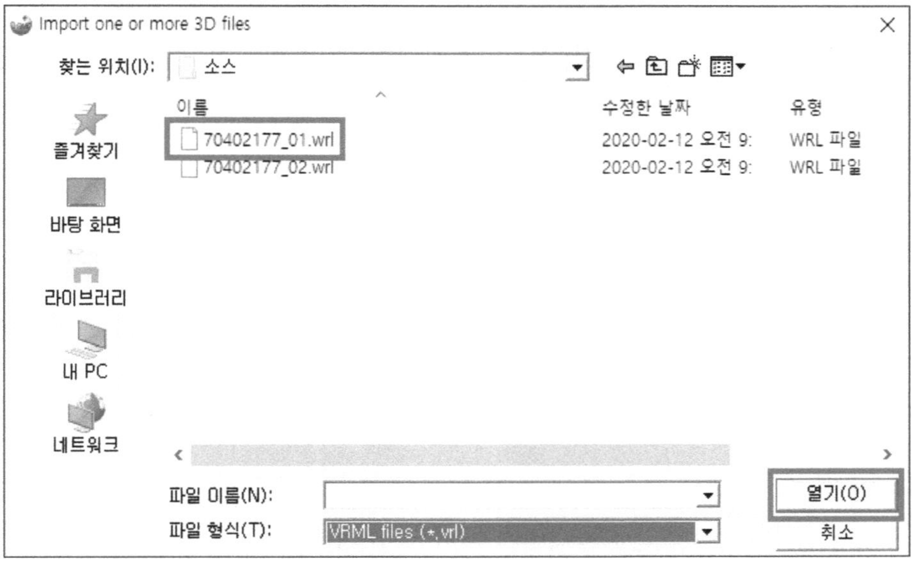

- [Resources]에 항목이 추가된 걸 확인 할 수 있다.
  항목의 명칭은 [70402177_01.X]이다.

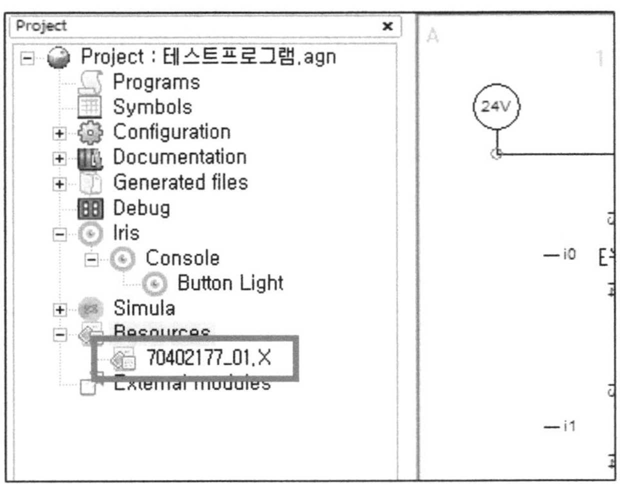

- 같은 방법으로 [70402177_02.X]를 추가한다.

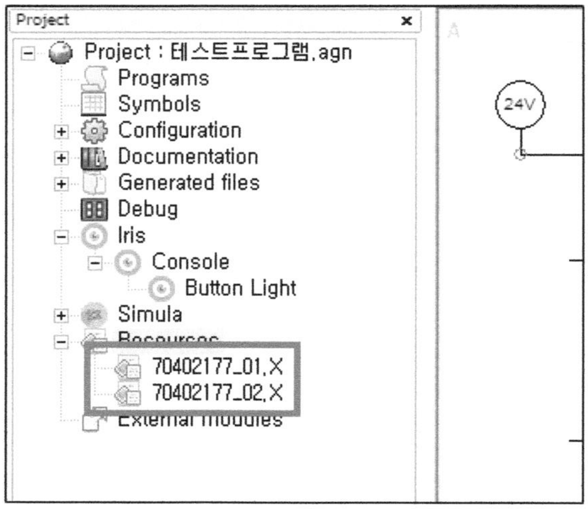

- [IRIS]를 마우스 오른쪽으로 클릭 후 [Add ad IRIS 3D console]을 클릭한다.

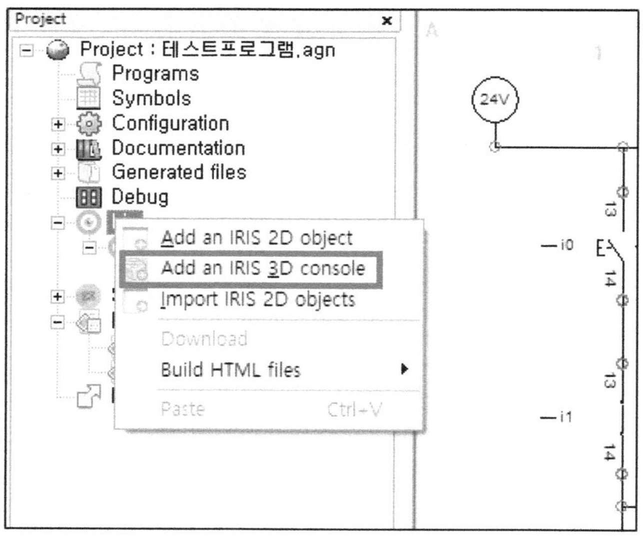

- [IRIS 3D]창이 나타나면 [Options] - [Open the configuration window]를 클릭한다.

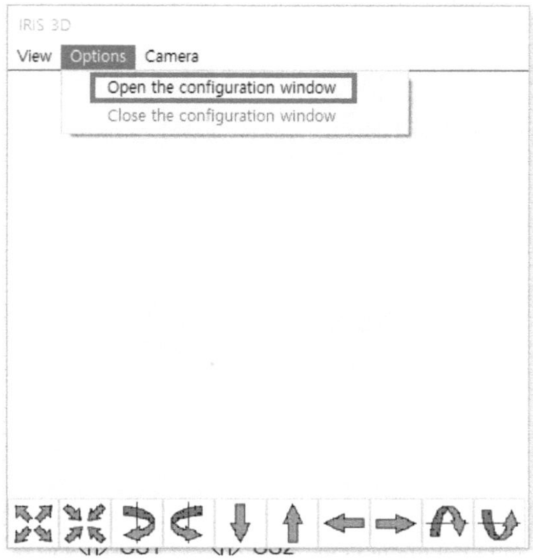

- [IRIS 3D] 생성되면 다음과 같다.

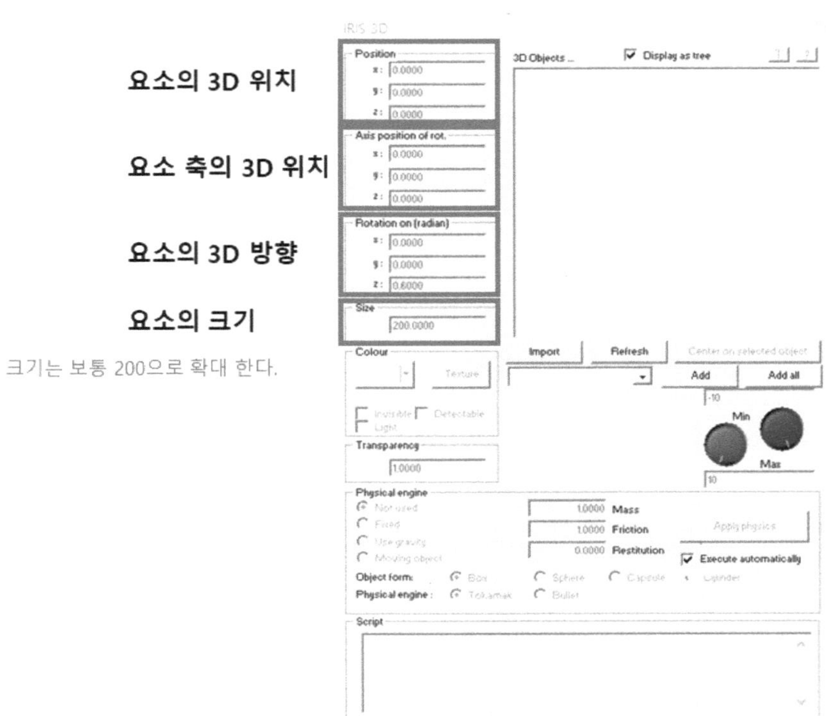

- 빈 항목에 [70402177_01], [70402177_02]를 입력하고 [Add]를 클릭하여 추가한다.

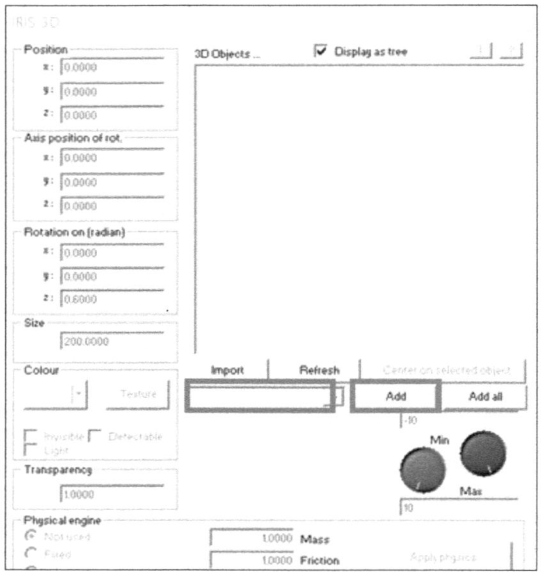

- 오브젝트 항목에 [70402177_01], [70402177_02]가 추가된 걸 확인할 수 있다.

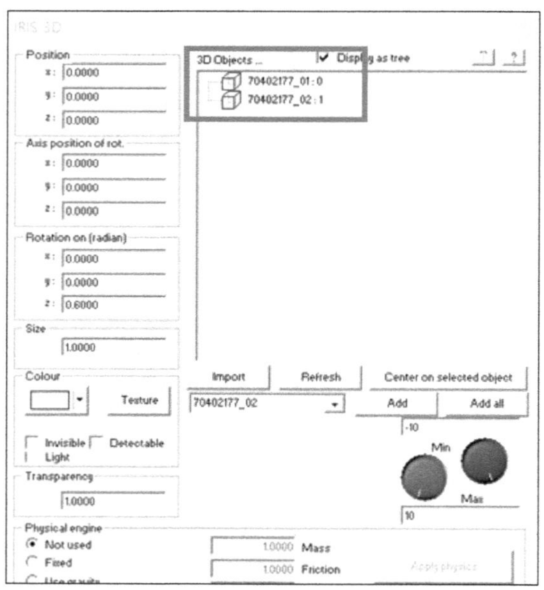

• 두 항목([70402177_01], [70402177_02])의 [Size]를 [200]으로 변경한다.

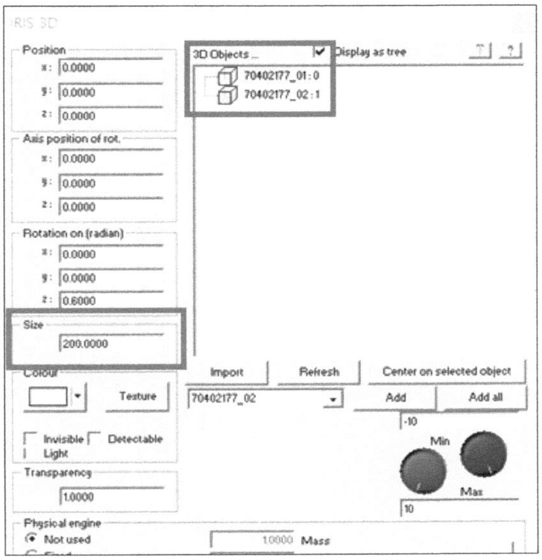

• 크기가 커지면서 다음과 같이 항목에 표시된다.

• [70402177_02]를 클릭하여 [Colour]를 [노란색]으로 변경한다.

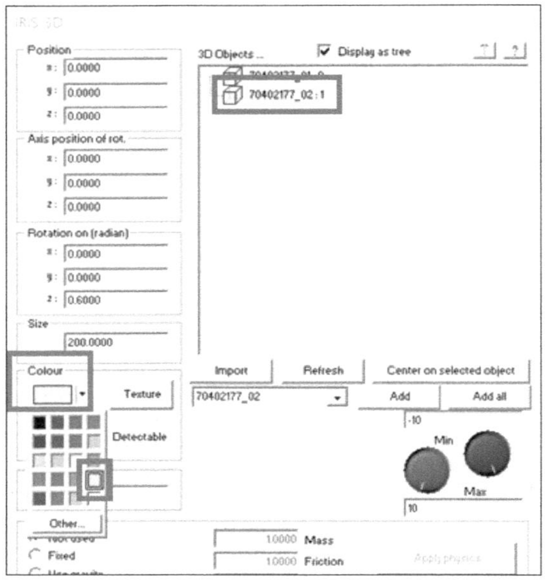

• [70402177_02]의 색상이 변경된 걸 확인할 수 있다.

- 다음과 같이 두 항목의 위치 값을 변경한다.
  [Rotation on(radian)] - [x: -0] / [y: 0] / [z: 0.6]

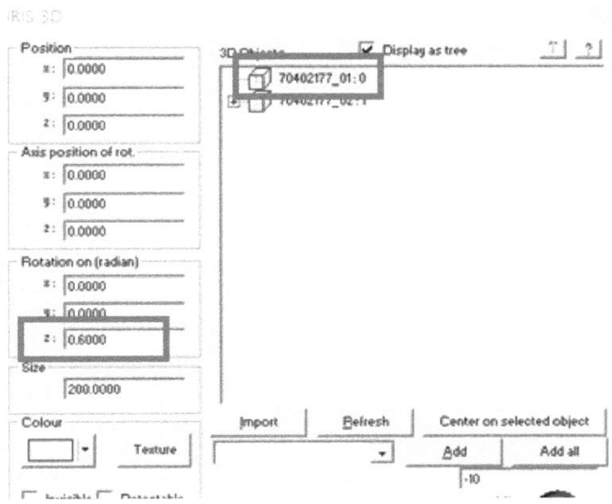

- [70402177_02]를 마우스 오른쪽 클릭하여 [Add a translation]을 클릭한다.

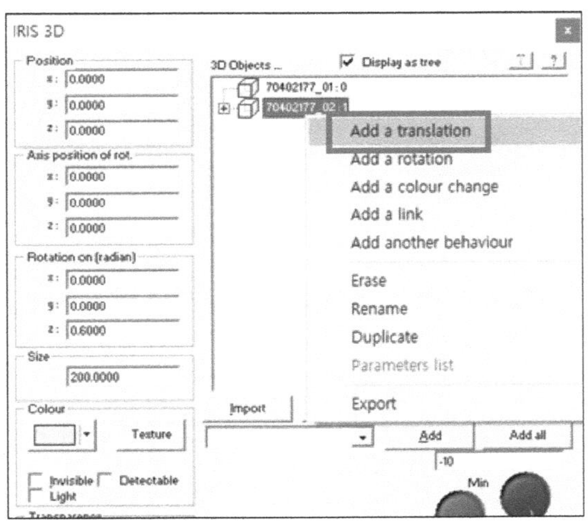

- [Translation]창이 나타나면 아래의 그림처럼 설정한다.
  [Monostable piloting]을 클릭하고 [O1]을 입력한다.
  [Mini]는 [0.0] / [Maxi]는 [-4.8]을 입력한다.
  [Time to run in ms]는 [700.0], [700.0]을 입력한다.
  [Mini sensor]에 [i1]을 [Maxi sensor]에 [i2]를 입력한다.
- 입력 후 [OK]를 클릭한다.

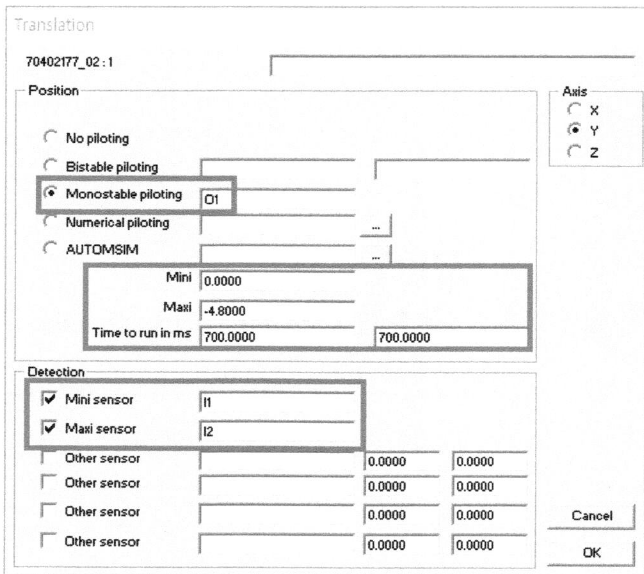

- 다시 [70402177_02]를 마우스 오른쪽 클릭하여 [Add a translation]을 클릭한다.

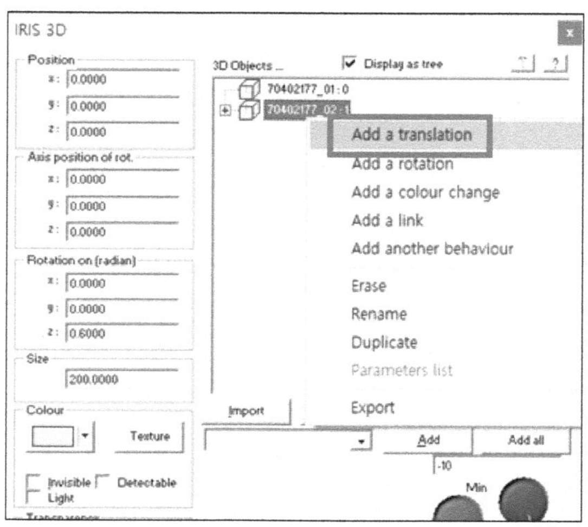

- [Translation]창이 나타나면 아래의 그림처럼 설정한다.
  [Monostable piloting]을 클릭하고 [O1]을 입력한다.
  [Mini]는 [0.0] / [Maxi]는 [3.3]을 입력한다.
  [Time to run in ms]는 [700.0], [700.0]을 입력한다.
  [Mini sensor]에 [i1]을 [Maxi sensor]에 [i2]를 입력한다.
- 입력 후 [OK]를 클릭한다.

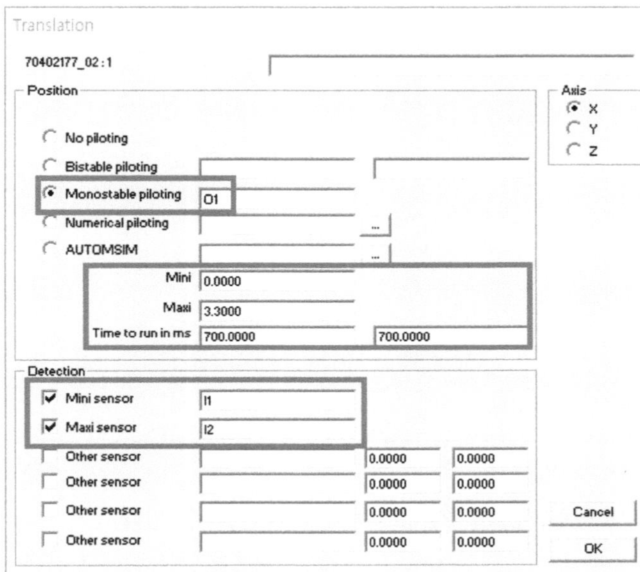

- 2개의 동작 항목이 추가된 걸 확인할 수 있다.

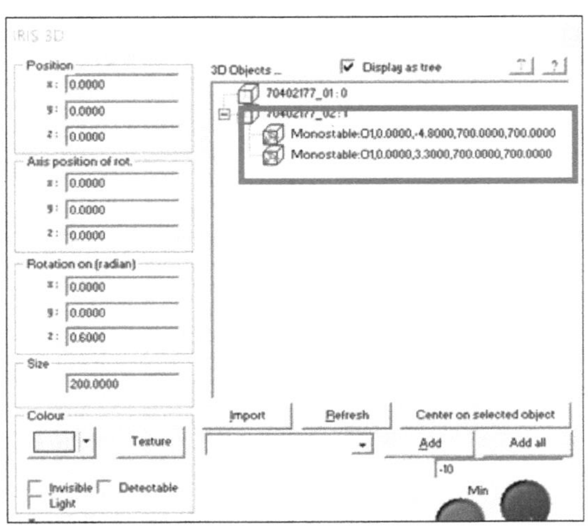

- 다음과 같이 전기회로와 공압회로, 오브젝트를 구성 후 [Go!]를 클릭하여 시뮬레이션을 시작한다.

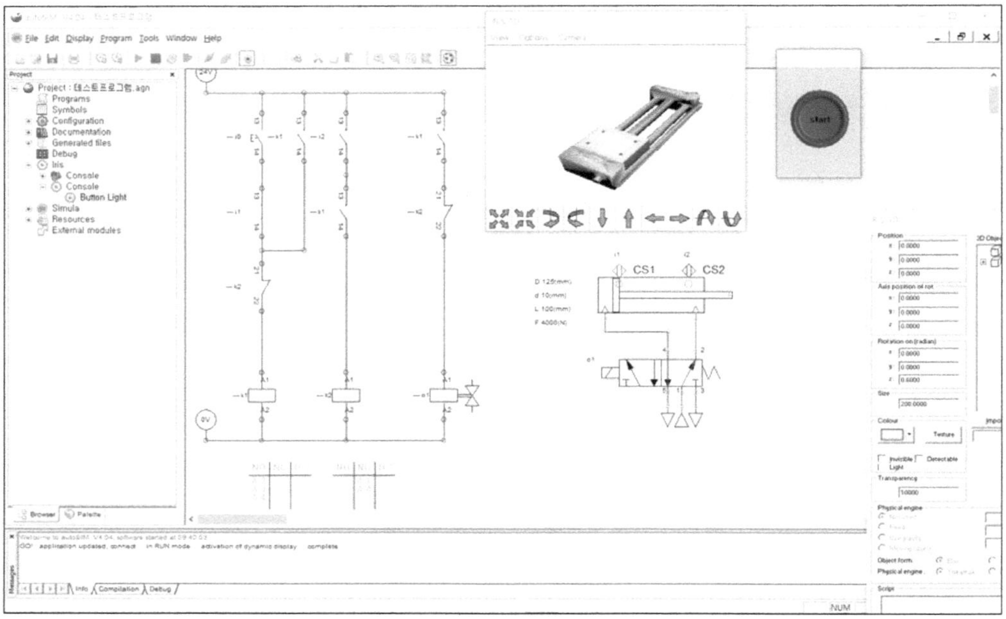

- 추가된 3D 모델링 파일을 가지고 동작을 확인할 수 있다.

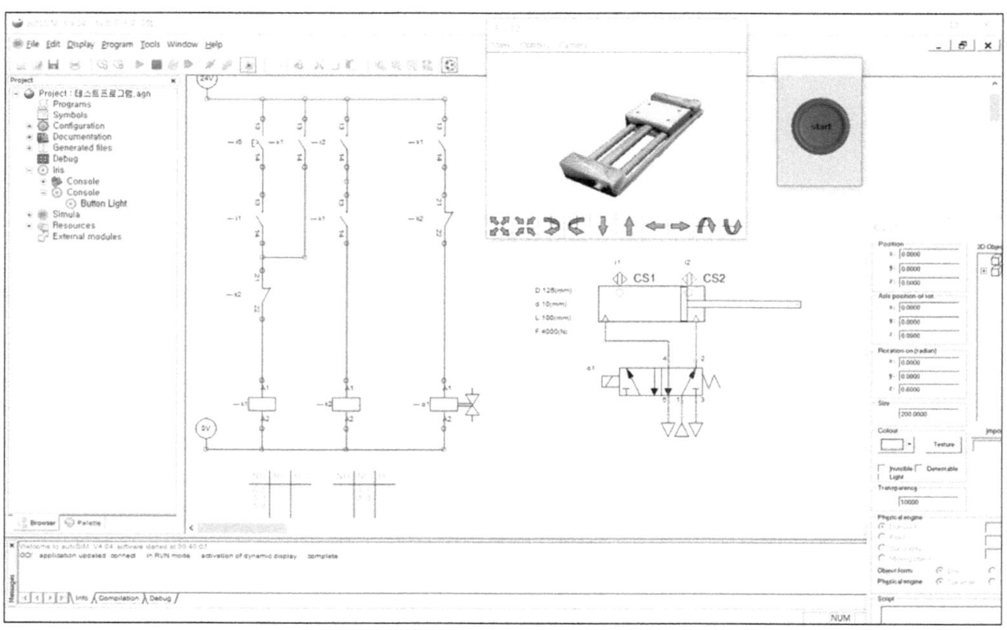

참고문헌

1) 1769 CompactLogix 컨트롤러 사용자 매뉴얼 / Rockwell Automation

2) CompactLogix 시스템 제품 선정 가이드

3) CompactLogix 5370 컨트롤러

4) Logix 5000 Controller 일반 명령 참조 매뉴얼

5) 한국정보통신기술협회, 정보통신용어사전

6) 한경닷컴사전 경제용어사전

7) https://www.rockwellautomation.com/ko_KR/overview.page

8) https://www.smctraining.com/en/webpage/indexpage/335

9) Allen Bradley PLC 프로그래밍, 서경호, 정혜경 공저, 복두출판사

전기 공압 시뮬레이터(autoSIM)를 이용한

AB CompactLogix PLC 기초

2020년 3월 10일 초판 인쇄
2020년 3월 15일 인쇄 발행

저 자 노일수
발 행 인 송기수
발 행 처 도서출판 GS인터비전
편 집 처 도서출판 GS인터비전
편 집 인 공예서
표지디자인 홍지수
인 쇄 처 대명프린팅
등록번호 제 25100-2016-000050호
ISBN 979-11-5576-328-5(93560)

주 소 서울 은평구 증산로 15길 69, 2층
전 화 02-976-7898, 02-3272-7898.
팩 스 02-6468-7898
홈페이지 gsintervision.co.kr
E-Mail gsinter7@gmail.com

정 가 22,000원